国外油气勘探开发新进展丛书（十一）

油气勘探与生产

——储量、成本及合约

法国石油与发动机工程师学院经济与管理中心　著

吕　鹏　李素真　译

U0198124

石油工业出版社

内 容 提 要

本书是一本关于石油勘探和开发经济学的书，提供了有关石油经济学的全方面信息。内容涉及石油的历史，石油价格以及石油行业的市场结构演变过程，储量分类和评估的各种方法，投资和成本分析，法律、合同及财务问题，安全、环保和伦理问题等。

本书面向对油气领域有所了解的各类读者，包括石油院校师生、油气行业科研工作者和工程技术人员、政治决策者等。

图书在版编目（CIP）数据

油气勘探与生产——储量、成本及合约／ 法国石油与发动机工程师学院经济与管理中心著；吕鹏，李素真译. —北京：石油工业出版社，2014.4
（国外油气勘探开发新进展丛书；11）
书名原文：Oil and Gas Exploration and Production：Reserves，costs，contracts
ISBN 978−7−5021−9943−2

Ⅰ. 油…
Ⅱ. ①法…②吕…③李
Ⅲ. ①油气储量 − 研究②油气勘探 − 石油经济 − 研究
Ⅳ. ① P618.13 ② F407.22

中国版本图书馆 CIP 数据核字（2014）第 018365 号

Translation from the English language edition: "Oil and Gas Exploration and Production: Reserves, costs, contracts" coordinated by Centre for Economics and Management (IFP-School), translated from the French by Bowne Global Solutions Mr Jonathan PEARSE.
Copyright © Editions Technip, Paris, 2002. All Rights Reserved.
本书经Editions Technip授权翻译出版。中文版权归石油工业出版社有限公司所有，侵权必究。
著作权合同登记号 图字：01-2008-1466

出版发行：石油工业出版社
　　　　　（北京安定门外安华里2区1号　100011）
　　　　　网　址：www.petropub.com.cn
　　　　　编辑部：(010) 64523541　发行部：(010) 64523620
经　　销：全国新华书店
印　　刷：北京中石油彩色印刷有限责任公司

2014 年 4 月第 1 版　2014 年 4 月第 1 次印刷
787×1092 毫米　开本：1/16　印张：18.75
字数：450 千字

定价：75 元
（如出现印装质量问题，我社发行部负责调换）

序

为了及时学习国外油气勘探开发新理论、新技术和新工艺，推动中国石油上游业务技术进步，本着先进、实用、有效的原则，中国石油勘探与生产分公司和石油工业出版社组织多方力量，对国外著名出版社和知名学者最新出版的、代表最先进理论和技术水平的著作进行了引进，并翻译和出版。

从 2001 年起，在跟踪国外油气勘探、开发最新理论新技术发展和最新出版动态基础上，从生产需求出发，通过优中选优已经翻译出版了 10 辑 50 多本专著。在这套系列丛书中，有些代表了某一专业的最先进理论和技术水平，有些非常具有实用性，也是生产中所亟需。这些译著发行后，得到了企业和科研院校广大生产管理、科技人员的欢迎，并在实用中发挥了重要作用，达到了促进生产、更新知识、提高业务水平的目的。部分石油单位统一购买并配发到了相关的技术人员手中。同时中国石油总部也筛选了部分适合基层员工学习参考的图书，列入"石油图书进基层活动"书目，配发到中国石油所属的 4 万个基层队站。该套系列丛书也获得了我国出版界的认可，三次获得了中国出版工作者协会的"引进版科技类优秀图书奖"，形成了规模品牌，产生了很好的社会效益。

2014 年在前 10 辑出版的基础上，经过多次调研、筛选，又推选出了国外最新出版的 6 本专著，即《油气勘探与生产——储量、成本及合约》、《产量递减曲线分析》、《实用钻井循环系统》、《管道风险管理指南——理念、技术及资源》、《管线规划及现场施工手册》、《泵和泵站操作手册》，以飨读者。

在本套丛书的引进、翻译和出版过程中，中国石油勘探与生产分公司和石油工业出版社组织了一批著名专家、教授和有丰富实践经验的工程技术人员担任翻译和审校人员，使得该套丛书能以较高的质量和效率翻译出版，并和广大读者见面。

希望该套丛书在相关企业、科研单位、院校的生产和科研中发挥应有的作用。

中国石油天然气股份有限公司副总裁

赵政璋

原书序

上一本关于油气勘探开发的参考书已经出版很长时间了。本书向已经对油气领域有所了解的各类读者，包括教师、学生、研究人员、记者、工程师、行业决策者和政治决策者等，解释了这一事关当前与未来世界经济重要领域内的各关键点。同时，本书还为公共大众提供了与能源、环境的关系这一牵涉广泛并且争议颇多的议题相关的必要信息。

此书强调石油行业运作中的经济特征，并且为人们理解石油行业和产油国关系的基石的技术问题与石油合作合同问题打下了扎实的基础。这样做是非常明智的，因为在深入了解石油行业的技术、法律和政治特征之前，是无法理解其经济特征的。

我要特别感谢法国石油研究院（IFP）和法国石油与发动机工程师学校（IFP School）主动编写此书。本书的两大特点使其独具价值：首先此书从构思到实现阶段，来自法国石油学会和道达尔集团的作者们全程参与，将大型研究机构和石油公司的观点充分融合；其次，本书的作者们背景和年龄各异，既有年轻的工程师，也有著名学者和行业专家。

本书充分证明了石油行业是当前快速变革的世界中的一个范例，它将有助于吸引新生才俊加入石油行业，从而确保这个行业在未来 50 年或更长时间里依然激动人心，依然至关重要。

Thierry Desmarest

道达尔公司董事长

原书前言

早在 1999 年，Nadine Bret-Rouzaut 就建议写一本关于石油勘探和开发经济学的书。她提出了本书的主要目标——展示石油经济学的主要内容，并开始构思。

这个想法，和经济与管理中心的一项任务——提供有关石油经济学的全方面信息，不谋而合，是个绝佳的主意。在法国石油研究院特别是 Denis Babusiaux 的鼓励下，在行业内的朋友以及 Beicip–Franlab 公司的前同事们，如 Pierre-René Bauquis，Honoré Le Leuch 以及 Denis Guirauden 的支持下，项目开始起步。

当今世界严重依赖化石能源来满足我们对能源的需求，这种状况还将持续多年。这本书主要是希望揭开石油行业的神秘面纱。如果能够增进读者对德雷克上校开创的行业的认识，我们的目的就达到了。

具体来说，我们的目的是简洁但全面地描述石油行业勘探和生产的方方面面。第1章，Denis Babusiaux，Philippe Copinschi 和 Jean–Pierre Favennec 讨论了石油的作用，回顾了石油的历史，介绍了石油价格以及石油行业的市场结构演变过程。第2章，Élisabeth Feuillet-Midrier 讨论了相关技术。第3章，Vincent Lepez 介绍了储量分类和评估的各种方法，并予以点评。第4章，Roland Festor，Michèle Grossin 对于投资和成本进行了深入分析，本章还介绍了油田服务行业（Sébastien Barreau）。第5章，Denis Guirauden 重点关注法律、合同及财务问题。第6章，Denis Babusiaux 给出了多个决策支持工具。第7章，Nadine Bret-Rouzaut 和 Michel Valette 集中关注特殊的会计问题和竞争分析。最后第8章，Pierre–René Bauquis 和 Alain Chétrit 探讨了日益重要的安全、环保和伦理问题。

这本书的写作是场持久战，从粗略的大纲到法语版，用了两年半的时间，其后又花了4年时间将其翻译成英文版。漫长的时间导致在英文版出版之际，许多信息都需要更新了。在构思本书的时候，原油的价格为每桶 10 美元。2000 年秋季，油价为每桶 35 美元，在2003 年末本书终校时，油价接近每桶 30 美元。

我们的生活中存在着极大的不确定性，但我们已经学会超脱于每日的波动，只关注影响行业的主要趋势。

我们向所有帮助完成此书的人，同时也向我们整个团队，特别是负责准备工作的 Claudie Grévin 以及 Florence Gérard，表达最衷心的感谢。我们同时感谢将此书翻译成完美英文版的 Jonathan Pearse，以及审阅英文版并提出宝贵意见的 Toni Head。

最后，感谢道达尔公司、壳牌公司和英国石油公司慷慨地允许在本书中使用很多重要的照片。

感谢此次看似简单却激动人心的探险活动中的所有参与者。

Nadine Bret-Rouzaut
法国石油与发动机工程师学院
经济与管理中心石油经济与管理项目主任

Jean-Pierre Favennec
法国石油与发动机工程师学院
经济与管理中心主任
2004 年 3 月

第二版前言

本书第一版非常成功，不断加印。考虑到 2000—2007 年间石油行业发生的巨大变化，我们决定彻底重写此书。在 21 世纪初，很多专家都预测原油价格会上涨，但几乎没人敢设想油价会站稳在每桶 60 多美元的高位。

多高的油价才算高油价仍有待商榷，但"高"油价时代的到来的确改变了石油行业内力量的分布：产油国的力量得到强化，他们和跨国石油公司合作的想法不再那么迫切，这是一个重大的变化。20 世纪 90 年代，囊中羞涩的产油国急于与那些能够在金融市场上融得大笔资金的外国公司合作，"开放政策"大行其道。那时候，负债累累的产油国无法独立为石油行业必要的投资项目融到足够的资金。现在，尽管要优先发展经济，许多产油国还是被迫将石油销售收入中的一大部分用于民生项目，剩余收入并不总是足以满足油气行业的投资需求，但比起低油价时代，预算约束还是宽松一些。

对能源以及所有原材料的强大需求导致成本猛增，也影响到了石油勘探和开发领域。即使技术进步仍然作用明显，但高科技油田和通货膨胀导致生产成本猛增。

本书在上一版的基础上彻底重新审视并改写。我们必须感谢多名作者所做的巨大贡献。衷心感谢 Pierre Sigonney 全身心投入到最新的样稿中，没有他就没有这本书。我们同时感谢他的同事：Edna Bobot 和 Richard Rouhet。我们还要感谢法国石油与发动机工程师学院的 Oliveier Massol 所给予的大力帮助。

Nadine Bret-Rouzaut
法国石油与发动机工程师学院
经济与管理中心石油经济与管理项目主任

Jean-Pierre Favennec
法国石油与发动机工程师学院
经济与管理中心主任
2007 年 5 月

单位换算

符号：

k=10^3

M=10^6

G=10^9

T=10^{12}

t= 吨

m^3= 立方米

ft^3= 立方英尺

bbl= 桶

oe= 油当量

石油计量单位：

1 bbl ≈ 0.14 t （1t=7.3 bbl）

1 bbl=0.159 m^3 （1 m^3=6.3 bbl）

天然气计量单位：

1 Tm^3=35.3 Tft^3（1 Tft^3=28 Gm^3）

1 boe=5.35 kft^3（1 kft^3=0.18 boe）

以下人员为本书作出很大贡献：

Nadine Bret-Rouzaut 和 Jean-Pierre Favennec 是整个工作中的协调者。

目　　录

第1章　石油：一种战略商品

1.1　用途、重要性与未来前景

1.1.1　过去几个世纪石油的用途

石油（字面意思是出自石头的油）、柏油、沥青等词在最古老的文字中就已经出现。古人生动地描述了石油涌到地球表面，轻质成分自然汽化后所留下的黏稠物质。这些残余物用途广泛，例如渔民们常用其封堵船上的裂缝。传说盛着摩西沿尼罗河顺流而下的摇篮外侧就涂满了沥青，以防下沉。

在现代石油工业时代的曙光初现之前的多个世纪中，石油通常还有另外两种重要的用途，一种是被当作包治百病的万灵药（图 1.1 和文字框 1.1）。据漫画《幸运的卢克》的作者莫里斯与戈西尼所述，当时的人们认为石油可以治疗的疾病包括坏血病、痛风、牙疼、风湿病，甚至嵌甲。

图 1.1　被当作万灵药的石油

文字框 1.1　塞内卡人的香膏

"他继续说道：

……在那些日子里，我们的勇士们的儿子不去学校读书，但是他们能够听懂伟大的神灵所创造出来的嬉戏在水中、翱翔于天空、奔驰在草原或者隐藏于森林中的各种动物的语言。生存所需的一切知识他们都是无师自通。在深山或者密林中，他们常常需要穿越一些黑色的湖泊，湖水看似有毒。然而，猎人们却说，当夜幕降临，许多动物会云集于此来饮湖中黏稠之水。它们似乎是被湖边的玫瑰散发的香气所吸引，远道而来。"

"我们的兄弟塞内卡人第一个想到：

我们为什么不向这些鸟儿或者麋鹿学习呢？熊可以通过舔熊掌来度过漫长的寒冬，对于我们来说，如果我们喝了这些油乎乎的水，也许能够获得足够的力量来行走、打猎、战斗、抵御严寒。伟大的神灵把这些水放在我们行进的道路上，一定有他的用意。"

"他们饮用了这些水，并且发现这些取自黑湖中的水事实上是一种效果非凡的药物，可以治疗所有勇士们有生之年可能患的疾病。喝了这种水的人不再被头疼或胃疼所困扰；他们看到在内脏上肆虐的虫子离开了自己的身体。将这些水浇到头上后头发长得更长；与族内医生使用的香膏相比，用黑水清洗过的伤口愈合更快。用黑水擦洗身体可以防蛇咬；易洛魁族人甚至声称，如果在纹身时使用一点取自黑湖的水，他们将不再惧怕弓箭。印第安人将这些神奇的传说传遍整个大陆。现在，他们在为了这些黑湖而互相征战。他们在地面上盐分高的地方挖个洞，然后将自己的羊毛毯塞到洞里。傍晚时分，如果他们向伟大的神灵祷告，恳求慈爱怜悯。那么第二天早上，他们经常会奇迹般地发现毯子上裹了一层石油。他们还把石油分给朋友。我父亲过去经常告诉我，很多年前，我们的一个祖先曾经带了一名白人来到黑湖边，但是在印第安人的心中，伟大的神灵是天地间唯一的主宰者。"

由于其可燃性，石油被制成了一种战争武器——现代凝固汽油弹的前身，希腊人称之为"医用火"，罗马人称之为"燃烧油"，拜占庭人则称之为"希腊火"。

图 1.2　油灯

现代石油工业的发展则应该主要归功于物理学家阿尔冈发明的油灯（图 1.2），巴黎药剂师 Quinquet 对其进行了改进。这种灯格外明亮，因此迅速流行开来。这些油灯，形状大小千差万别，向生活在现代生活中的我们生动地展示了祖辈的日常生活。最初，他们主要使用鲸油。但随着鲸鱼数量的减少，鲸油产量已经无法满足人类的需要。取而代之的是一种产自石油的链烷烃，俗称"煤油"。但是很快，仅靠石油的自然渗出也无法满足日益增长的需求，因此人们开始了地下勘探工作，试图增加石油产量。1859 年 8 月 27 日，德雷克上校在美国宾夕法尼亚州的泰特斯维尔成功地打出了第一口产油井，23m 的深坑底部满是珍贵的石油（见 1.2.1.1）。

从原油中生产煤油的方法很简单。当时使用蒸馏技术把原油中相对密度较大的部分分离出来用作润滑剂，但是经过加工后的原油有一部分会被废弃掉；当时的环保要求可没有现在这么严格。

煤油消费量的增长导致了对原油需求量的猛增。在 19 世纪初，电灯逐渐代替了油灯，煤油的消费量开始下滑，但是这种下滑趋势逐渐被抵消了，因为汽车对汽油以及后来对柴油的需求量在不断增加（图 1.3）。当时正值汽车业快速发展时期。一段时间过后，重质燃料油成了炼油业的一个重要销售市场。温斯顿·丘吉尔曾经在 1911—1915 年期间任海军部第一海务大臣，英国舰队接受了他的提议使用重质燃料油，这给石油发展做出了非常重要的贡献。

然而，在第二次世界大战之前，石油的消费量仍然有限。全球范围内，除美国以外的国家消费量很少，煤炭仍然在全球能源领域占主导地位。1945 年"二战"结束之后，石油才逐渐成为一种值得一提的能源。1945 年石油消费量 $3.5 \times 10^8 t$，1960 年超过 $10 \times 10^8 t$，1970 年超过 $20 \times 10^8 t$，1990 年超过 $30 \times 10^8 t$。在 21 世纪初期，石油消费量已经接近每年 $35 \times 10^8 t$。

1.1.2　石油的重要性

地理学家伊夫·拉科斯特认为"地理是导致战争的重要原因。"我们还可以附加一点，石油也是导致战争的重要因素。在相当长的时间里如果没有金属或者某些农产品并无大碍，但是如果没有石油产品，那是令人无法想象的。在运输领域也不能没有石油，无论在和平年代还是战争时期，石油对每个国家都是非常重要的。

图 1.3　20 世纪的送货敞篷车
（由英国石油公司提供）

在第二次世界大战期间，德国军队就想得到对石油的控制权（图 1.4）。1941 年，德军入侵俄罗斯东线的目的就是想侵占伏尔加河一带的油田。后来柏林方面把军队转向了中东地区，因为就在第二次世界大战爆发前夕，在沙特阿拉伯和科威特两个国家刚刚发现了大规模的石油矿藏。因此，石油是一种具有战略意义的商品，也就是说，石油不仅是人类繁荣而且是人类生存不可缺少的商品。当时法国总理乔治·克列蒙梭在第一次世界大战结束时就宣称："石油对一个国家的经济就像血液对人体那么重要。"不过，日本和韩国的工业化表明，控制石油供应比拥有石油矿藏更重要。

图 1.4　德国军队入侵伏尔加河一带和中东地区

在未来，石油还可能继续发挥重要作用，尤其是在运输行业。任何其他形式的燃料都无法动摇其霸权地位，尽管乙醇和天然气（液化石油气、压缩天然气以及液化天然气）可能会打入汽车燃料市场，但是真正强有力的对手只有一个，那就是电能。不过，由于技术和经济方面的原因，电能要在汽车燃料市场有重大进展还需要很多年甚至几十年的时间。还需要注意的一点是，即使电能会成为石油的强有力的竞争对手，燃料电池中也要用到石油或者天然气。因此，电能在目前看来还不可能替代石油产品。同时，还有一种石油产品的产量可能会继续保持增长的趋势：一种石油分馏物，它可以用作石油化工产品的生产原料。在以后的几年时间，对石油的需求很可能会继续增长，每年的用量甚至要超过 $4 \times 10^9 t$。

1.2 历史背景[①]

1.2.1 第一次世界大战之前的大型石油公司（早期的竞争局面）

1.2.1.1 标准石油公司

从 1859 年（图 1.5）到 1960 年，石油的发展史和大型石油公司有着密不可分的联系。这些大型公司就是在那段时间成立并且迅速成长起来的，经营的领域涉及到石油勘探、加工生产、运输和石油销售等。石油行业的第一家大型公司是约翰 D. 洛克菲勒创立的。洛克菲勒最初成立了一家主营批发的企业，经营的主要商品就是石油，而且在宾夕法尼亚州建造了第一家炼油厂，后来又建了一家，就这样逐渐地把经营范围扩大到了新兴石油产业的各个领域。洛克菲勒坚持这样几条简单而有效的准则：控制石油链上的每个环节（包括储存、炼制、运输、物流设施等），并且保证最低的运营成本。洛克菲勒不涉足石油生产行业，而是大量买入原油，他认为石油生产领域秩序混乱，而当时的原油价格还是非常合理的。

1870 年 1 月 1 日，洛克菲勒与自己的弟兄和几个朋友一起创建了标准石油公司。"标准"这个词反映了他们销售的石油产品质量稳定，品质优良。在与其对手经过了 10 多年的激烈竞争之后，标准石油公司在市场上占据了显赫的位置，控制了主要石油产品，尤其是煤油市场 80% 的份额。

但是标准石油公司的成功及其规模在它的竞争者、某些大众群体和部门中引发了抗议和敌对情绪。为了平息来自各方的攻击，标准石油公司于 1882 年改组成了信托机构。公司的财产不再归一家公司所有，而是由机构的各个经营公司以信托的名义代表公司的股东持有股份。标准石油公司在其成员中发行了 70 万股股票。标准石油公司以信托代管该公司所控制公司的股份（对 14 家公司完全控股，对 26 家公司实行部分控股）。整个集团仍然由洛克菲勒带领一队人马进行管理。

那个时期，正是人们对照明、供热、润滑剂和油脂的需求量迅猛增长的年代，标准石油公司不断发展壮大，在石油炼制、运输、物流和零售等各个方面仍然占有绝对优势。

[①]这一章节主要是在法国大学出版社 1993 年出版的 Etienne Dalemont 和 Jean Carrie 所著《Histoire du Petrole》这本书的启发下完成的。

图 1.5　第一口油井。这幅漫画充分表达出了画家的激动心情。漫画中的石油从井眼喷出，但是喷出的石油又流进来了德雷克上校打出的井眼里。（出处：莫里斯和葛斯尼绘制的"幸运漫画系列"中的《在起重机的阴影下》）

（1859 年 8 月 27 日，钻探到了地下 23m 的深度，德雷克发现了大量的石油，从此开始了人类的新纪元。）

1880 年以后，公司逐渐意识到进军石油生产领域的必要性，因为这样可以保证自身的原油供应。涉足于开发自己公司的石油产品这个战略决策的确非常明智，尤其是在 1888 年，标准石油公司聘用的一位化学家改进了炼油过程，能够从石油产品，特别是煤油中把硫提取出来。在此之前，含硫量高的煤油根本没有销路，因为它在燃烧时会产生出难闻的气味。这一发明成果意味着在石油炼制过程中可以使用含硫量高的原油。

　　早在 1882 年，标准石油公司就是以信托公司的形式存在。美国颁布了反垄断法案（1890 年的《谢尔曼法案》）以后，标准公司被迫再次改组，并且于 1899 年成立了新的控股公司，以新泽西州的标准石油公司重新亮相，旗下包括了集团的所有公司。

　　新组建的公司仍然在市场上占有霸主地位，这不但遭到了推行竞争理念的权威人士的反对，而且也引起了一些记者和作家的不满，他们曾经调查过集团的运行机制，抨击其种种弊端。记者伊达·塔贝尔在 20 世纪初就此发表了一系列新闻报道，引起了巨大的反响。这些文章后来被汇编成了《标准石油公司的历史》。最终，美国联邦法院裁定解散标准石油公司。尽管标准石油公司迟迟没有采取任何实质性的行动，但是在 1911 年不得不执行裁决，把集团拆分成了 34 家独立的公司（文字框 1.2）。

文字框 1.2　标准石油公司拆分成的独立公司

　　标准石油集团旗下的 34 家公司中，有 5 家已经停业，8 家改行，其余 21 家公司在继续经营，在石油行业中不断发展壮大，有的甚至收购了竞争对手。现在仍然在经营的公司有：

（1）新泽西标准石油公司（就是后来的埃克森公司）；

（2）纽约标准石油公司（先是与真空石油公司合并，更名为美孚公司，后来与埃克森公司合并）；

（3）加利福尼亚标准石油公司（就是后来的雪佛龙公司）；

（4）印第安纳标准石油公司（后来更名为阿莫科石油公司，于1998年与英国石油公司合并）；

（5）大西洋石油公司（即阿克石油公司，后来与英国石油公司合并）；

（6）大陆石油公司（就是现在的大陆石油公司）；

（7）俄亥俄标准石油公司（就是后来的马拉松石油公司）；

（8）标准石油（俄亥俄）公司（后来被英国石油公司全部收购，成了英国石油公司在美国的分部）；

（9）亚什兰石油公司（即现在的亚什兰石油公司）；

（10）彭泽尔石油公司（即现在的彭泽尔石油公司）。

需要指出的是，埃克森和美孚以及英国石油公司和阿莫科、阿克之间的兼并使得标准石油公司拆分出的小公司在数量上进一步减少。

标准石油公司采取的策略反映出了一个行业对如何控制其产业活动链条是非常关注的，而且这种控制欲望很快就变成了一种财政义务。技术进步和产业开发需要大量的投资，这种投资只有大公司才能负担得起。这恰好有助于纵向一体化和寡头垄断行业的形成。在石油行业创建的最初20年的时间里，它是美国人的工业，而处于霸权地位的就是标准石油公司。石油工业迅速发展成为国际性的产业，直到1950年，美国的石油产量仍然占到全世界石油总产量的50%以上。各种石油产品的消费量不断攀升，这已经成为全球性的发展趋势，其中消费量最多的是煤油，其次是汽油、柴油以及燃料油。不只是欧洲，俄罗斯和亚洲也成了销售石油产品的重要市场。在这种形势下，新组建的石油公司不断涌现（如壳牌石油公司，皇家荷兰石油公司，德士古石油公司，海湾石油国际公司，以及英国石油公司的前身盎格鲁—波斯石油公司）。

新泽西标准石油公司（先后更名为埃索石油公司和埃克森石油公司），纽约标准石油公司（美孚），加利福尼亚标准石油公司（现在的雪佛龙公司），德士古石油公司，海湾石油国际公司，皇家荷兰壳牌石油公司以及英国石油公司等都是当今世界的主要石油公司（也被称作石油行业的"七姊妹"）。

1.2.1.2 俄罗斯的石油工业

很久以前，人们就知道俄罗斯的巴库一带富产石油。巴库的天然石油资源能使燃烧的火焰持久不灭，来巴库的旅行者对此有着深刻的印象。里海沿岸和远东地区之间开展的石油贸易也很繁荣（nefte在俄语中是"石油"的意思）。当时把石油装在羊皮容器里，用骆驼来运输。

石油在美国的早期发现重新激发了人们对巴库油气资源的兴趣，终于在1872年开始在这一带进行钻井开发（图1.6）。石油产量迅速增长，从1889年的$100 \times 10^4 t$猛增到 1890 年的 $400 \times 10^4 t$ 和 1900 年的 $1000 \times 10^4 t$。在那个年代，这已经超过了美国的石油产量，达到了全球石油总产量的一半。第一批购买里海沿岸土地的人中就有罗伯特·诺贝尔和卢德维格·诺贝尔，他们是阿尔弗德·诺贝尔的兄弟。阿尔弗德·诺贝尔就是硝化甘油炸药的发明人，诺贝尔奖的创始人。他们在当地迅速开发油田，建造炼油厂，添置运输设备，而且开展了跨越里海的石油散装运输，并且于 1878 年启航了第一艘油轮——"索罗亚斯特罗"号。诺贝尔兄弟成为了那一带最大的石油生产商。但是很快出现了新问题，那就是如何把石油从阿塞拜疆通过格鲁吉亚运送到里海。里海一带的石油资源不方便向外运输，这在 19 世纪末已经是一个很严重的问题，至今仍然如此。1893 年，有人提议在里海沿岸修建一条连接巴库和巴统的铁路，于是就找到了当时法国的一位金融家——阿尔方索·罗斯柴尔德。他早已对石油行业产生了浓厚的兴趣，他从美国进口石油进行提炼，并且在亚德里亚海边修建了一座炼油厂。罗斯柴尔德同意投资建设输油管道，继而成立了布托尼公司。布托尼公司后来发展成了那一地区最大的石油公司之一。

图 1.6　巴库油田
(由英国石油公司提供)

　　诺贝尔兄弟和罗斯柴尔德家族很快就把销售市场转移到了国外：欧洲和东方各国。诺贝尔兄弟控制着俄罗斯大部分的市场份额，而罗斯柴尔德家族则主要依赖国外市场。后来罗斯柴尔德因为运输石油产品找到了专门从事进出口贸易的英国商人马库斯·塞缪尔(图 1.7)，塞缪尔当时的生意主要是从远东进口古玩和贝壳。

　　多年来，标准石油公司和里海周边地区的石油生产商之间就存在着激烈的竞争。但是沙皇当局软弱无能，导致后来俄罗斯经济和社会形势迅速恶化，俄罗斯 1905 年的革命虽然失败，但是在 1917 年布尔什维克推翻了沙皇，最后夺得政权。在整个革命战争期间，频频发生的罢工和杂乱不堪的工作条件使得巴库地区的工业生产动荡不安。当时领导政治运动的人名叫约瑟夫·朱家什维利，他就是后来的斯大林。面对当时的社会形势，罗斯柴尔德家族于 1912 年决定把大部分股权卖给创建于 1907 年的皇家荷兰壳牌石油公司。1918

图1.7 马库斯·塞缪尔——壳牌石油公司的创始人
（由壳牌石油公司提供）

年，新成立的苏维埃政府对全国的石油工业实行国有化，皇家荷兰壳牌石油公司的原油供应顷刻间减少了50%。支撑到最后的诺贝尔兄弟则失去了全部资产，最后被新泽西标准石油公司收购，毫无疑问，他们当时坚信将来会有一天能够在俄罗斯的领土上继续从事石油生产，这个希望最终还是破灭了。因为在20世纪20年代，尽管俄罗斯采取了更加开放的新经济政策，但是已经被国有化的公司没有一家能够恢复原来的生产。不过纽约标准石油公司却在后来与俄罗斯签订了合同，从俄罗斯购买石油产品。

截止到1920年，俄罗斯的石油产量已经降低到了每年 $3 \times 10^6 t$，而在20世纪初，每年的石油产量就已经达到了 $10 \times 10^7 t$。到1930年，其石油产量又重新恢复到了第一次世界大战爆发前的水平，因为政府急需从石油出口中赚取外汇，而且俄罗斯出口的石油价格略低于国际油价。

1.2.1.3 壳牌石油公司和皇家荷兰石油公司

正如前面提到的，在19世纪末，石油产品市场的竞争非常激烈，标准石油公司与诺贝尔兄弟和罗斯柴尔德家族之间的竞争尤其如此。

如上所述，为了在东方国家找到新的市场，罗斯柴尔德找到了马库斯·塞缪尔，想寻求新的运输途径。1892年，塞缪尔开始涉足石油领域，把罗斯柴尔德在里海沿岸巴统地区的石油以散装的形式运到亚洲（途经苏伊士运河到达新加坡和曼谷，如图1.8所示）。马库斯·塞缪尔逐渐成立了自己的石油产业，并且于1897年创建了壳牌运输贸易有限公司。公司得到了繁荣发展，不仅从事煤油贸易，而且在1885年卡尔·本茨发明了内燃机以后，也开始从事汽油贸易。

为了使其油品供应实现多样化，马库斯·塞缪尔在荷属东印度群岛（位于婆罗洲以东）获得了特许开发权，可以在这里钻探石油，并且把原油运到巴里巴板地区的炼油厂加工提炼。此外，马库斯还从得克萨斯州的斯宾德尔托普油田的石油加工中得到了好处，这个油田是在1901年被首次发现的。因此，壳牌石油公司成为了第一家在地球不同地方拥有石油资源的石油供应公司。此时，标准石油公司意识到了来自竞争对手的威胁，曾经试图收购壳牌石油公司，但是却遭到了马库斯·塞缪尔的拒绝。

与此同时，皇家荷兰石油公司的势力在不断扩大，这家公司于1890年由Aeilko Gans Zijlker创立，他曾经是东苏门答腊烟草公司的掌门，当得知岛上储藏有富含石蜡的石油后，就决定全力以赴进行石油开发。

图 1.8　最早的油轮之一——Murex 号

（由壳牌石油公司提供）

　　Aeilko 打的第一口井是口枯井（没有石油），而第二口井则使他大获成功。那是在 1885 年 6 月，从苏门答腊岛的 Telaga Tunggal 的一号井喷射出了石油，这口井当时已经钻到了地下 121m，油井持续产油长达 50 年之久。在支持者的大力帮助下（其中包括荷兰国王威廉三世，他把一个皇家印玺赐给了 Zijlker），Zijlker 成立了皇家荷兰石油公司。数年后，Zijlker 与世长辞，由让·巴布提斯·奥古斯特·凯斯乐接任职位。在油井的附近建造了一座炼油厂（图 1.9），日产量高达 8000bbl（年产量为 40×10^4t），其中 50% 为煤油，生产的一部分石油产品用于出口。此时的皇家荷兰石油公司成了标准石油公司的直接竞争对手。从 1894 年开始，标准石油公司试图占据亚洲市场，它以低廉的价格把成百上千万的油灯引入，甚至可以说是白白送给亚洲市场（尤其是中国）。和马库斯·塞缪尔之间的竞争也很激烈，在巴里巴板，标准石油公司与塞缪尔的皇家荷兰公司的炼油厂相距不远。

图 1.9　1900 年前后的特拉格赛义德油田，它位于荷属东印度群岛（印度尼西亚）

（由壳牌石油公司提供）

　　曾经做过多次尝试，想把皇家荷兰和壳牌两家石油公司进行合并，但是都没有成功。

终于在 1902 年，两家公司开始有了业务合作关系。由马库斯·塞缪尔担任董事长，亨利·德特丁则如愿以偿做了总经理，负责管理日常事务。德特丁是在 1899 年凯斯乐去世后开始掌管皇家荷兰石油公司的。1902 年，亚细亚石油公司的创办把罗斯柴尔德家族、壳牌公司和皇家荷兰石油公司三大巨头联系在一起，结束了各自为政的局面。直到 1907 年，皇家荷兰石油公司和壳牌石油公司签订了一项更加完善的协议。这使得总部设在荷兰的皇家荷兰石油公司成了高级合伙人，因为它控制了新组建公司的 60% 的股份。而总部设在英国的壳牌运输贸易公司拥有其余 40% 的股份。这两家公司的结合使标准石油公司面临着新的挑战和竞争。为了不成为标准石油公司的手下败将，能在美国站稳脚跟，亨利·德特丁决定收购美国汽油公司和洛克桑尼石油公司。

1.2.1.4　其他美国石油公司：海湾石油公司和德士古石油公司

美国很多石油公司都是在 19 世纪末成立的，其中有两家公司占有非常重要的地位：海湾石油公司（后来在 1984 年被雪佛龙公司收购）和德士古石油公司。

海湾石油公司是由梅隆家族在 1890 年左右创建的。从 1889 年开始，梅隆家族开始在宾夕法尼亚西部收购油井，并且以此作为他们整合经营的基础。但是在 1893 年，这一家族决定把他们所有的设备全部出售给标准石油公司，因为当时的种种迹象表明标准石油公司力图在美国的石油行业中占据无可匹敌的地位。但是梅隆家族后来又重返石油行业，而且在 1900 年向得克萨斯州的斯宾德尔托普提供资金援助，以支持他的首次钻井开发。后来在 1901 年 1 月 10 日，斯宾德尔托普的油井打到地下 300m 处时，发生了剧烈的井喷，喷射出的石油摧毁了钻井设备，甚至把石块、沙土等也带到了半空中！这口油井的日产量达到了成千上万桶，只是阻止石油的外溢就花费了几个星期的时间。

过多的石油开采带来了一系列的后果。首先是造成了石油过剩，进而导致石油价格的下降。因为其价格低廉，包括标准石油公司和壳牌石油公司在内的大型石油公司都从得克萨斯州购买石油。但是 18 个月后，斯宾德尔托普的石油产量急剧下降。1902 年，梅隆家族筹集到了更多的资金创建了又一家整合经营性质的公司，仍然将其命名为海湾石油公司。他们的努力最终得到了回报，因为海湾石油公司后来成为了全球大型石油公司之一。

另一家公司是得克萨斯石油公司，即德士古石油公司，它是 1901 年在得克萨斯州的一家石油生产工厂的基础上成立的。和其他竞争对手一样，德士古也发展成了一家整合性公司，它在阿瑟港拥有一家炼油厂，能够通过多种不同的渠道购买到原油，并且具有完备的石油配送网络。在德士古公司征服世界石油市场之前，得克萨斯州的红色孤星标记就已在美国各地频频亮相。

1.2.1.5　盎格鲁·波斯石油公司的创建：英国政府的角色

19 世纪末，石油生产主要集中在 3 个地方：美国，俄罗斯和荷属东印度群岛。但是大量的证据表明中东地区的石油储量非常丰富。石油开发先是在波斯（现在的伊朗），后来又到了土耳其。

波斯国王对在本国开采油气资源很感兴趣。20 世纪初，英国人威廉·达西在波斯就石油开发权进行了谈判。但是他的勘探项目开局不利，起初打的 4 口井都是枯井，而且花完了为这次开发筹集来的所有资金。后来，一家在印度发展起来的石油公司——伯马石油公司，重新给威廉·达西的项目注入资金才使这次石油开发能够继续下去。他的第 5 次钻探持续了几个月的时间，最后终于成功了。1908 年，石油从油井里喷射出来（图 1.10 和图 1.11）。但是为了把石油开发商业化，需要对石油生产、运输及炼油设备进行大量投资。也就是说，需要更多的资金。1909 年，盎格鲁·波斯石油公司的成立实现了这一目标。伯马石油公司仍然是合作伙伴。新组建的公司后来成了盎格鲁·伊朗石油公司，并于 1951 年改名为英国石油公司。

图 1.10　在波斯（后来的伊朗）的马斯吉德苏来曼首次发现石油
（由英国石油公司提供）

图 1.11　马斯吉德苏来曼的蒸汽生产
（由英国石油公司提供）

这家新成立的公司需要大笔资金以帮助它在消费市场发展。英国海军元帅约翰·费舍尔男爵（1904—1910 年）以及后来的丘吉尔都请求英国政府给本国舰队使用燃料油，这个要求最终得到了英国政府的同意，这样就为石油公司提供了必须的资金支持。英国政府获得了公司 51% 的股份，而且公司董事会中有两位拥有否决权的政府官员。

1.2.1.6 墨西哥和委内瑞拉石油生产的发展历程

继美国、俄罗斯、荷属东印度群岛和波斯之后，世界生产石油的另一个重要地区就是拉丁美洲。1901 年墨西哥境内首次发现了石油，在 1908 年墨西哥的多斯博卡斯油田发生了一次壮观的油井喷发。皇家荷兰壳牌石油公司、新泽西标准石油公司和海湾石油公司陆续来到墨西哥开发石油，其产量超过了当时的俄罗斯，墨西哥因而变成了世界第二大石油生产国。

但是在 20 世纪 30 年代，墨西哥政府和各个石油公司之间的冲突阻碍了石油生产的发展。1938 年，石油工业被国有化。后来又成立了墨西哥石油公司，并且控制了墨西哥境内一切与石油相关的业务。但是其石油产量下降到了一个很低的水平，年产量只有 $600 \times 10^4 t$，而且直到 20 世纪 70 年代也没有能够恢复到原来的水平。就在那段时间，在墨西哥境内又发现了新的石油储量，这样墨西哥就成了世界主要的石油输出国之一。

委内瑞拉紧随墨西哥之后，于 20 世纪 20 年代成为拉美地区第二大石油生产国。1914 年在委内瑞拉的门内格兰首次发现了石油。委内瑞拉一跃成为了世界第二大石油生产国，直到 1961 年，其产量一直领先于当时的苏联。起初，皇家荷兰石油公司、壳牌石油公司、海湾石油公司和一家小型石油公司——泛美石油公司等是主要的石油生产商。以后出现了种种变故，泛美石油公司被印第安纳标准石油公司收购，以后又被新泽西标准石油公司收购。

1.2.2 两次世界大战之间：政府的作用

1.2.2.1 石油——一种战略产品

英国政府和盎格鲁·波斯石油公司之间建立联系是为了保证后者对英国舰队所需的重质燃料油的正常供应。同时也清楚地提醒人们石油具有重要的战略意义（另一个实例就是在皇家荷兰石油公司创建之初，荷兰政府曾提供过支持）。对消费国而言，就是要确保重要物品的可靠供应，法国就是这种情况。作为一个重要的工业国，却极其缺乏油气资源，因此它要调动一切可能的力量发展、保护一个行业，因为这个行业能保证其民族的独立性。

第一次世界大战期间，军队迅速实现了机械化，用机动车代替马车做运输工具，1916 年开始使用战斗坦克，飞机也显示出了巨大的军事潜力。而在战争爆发初期，绝大多数军队还是非机械化的。马恩河战役就是一支具有决定意义的战争插曲，因为它证明了机动车在战斗中的重要性（图 1.12）。正是由于法国调集了著名的马恩河出租车队，才把队伍送到了前线，从而使巴黎躲过了德军的进攻。石油在第一次世界大战中起到的重要作用可以用两个人的话来概括。曾任盟国国际石油协会会长的英国首相克容说："盟军的胜利是漂浮在石油的海洋上取得的"。法国参议院亨利·贝朗瑞在一次演讲结束时也说："地球中流动的血液（石油）就是胜利的鲜血"，这句话至今还能引起人们的共鸣。

直到第一次世界大战爆发，法国的石油供应还是主要来自和美国、英国、俄罗斯和罗马尼亚几个主要石油生产商有联系的独立的私人石油公司。在战争爆发之前，法国是欧洲最大的石油消费国。但是战争的爆发使法国政府冷不及防。一方面，石油公司想维持石油市场的竞争局面。而另一方面，国际形势的变化意味着俄罗斯和罗马尼亚可能会切断对法

图 1.12　马恩河的出租车

（摄影：Monde et Caméra）

国的石油供应。再者，德国海军在大西洋对油轮的攻击也打乱了法国的燃料供应，以至于在 1917 年，私人石油公司再也无法满足法国的燃料需求。当时的法国总理克列蒙梭不得不请求美国总统威尔逊，要求增加必须的油料供应。

因此，第一次世界大战使法国明白了战争的最终结果依赖的是大型的石油公司，主要是美国和英国的公司：标准石油公司，盎格鲁·波斯石油公司和皇家荷兰壳牌石油公司。法国政府意识到必须加强能源供应方面的独立自主性，尤其是要保证本国能够获得国际石油开采权，例如在美索不达米亚的开采权，英国和德国也对这个地区怀有浓厚的兴趣。

法国总理克列蒙梭和英国首相劳埃德·乔治于 1918 年 12 月举行了多次谈判，最终达成一项协议，把德意志银行当时在土耳其石油公司（见 1.2.3.1）的股份转让给法国。

英国很乐意法国加入到土耳其石油公司，因为这样可以削弱美国公司的影响力。以后发生的事情证明，这项协议的确对法国有很大的帮助。战争结束后，美国当局仍然力图控制全球的石油工业，于是美国公司决定战争结束后不再给法国提供石油。战争期间，也同样是美国的这几家石油公司，作为石油战争服务委员会的成员，满足了法国的石油燃料需求。但是战争结束后，法国政府竭力想摆脱对这些公司的依赖。法国政府不仅努力获得了直接开采原油的权力，而且还就石油运输、炼制及石油产品的销售等各个环节都采取了相应的措施。此外，法国政府还做出了重要决定，开展有关石油工业的科学研究和培训。

图 1.13　法国石油公司于 1924 年成立

（由道达尔石油公司提供）

1.2.2.2　法国石油公司的诞生（图 1.13）

为了保证本国的原油供应，法国成立了法国石油公司（就是以后的道达尔石油公司），这家公司后来获得了德国在土耳其公司的股份（见 1.2.3）。

1923 年，在法国政府的要求下，欧内斯特·梅西于 1924 年创立了一家独立的私人石油公司，其资金主要来自法国，公司的总资产达 2500 万法郎，其主要股东为几家大银行和法国主要的石油配送商，其中戴马雷是最重要的合作伙伴。法国政府拥有法国石油公司 25% 的股份，法国石油公司也拥有土耳其石油公司的股份。

尽管工业界对于公司的这种做法在财政上是否可行持有怀疑态度，政府的直接介入还是大大改变了市场的本来面目，法国政府变成了市场的参与者。随着汽车数量的增加，这个市场也在迅速发展，但是其发展动力主要是来自法国之外的其他国家。第二次世界大战以后，出现了一种新的趋势：在欧洲（意大利于 1953 年创立了埃尼集团，法国于 1976 年成立了埃尔夫·阿奎坦公司）和美国等石油进口国，政府都继续直接或间接地对本国的石油工业提供支持。

1.2.2.3 备受呵护的法国石油工业

除了创建法国石油公司，法国还通过制定各种法律鼓励石油炼制和石油分销行业，保护国内石油工业的发展。国家液体燃料局（法国 1925 年 1 月 10 日的议会法案授权成立的）力求对石油行业加以调控，而实际上并没有对其实行国有化。这样做的目的不仅仅是支持法国公司到国外进行石油开发，而且也提倡他们在法国境内进行开发。同时，上述法案还鼓励法国石油炼制业的发展，允许扩大油轮船队的规模，保证法国在战争时期的油料供应。

法国于 1928 年颁布的法令使得从事石油炼制和分销的垄断组织得到了国家的支持。法国政府批准各家石油公司，不管是私营的还是国有的，也不管是本国的还是外国的，都可以在 10 年内进口、炼制原油，而且可以在 3 年内进口、分销石油产品。

有了这项"保护伞"，法国石油公司于 1929 年创建了法国炼油公司，后者又于 1933 年和 1935 年先后在勒阿弗尔附近的贡夫勒维尔（图 1.14 和图 1.15）和马赛附近的拉·梅德建造了两座炼油厂。这两座炼油厂的总年产量达到了 $200 \times 10^4 t$，相当于当时全法国总炼油能力的 1/4。后来又建造了多家炼油厂，如：埃索在杰罗姆港的炼油厂，壳牌石油公司在彼提特考伦的炼油厂，英国石油公司在拉瓦拉的炼油厂以及安达公司在栋日的炼油厂等等。

图 1.14　1930 年前后的法国贡夫勒维尔（位于诺曼底）炼油厂

图 1.15　今天的法国贡夫勒维尔炼油厂（由道达尔石油公司提供）

1.2.3   两次世界大战之间（2）：多家石油公司之间的合作与竞争（以土耳其石油公司为例）

1.2.3.1   土耳其石油公司

土耳其石油公司成立于 1910 年左右，有 3 个大股东，分别是：盎格鲁—波斯石油公司的子公司，皇家荷兰壳牌石油公司和德意志银行的分支机构。就其石油开采而言，土耳其石油公司在伊拉克的摩索尔和巴格达的石油开发最有发展前途。

在 1914 年到 1918 年第一次世界大战期间，德意志银行的股份被英国政府冻结了。与此同时，英、法两国政府举行了多次商讨谈判，法国最终于 1920 年获得了德意志银行在土耳其石油公司的股份。

此外，急于得到国外石油资源的美国高喊"门户开放"政策（全世界的石油开采权必须向所有盟国开放）并且帮助新泽西标准石油公司和纽约标准石油公司获得了在土耳其石油公司的股份。土耳其石油公司的股权按照如下的比例分配给了各股东：

（1）法国石油公司：23.75%；

（2）达西石油开发公司（盎格鲁—波斯石油公司的子公司）：23.75%；

（3）盎格鲁·撒克逊石油公司（皇家荷兰壳牌石油公司的子公司）：23.75%；

（4）近东发展联合公司（纽约标准石油公司和新泽西标准石油公司分别控股 50% 的公司）：23.75%；

（5）参与和投资部分（土耳其石油公司的创始人卡罗斯特·古尔本金）：5%。

轰轰烈烈的石油开发很快就拉开了序幕。1927 年 10 月 14 日，在 Bala Gurgur 发现了一个大型油田——基尔库克油田（图 1.16）。1928 年，土耳其石油公司更名为伊拉克石油公司，突显它和新成立的伊拉克独立王国（包括以前的美索不达米亚）之间的密切关系。

但是，伊拉克石油公司不久就陷入了困境，主要是原因是法国石油公司（其原油的唯一来源就是伊拉克石油公司）与其美国的合作伙伴之间在利益上发生了分歧。后来签订的《红线协定》规定伊拉克石油公司集团的成员公司不得在原奥斯曼帝国的范围内单独开采石油，除非所有的成员公司全部参加，这样就解决了 1928 年出现过的问题❶。但是同样的问题在 1948 年又浮出了水面。

图 1.16   1927 年在伊拉克发现基尔库克油田

（由道达尔石油公司提供）

1.2.3.2   《"按现状"协定》（阿奇纳卡里协定）

《"按现状"协定》和《红线协定》都是在

---

❶《红线协定》之所以会有这样的名称，是因为当时在进行了很长时间的讨论之后，卡罗斯特·古尔本金拿来一张地图，用红线圈出了土耳其石油公司（后来的伊拉克石油公司）成员国应该协调行动的一个区域。

1928 年签署的。《"按现状"协定》反映了各石油公司躲避危及自身利益的激烈竞争的强烈愿望，而且在各石油公司之间建立合作关系。我们将在 1.3 节详细讨论此协定的内容。

1.2.3.3 阿拉伯半岛的石油（图 1.17）

1920 年前后，地质学家弗兰克·霍尔姆斯拿出了巴林岛存在石油的证据，并且获得了在巴林酋长国、科威特和沙特阿拉伯开采石油的权力。但是由于缺乏资金，霍尔姆斯于 1927 年把开采权出售给了海湾石油公司。在巴林，海湾石油公司又把这部分利益转让给了标准石油公司的加州公司。1932 年在巴林首次发现了石油，产量并不很高，每年超不过几百万吨，但是它证实了这一带地区的开发前景令人乐观。

上面提到的 3 个国家中，只有科威特不在《红线协定》圈定的范围之内。海湾石油公司联合盎格鲁—波斯石油公司获得了 75 年的石油特许开采权。1938 年，发现了布尔甘油田。起初预计其石油储量为 100×10^8t，是此前发现的储量最大的油田。

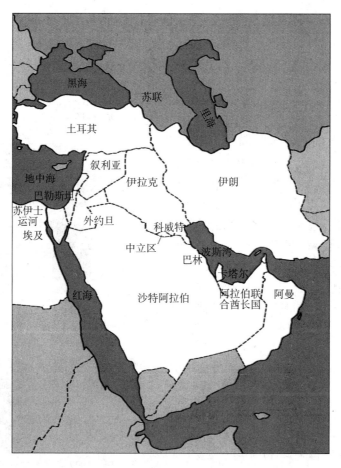

图 1.17　20 世纪 30 年代的中东地图

（这一带的石油储量占全球石油总储量的 2/3）

在沙特阿拉伯，伊拉克石油公司和标准石油公司的加州分公司成了竞争对手。沙特新登基的国王苏丹·伊本·沙乌愿意与美国公司进行谈判并且在 1933 年批准标准石油公司的加州分公司享有 60 年的石油特许开采权。1948 年发现的加瓦尔油田成了当时储量最大的油田。

起初，标准石油公司的加州分公司与德士古石油公司合资开发巴林的石油资源。德士古石油公司控制了欧亚一带的主要石油销售渠道，而标准石油公司的加州分公司则有充足的原油供应。标准石油公司加州分公司和德士古石油公司联合组建了两家新公司：一家是加利福尼亚阿拉伯标准石油公司，它负责标准石油公司加州分公司在巴林和沙特阿拉伯的石油生产；另一家是加德士石油公司（加利福尼亚—得克萨斯石油公司），负责德士古石油公司在欧洲和东方国家的石油分销网络。

从 1939 年到 1945 年第二次世界大战结束，各石油公司中断了它们在沙特阿拉伯的石油开采活动。第二次世界大战结束后，阿拉伯半岛的石油潜力才充分显现出来。但是，要在这个信仰伊斯兰教的国家开发石油资源就需要投入大量的资金。因此，标准石油公司加州分公司和德士古石油公司需要寻求合作伙伴。经过了长期的商讨之后，埃索石油公司和美孚石油公司加入到了标准石油公司加州分公司和德士古石油公司的行列，共同组建了沙特阿美石油公司（阿拉伯美国石油公司）。伊拉克石油公司的其他成员，尽管没有加入沙特阿美石油公司，但是在伊拉克的石油生产中得到了越来越多的好处。

1.2.4　第二次世界大战以后：日益增长的石油消费，新成立的石油公司，欧佩克的诞生和发展

第二次世界大战以后，尤其是在 20 世纪 50 年代，石油的消费量以每年 7% 的速度增长。机动车运输迅速发展，民用取暖油和重质燃料油的需求也急剧上升。这两种燃料逐渐侵蚀着以煤为主角的传统燃料市场。

因为在中东（图 1.18）和非洲（阿尔及利亚、利比亚和尼日利亚）以及委内瑞拉都发现了大量的石油，各种石油产品的供应量依然很充足。俄罗斯的石油出口也在不断增加。新的石油生产商不再依附于美国的石油公司，而是逐渐进入了当时由几家大型石油公司控制的市场，因而改变了市场原有的竞争格局，同时也使竞争变得愈加激烈。这些新组建的公司想走国家化的石油经营路线，特别是在利比亚能够有立足之地，以此对抗效益不断下滑的美国石油公司。

欧洲各国政府也在石油工业中拥有越来越多的股份，并且成立了本国自己的公司，以增强本国在能源方面的独立性，如意大利埃尼集团（ENI），法国埃尔夫石油公司（Elf）和英国菲纳石油集团。这些公司后来发展得非常迅速。

1.2.4.1　1945 年以后：新型关系的建立

第二次世界大战改变了石油生产国和国际石油公司之间的关系：产油国不再满足于按照惯常的做法转让石油开采特许权，它们也想从本国的石油开发中得到更多的好处。

1949 年，在伊朗举行了几轮谈判，修改盎格鲁—伊朗的石油开采特许权的相关条款，谈判在开始阶段进行得非常艰难。年轻的伊朗国王一方面要对付颇有影响力的宗教群体，另一方面还要和力量强大的共产党周旋。开始，伊朗议会拒绝了关于修改特许权的提议，议会坚持将石油工业国有化。当时的伊朗总理向议会宣布他不同意国有化，并且监督议会修改特许权的条款。一天后，总理惨遭暗杀。新上任的总理穆罕默德·摩萨德通过议会批

图 1.18 中东地区又一个主要的产油国——阿布扎比

准了将石油工业国有化的议案。经过几个月的动荡之后，伊朗当局和各石油公司（由美国石油公司率领）达成一项协议：拥有土地和矿产资源的伊朗政府承认各石油公司的所有权。同时成立了伊朗国家石油公司，它对伊朗境内的所有资源拥有所有权。伊朗国家石油公司把石油生产业务委托给了一家由多个石油公司控股的财团，这个财团 40% 的股份属于盎格鲁—伊朗石油公司，美国的 5 大石油公司（新泽西标准石油公司，美孚石油公司，加利福尼亚标准石油公司，海湾石油公司和德士古石油公司）分别控股 7%，壳牌石油公司则拥有14% 的股份，一些不依附于美国的石油公司控股 5%，法国石油公司占有 6% 的股份。到1973 年，石油产量已经猛增到了 3×10^8 t。

1.2.4.2 石油行业的新公司

（1）恩里科·马特艾创建的意大利埃尼集团。

20 世纪 20 年代，意大利仿照其他国家的模式成立了自己的炼油公司——阿吉普公司。第二次世界大战爆发之初，阿吉普公司的规模和外国公司在意大利的子公司不相上下。战争结束时，恩里科·马特艾，这位曾经与抵抗组织战斗过的工业家，被任命筹划重建阿吉普，因为其设备在战争中遭受了严重损坏。精力充沛、雄心勃勃的马特艾努力改善和发展阿吉普，力图使它在保障意大利石油供应方面扮演重要角色。但是，缺乏足够的资金投入。当时因为意大利的波河谷地区发现了储量丰富的天然气，恰好能提供资金，于是成立了SNAM 公司加工生产波河谷的天然气，以此保障阿吉普重建所需的资金。1953 年，石油行业的各家公司（大多数都是由马特艾经营）联合起来组建了埃尼集团。

为了从多种渠道获得石油资源，马特艾推行与产油国保持积极联系的政策。因为没有能够从"七姊妹"在中东地区的大型油田那里得到任何利益（据说，"七姊妹"一词是由马特艾发明的），他和伊朗达成了协议。尽管摩萨德几年前没有成功地对抗国外的各家石油公司，但是仍然对伊朗的油田实行了国有化，这样，伊朗政府在与国外的石油公司进行谈判时就有了更多的灵活性。马特艾和伊朗国王签订了协议，同意了国王提出的条件：收益的75% 归伊朗所有，25% 归埃尼集团（图 1.19，图 1.20）。这在石油行业创下了先例。直到

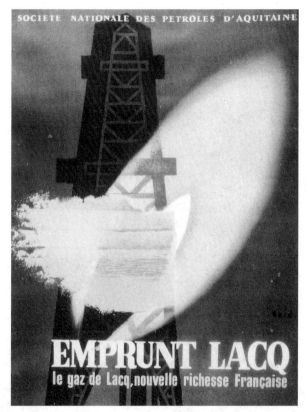

图 1.19　拉克：法国大型气田
（由道达尔石油公司提供）

图 1.20　位于拉克的天然气处理厂
（由道达尔石油公司的 Roux 提供）

1962 年马特艾在空难中去世，他一直在为公司寻找各方面的石油资源。

（2）法国第二大石油公司——埃尔夫公司的创立。

除了支持法国石油公司，尤其是在 1945 年后，法国政府还鼓励本国公司在法国境内和法属领地内进行石油开采和生产加工。在这段时间，法国又诞生了数家公司，并且在法国南部的加蓬和阿尔及利亚发现了石油和天然气（图 1.21）。后来，这些新成立的公司逐渐并入埃尔夫集团（就是今天的道达尔石油公司）。

图 1.21 1956 年：在阿尔及利亚新发现油田
（由道达尔石油公司的 Dumas 提供）

（3）法国石油研究院。

成立于 1944 年的法国石油研究院（图 1.22）尽管本身并不是石油公司，但是在这里有必要提到它的创建过程。为了减少从外国（尤其是美国）进口工艺装置、设备和技术的依赖性，于是法国政府极力支持本国的石油工业，而法国石油研究院就是在这种背景条件下诞生的。法国石油研究院的主要任务就是发展有关石油开发、生产、转化（石油炼制和石油化工产品）、应用（如发动机）等各个方面的科学技术研究，这其中包括培训和资料收集等等。

图 1.22　法国石油研究院的第一栋办公楼

法国石油研究院发展迅速，早在 20 世纪 80 年代就几乎达到了今天的发展规模。研究院到底取得了多少成果，可以用它出售的拥有专利权的炼制和化工工艺装置的数量来衡量。2003 年，包括日本和美国在内的许多国家使用的 1500 多套工艺装置都是由法国石油研究院研制的。法国石油研究院已经成为这个领域中世界第二大许可证颁发机构。法国石油研究院研究生院的影响力可以进一步证实法国石油研究院的成就。研究生院的学生中有一半是外国留学生。法国在世界石油服务行业处于领先水平，其中法国石油研究院起到了重要的作用。例如，法国油田服务公司和法国柯费莱士公司起初都是由法国石油研究院创建的，它们现在都是世界石油服务行业的领头羊。这两家公司最近已经合并。

1.2.4.3　石油在美国的发展变化：配额，美国市场的孤立状态

美国在石油工业中一直扮演着重要的角色。直到 1950 年，美国的原油产量已经占到了全世界总产量的 50%。但是美国石油消费量的增长速度大大超过了产量的增长速度。美国从 1948 年就开始进口石油，到 1962 年，美国的年进口量已经达到了 $1 \times 10^8 t$。到 1971 年，这个数字又翻了一番。进口的石油很抢手，在纽约，来自中东地区的石油比美国国产的石油更便宜。美国当局对这种竞争局面感到担心，开始号召出台自动限制措施，并且于 1959 年实施了强制性的限制条件：进口配额。这样，美国的石油市场从一定程度上受到了保护，免受国外进口石油的冲击，因此美国石油价格开始上涨。但是另一方面，国外的石油价格却在下滑，因为出现了原油供应过剩的局面。

1.2.4.4　石油价格的下跌和欧佩克的诞生

美国石油市场的孤立导致了其他地区石油市场的竞争愈演愈烈，特别是在欧洲和日本。为了增加原油的销售量，石油公司的实际销售价格普遍低于标牌价格，而计算税收时的参考价格仍然是标牌价格。激烈的竞争导致石油公司想方设法降低标牌价，并且此后出现了两次统一公开调价：1959 年 2 月每桶降价 18 美分，1960 年 8 月每桶又降价 10 美分。这两次的价格下调也降低了产油国的石油销售利润。面对这种不容乐观的发展状况，主要产油国（委内瑞拉、沙特阿拉伯、伊朗、伊拉克、科威特）的代表于 1960 年 9 月在巴格

达会面，同意成立石油输出国组织（OPEC）。这个新组织当初制定的主要目标已经实现：石油的标牌价格在 10 年内保持稳定不变。20 世纪 70 年代，又迎来了石油价格的大幅度上涨。

1.2.4.5 石油危机的早期信号

从 20 世纪 50 年代末期开始，发生的一系列政治、经济事件改变了此前一直由国际石油公司控制石油工业的局面，而且给很多石油消费国，尤其是美国，带来了很大变化。

（1）政治事件。

1956 年，埃及总统宣布把苏伊士运河公司国有化，并且将运河关闭。为了对埃及表示支持，叙利亚中断了同伊拉克石油公司的石油运输业务。尽管几个月后一切恢复了正常，而且石油消费国之间的密切合作也降低了这次危机带来的影响，不过，这些政治事件表明了第三世界国家开始登上了世界的政治舞台。

两年后，1958 年，一场军事政变把卡塞姆将军推上了总统的宝座。1961 年，新政府决定收回伊拉克石油公司的石油开发特许权，已经开采产油的油井除外。第二年，伊拉克政府创建了伊拉克国家石油公司（INOC）代替伊拉克石油公司。

1967 年，"六日战争"期间。阿拉伯国家对美国、英国和西德实施石油禁运。尽管这次事件只持续了几周的时间，但是它标志着一个新时期的到来：石油生产国开始把石油作为他们的武器。此外，苏伊士运河的再次关闭（图 1.27 和章节 1.2.4.10）导致了油轮等石油运输工具数量的迅速增长，因为从中东运往欧洲和美国的石油必须绕道好望角。此时，占有运输优势的北非石油卖出了好价钱，这也是北非石油在以后几年迅速发展的一个重要原因。

20 世纪 60 年代，阿尔及利亚和利比亚成了重要的产油国。在利比亚开采石油的不仅有石油工业的几大巨头（埃克森石油公司、美孚石油公司、海湾石油公司、英国石油公司和壳牌石油公司），也能见到独立的石油运营公司（美国西方石油公司，美国甘泉公司等），1965 年的石油产量达到 $6000 \times 10^4 t$，到 1970 年已经接近 $1.6 \times 10^8 t$。但是在 1969 年，利比亚国王伊德里斯一世被推翻后，卡扎菲上校当选为国家第一任总统，为了保护本国的石油资源，他想尽办法降低石油产量。

（2）经济气候。

石油消费量迅速增加（图 1.23 和图 1.24），占到了欧洲能源市场的 50%，在日本，这个比例则高达 3/4，而欧洲和日本自身没有多少石油储量。令人不安的另一个原因是：如果按照 20 世纪 70 年代的速度开采石油，全球的石油只够开采 30 年，与之形成鲜明对比的是，按照 20 年之前的开采速度（图 1.25）计算[1]，全球的石油储量还能开采 140 年之久。人们担心到 2000 年以前，全球大部分的石油资源会被耗尽。正是在这种情况下，罗马俱乐部在 1972 年出版了当时轰动一时的《成长的极限》一书。书中警告说：由于经济的发展，不可再生资源会被逐渐耗尽。这本书倡议放缓经济发展速度，拯救原材料，保护环境。当然，限制石油消费的最简单方法就是提高石油的价格。

---

[1] 到 2000 年，储采比（能源储量和年开采量的比例）又回到了 40，这还只是"常规"石油的数据。

图 1.23 20 世纪 50 年代塞内加尔的加油站。全世界的石油销量持续增长，设备不断现代化
（由英国石油公司提供）

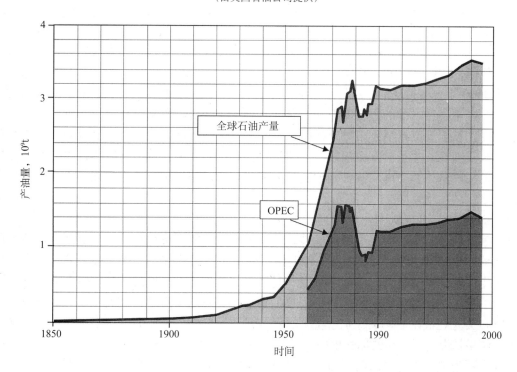

图 1.24 石油的生产和消费。从图中可以看出 20 世纪 60 年代石油产量的猛增势头

与此同时，美国新制定的空气质量法案鼓励人们用石油代替煤炭做燃料。但是因为环境保护组织采取了多种行动措施，于是在生态环境脆弱的地区（包括阿拉斯加、加利福尼亚海岸、墨西哥湾）开采新的石油资源的计划被搁置了起来。当时的处境带有点悖论性质，因为这样做的结果是使美国更加依赖国外的石油。为了保护国内石油生产商的利益，美国

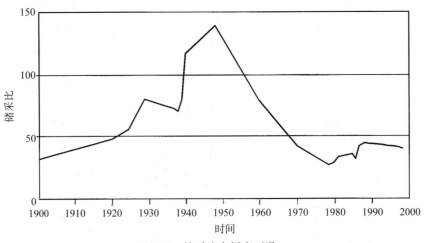

图 1.25　储采比大幅度下滑

开始实行配额制度，因为与国外的竞争对手相比，美国国内的生产商的成本较高。但是事实证明，配额制度执行起来并不容易。1969 年，美国第 36 任总统约翰逊卸任，他曾经与得克萨斯石油公司有着密切的关系。接任的尼克松政府决定改变政策方向。通过提高石油价格，保护美国石油生产商的利益。这不但意味着允许取消配额，使美国的生产商受益，而且还可以保证委内瑞拉和海湾国家等产油国获得足够多的收入，因为他们都是美国重要的合作伙伴，这样就稳定了当时的体制。

　　到 1970 年，各种政治、经济因素都促成了石油价格的上涨。与此相关的主要国家（除了几个本国不生产石油的重要的石油消费国）都从中获利。而真正导致石油价格上涨的则是利比亚，该国规定石油公司每天减产不得少于 100×10⁴bbl。同时，阿尔及利亚把 6 家石油公司收归国有，并且单方面规定石油的价格。利比亚从中获得了高额的税收，而且提高了石油的标牌价格。委内瑞拉决定把税率提高到 60%，并且颁布法律允许单边规定石油的标牌价格。以后还会发生很多事情。

1.2.4.6　第一次石油危机

　　各家石油公司密切关注形势的发展，邀请了欧佩克的官员进行谈判。实际上，其中只有两次谈判导致了油价大幅度上涨，给产油国带来了更多的收入。1971 年 2 月，签署的德黑兰协定涉及到海湾各国。1971 年 4 月签订的黎波里协定，涉及到了阿尔及利亚、利比亚等国家的利益，同时也影响到了沙特阿拉伯和伊拉克对地中海地区的石油出口。1971 年 8 月，宣布美元贬值以后，又分别于 1972 年和 1973 年在日内瓦连续召开了两次会议。这些行动的结果是提高了石油的标牌价格，弥补了因美元贬值造成的损失。

　　令人更为关注的是，以色列和阿拉伯国家之间发生了第 4 次冲突。埃及和叙利亚在 10 月 6 日赎罪日那天对以色列发动了攻击，从而引起冲突。开始的形势对以色列不利，因为它的军事力量相对薄弱。这次冲突于 1973 年 10 月 25 日结束，双方打了个平局。

　　这次冲突对石油工业产生了重大影响：

　　（1）1973 年 10 月 16 日，6 个海湾国家决定大幅度提高标牌价格。参比原油的价格，即沙特阿拉伯轻质原油的价格，从每桶 2.989 美元猛涨到了每桶 5.119 美元（图 1.26）。

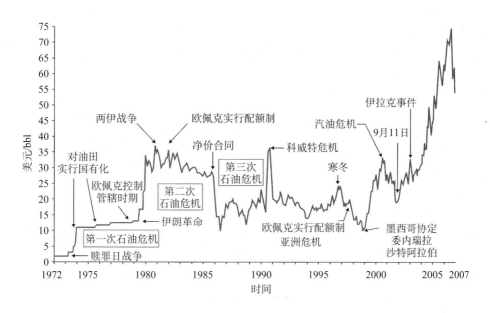

图 1.26　石油危机

（2）10 月 17 日，阿拉伯石油输出国组织（包括阿布扎比、阿尔及利亚、沙特阿拉伯、巴林、迪拜、埃及、伊拉克、利比亚、科威特和卡特尔）的所有成员国（除了伊拉克）一致决定，每月减少石油出口量 5%，直到以色列从巴勒斯坦撤军并且恢复巴勒斯坦人民的权利。到 11 月 4 日，该组织的石油出口量已经消减了 25%。

（3）10 月 25 日，同样还是上面提到的阿拉伯石油输出国组织的成员国，它们对运往美国、葡萄牙、荷兰、南非和罗德西亚的石油实施了禁运，因为这些国家支持以色列。当时，为了节省燃油，荷兰在周末关闭了高速公路。这一情景会深深地印在欧洲人的记忆中。

最终，12 月在德黑兰召开会议，欧佩克利用当时的混乱局势再度提高油价。阿拉伯轻质原油的标牌价格猛增到了每桶 11.651 美元，而它的实际价格只有 7 美元。

1.2.4.7　国有化

欧佩克日益强大的势力带来的另一个后果可能比提高油价更为严重，因为它从根本上动摇了整个石油工业，那就是：主要产油国先后决定把油田收归国有（文字框 1.3）。

文字框 1.3　国有化

在石油生产国，石油被看作是本国的自然资源，应该属于本国人民，为本国人民的利益服务。这些已经被写入了某些国家的宪法。在第二次世界大战和 1970 年，这一观念达到了登峰造极的程度。第二次世界大战以后以及 20 世纪 60 年代，许多国家宣布独立，重新获得了象征国家主权的自然资源，特别是石油的控制权。

尽管此前有少数几个国家——俄罗斯（1918）、墨西哥（1938）、伊朗（1952）、印度（1958）已经对石油工业实施了国有化，但是从 1970 年到 1980 年还是掀起了一次石油工业国有化的大浪潮。地中海国家石油公司的国有化情况不尽相同：1971 年，阿尔及利亚从法国公司收回了50%的石油开采特许权。从1971年开始，利比亚陆续把境内的英国石油公司收归国有，并且控股意大利埃尼集团（控股50%）和其他公司（控股51%）。伊拉克也收回了伊拉克石油公司享有的最后一部分石油开采特许权。1972年，各国石油公司和欧佩克进行谈判，并签订了"新分成协议（纽约公约）"，协议具体规定了石油生产国所占权益的比例。这个比例起初被定在25%，但是到1983年已经增加到了51%。并不是所有的海湾国家都签署了此协议，而国有化的实际进程比协议中规划的要快得多：科威特和卡特尔在1975年完成，委内瑞拉1976年完成，沙特阿拉伯的国有化进程则从1974年一直持续到1980年。

"石油是人民的财产"，有了这一信念的支持，就意味着产油国的人们可以买到最低廉的石油产品。在委内瑞拉、尼日利亚和沙特阿拉伯，石油价格很低，经常低于国际市场扣除税收和分销成本之后的石油价格。低廉的油价导致石油消费量的骤增，却给出口带来了不利的影响，也不能赚取外汇。到20世纪80年代末，随着柏林墙的倒塌，这种观念才得到了改变。

　　20世纪70年代，欧佩克成员国掀起了国有化的巨大浪潮。在短短的几年时间里，大多数成员国把设在本国的国外石油公司收归国有，而且宣布由国家垄断经营和石油相关的业务。欧佩克给成员国提供机会采取统一步调，坚定谈判立场。欧佩克实际上在这场运动中起到了催化剂的作用，这次运动也反映了主要产油国由来已久的要求。

　　1973年的石油危机标志着西方国家经济危机的开始，也是世界石油市场发展过程中的一个转折点。首先，在石油市场，除了西方石油公司和主要的石油进口国以外，又出现了新的成员：它们既生产石油又出口石油。这些国家有时会单独行动，有时又和欧佩克联系在一起。1973年，这些国家控制了全球50%的原油产量和80%的石油储量。此外，在全世界的石油行业出现了分化：石油生产由国有公司掌握，而大部分石油的炼制和分销则控制在西方石油公司的手中。

1.2.4.8　国际能源署的成立

　　第一次石油危机中的石油禁运使许多国家出现了油荒，这次危机过后，工业化国家于1974年共同成立了国际能源署，隶属于经济合作和发展组织，拥有20多个成员国，包括：美国、加拿大、西欧国家（法国直到1992年才加入进来）和日本等，这里提到的只是几个最大的石油消费国。国际能源署的宗旨是：

　　（1）促进成员国之间的合作，通过节约能源，发展替代能源和进行相关研究开发，减少对石油资源的过度依赖。

　　（2）建立一个国际石油市场信息系统，同时为石油公司提供情报咨询。

　　（3）与产油国和其他石油消费国共同合作，稳定国际能源市场，以保证合理地利用世界能源，这也符合每个国家的利益。

　　（4）制定计划应对石油供应被中断的紧急情况。在发生危机时，能够共享库存的石油资源。

　　国际能源署还是发布能源行业研究成果的一个重要平台。

1.2.4.9　价格稳定阶段：1974—1978 年

从 1974 年到 1978 年，石油的价格只有小幅度的上涨（从 1973 年 12 月到 1978 年 12 月阿拉伯轻质原油只是从原来的每桶 11.65 美元上涨到了每桶 12.70 美元，阿拉伯轻质原油的价格是当时定价其他原油的参考价），石油价格是由欧佩克在其定期举行的例会上确定的。其他原油的价格都是在阿拉伯轻质原油的基础上根据油品的质量（含硫量）和开采地点的不同加以调整（图 1.27）。

图 1.27　"六日战争"后，苏伊士运河关闭了 8 年（1967—1974 年）

（由 René Burri /Magnum 提供）

1.2.4.10　第二次石油危机：1979—1981 年

石油价格的第二次大幅度上涨，或者说第二次石油危机，是和伊朗危机密切相关的。在 1978 年末，伊朗国内政治和社会的不满情绪使经济领域特别是石油行业的大多数部门都发生了罢工（图 1.28）。伊朗的石油产量从 1978 年 9 月的每天 6×10^6 bbl 骤减到 12 月的每天 2.4×10^6 bbl，到 1979 年 1 月伊朗国王流亡国外时，每天的产油量只有 4×10^5 bbl，此后的伊朗政权交给了宗教领袖阿亚图拉—霍梅尼。

起初，其他国家增加石油产量，弥补伊朗产油量的下跌。但是沙特阿拉伯随后规定了石油产量的最高限度，这个数字远远低于 1978 年 12 月的水平。在当时相对很不完善的自由市场情况下，沙特的这种做法导致石油价格急剧上涨。需求大大超过供给，而股票投机商的肆意炒作使得石油价格进一步攀升。1979 年底的石油期货价格（见 1.3.2.5）已经超过了每桶 38 美元。与此同时，石油输出国组织继续推行原来的政策，规定的官方价格接近于期货价格。

1980 年 10 月，伊拉克和伊朗之间的敌对状态使得这两个国家的石油出口量大大减少，引起石油价格的新的一轮上涨，尽管持续的时间很短。实际上，石油消费国推行的保护能源的措施也开始显露成效：全球石油消费量从 1979 年的 3.1×10^9 t 下降到了几年后的 2.8×10^9 t。

图 1.28　伊朗危机

（由阿巴斯 / 马格楠提供）

1.2.5　石油输出国组织作用的削弱和石油价格的下降

1.2.5.1　20 世纪 80 年代初期的石油供应形势

尽管石油的消费量在降低，但是北欧地区（在北海发现了石油）、阿拉斯加以及西部非洲（图 1.29 和图 1.30）的几内亚湾一带的石油产量却在迅猛增加。其他地区，如里海沿岸中亚的几个共和国，也成了这次大范围石油开发的目标。

图 1.29　尼日利亚的石油生产

（由道达尔石油公司的 Tainturier 提供）

在 1973 年爆发石油危机和实行国有化之前，西方大型石油公司主要从商业角度选择石油的供给来源，政府的参考意见没有什么作用。整个世界的原油储量丰富而且价格低廉，生产一桶原油的成本不到 1.5 美元。在社会主义国家阵营之外，石油产量增加的国家主要

图 1.30　安哥拉的石油生产
（由道达尔石油公司的 Davalan 提供）

是 1960 年加入石油输出国组织的成员国以及后来加入该组织的国家，这些国家的石油产量从 1950 年到 1970 年一直持续增长，而且生产成本很低。印度和巴西等一向主张石油行业独立发展、由国家经营，当时它们甚至也愿意进口越来越多的石油产品，因为跨国公司生产的石油产品比它们本国生产的成本更低，而在本国用紧缺的财政资源鼓励没有竞争力的石油生产是和经济学原理背道而驰的。

　　因为推行高价格政策，石油输出国组织的石油（特别是海湾国家的石油）失去了原有的魅力，而且人们对石油输出国组织的石油供应的稳定性提出了质疑。政治形势的不稳定使得西方国家对中东的石油供应愈加谨慎。很多石油进口国都尽可能选择多种渠道进口石油。石油价格的飞速上涨促进了许多新的产油区的出现。每桶石油的价格高达 30 美元，这把全球的石油生产潜力都充分挖掘出来了，不仅使新出现的产油国受益，西方石油公司和石油进口国的政府也都从中得到了好处。对新的产油国来讲，本国生产石油可以取代进口石油，而且还可以通过出口石油（有利地）赚到外汇。石油输出国组织的成员国中推行的国有化政策使得国际石油公司在上游和下游的业务出现了分裂，因而失去了他们原来控制的大部分石油储备。于是他们的主要商业动机就是从其他地方寻求石油储量弥补失去了的份额，这样他们炼油需要的原油就不必只局限于一家生产商。他们还想方设法保住在生产技术方面的利益，尽管这意味着在新地区进行投资，而这些地区的石油生产成本要超过波斯湾一带的生产成本。

　　西方国家找到了一个很有效的途径，可以使这些新的产油区的石油生产商之间相互竞争，从而使价格受到下行的压力，这样，在和石油出口国进行交易时，西方国家就能重新获得利益平衡。

　　面对石油价格的上涨和石油储量的减少，人们把更多的努力投入到了石油的研究发展方面，并将研究成果应用到高成本产油区的开发，比如海上油田。欧洲（北海地区，图 1.31）、北美（图 1.32）和一些发展中国家，如阿根廷、巴西、哥伦比亚、厄瓜多尔、安哥拉、埃及、加蓬、叙利亚、印度和马来西亚等都上马了新的生产设备。上述国家的产油量在全球排名 20～30 之间，属于中等产油国。只有墨西哥、挪威和美国被列为世界主要产油国的行列。在这个时期，石油输出国组织各成员国的石油产量出现了大幅度的下跌。

图 1.31　北海的钻井平台
（由道达尔石油公司的 Allisy 提供）

图 1.32　恶劣条件下的石油生产
（由道达尔石油公司的 Gstaler 提供）

1.2.5.2　石油配额

　　从 1981 年开始，石油市场发生了剧烈的变化。如前面提到的，从 1979 年到 1985 年，世界对石油的需求量每年大约下降 3×10^8t。因为石油价格上涨，人们开始使用其他的替代能源（有些行业又像原来一样，用煤炭做燃料，有的则用原子能发电）或者采取保护能源的措施（加厚建筑物的绝缘层，使用效率更高的发动机等）。尽管非石油输出国组织成员国的石油产量迅速增加，但是人们对石油输出国组织的石油需求（图 1.33）却减少了将近一半，从 20 世纪 70 年代末的 15×10^8t 下降到 1985 年的不到 8.5×10^8t。

　　石油输出国组织的大多数成员国的石油产量的下跌幅度都在 30% 到 40% 之间。其中沙特阿拉伯经受了最严厉的打击：作为石油输出国组织中负责调节产量的产油国，它本国的石油产量从 1980 年的 5.1×10^8t 猛跌到了 1985 年的 1.85×10^8t。

　　为了应对石油需求量的减少，石油输出国组织各成员国决定对其石油实施配额限制。配额总量达到了每天 1750×10^4bbl（而两年前每天的产量也不过 3000×10^4bbl）。这样做只能减缓石油价格的下跌速度。每桶石油的价格从 1981 年的 34 美元下跌到 1983 年的 29 美元，而到了 1985 年，就只有 28 美元了。

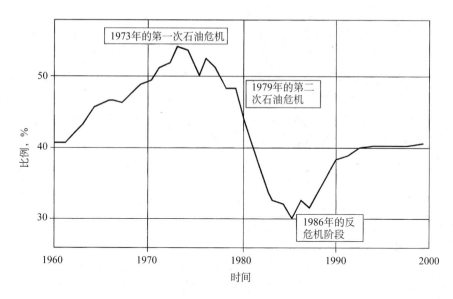

图 1.33　石油输出国组织的石油产量在全球石油产量中的比例不断缩小

1.2.5.3　1986 年的反危机

1985 年底，石油输出国组织，尤其是沙特阿拉伯，发现自己处境颇为艰难。沙特阿拉伯的财政收入在 5 年时间里减少了 75%。于是沙特阿拉伯决定不再固守原来的价格，而且想尽办法重新夺回它应有的市场份额，这在历史上是从未有过的。为了实现这一目标，沙特阿拉伯制订了一种新型的原油销售合同——净回值价格体系。长期以来，炼油业的利润率就很低。于是，利雅得向原油购买商建议：炼油商负责原油的运输和炼制加工，并且按照国际市场的现行价格销售其石油产品。炼油商在扣除运费、炼油加工费用之后，其余的收益返还给原油生产商。因此原油的价格是扣除了加工和运输成本之后的石油产品的价格，这就是净回值价格体系。

这种油价体系的确使沙特阿拉伯重新夺回了失去的市场份额，但是却导致了石油价格的崩溃。炼油商发挥了最大的生产能力，因为对他们而言，每桶原油的利润已经有了保障。这样做带来的结果是石油产品充斥市场，价格下降，而导致的最终后果是原油价格的下跌。1986 年 1 月，每桶阿拉伯轻质原油定价为 25 美元。到 7 月份就下降到了每桶只有 8 美元。

于是，石油输出国组织的成员国决定终止净回值价格合同重新使用官方定价系统。他们把每桶阿拉伯轻质原油的目标价格（理想价格）定位在 18 美元。但是在实际的交易中，原油的价格会根据供需的变化发生剧烈的波动。产油国的石油收入也受到了严重的影响：从 1981 年的最高点 2610 亿美元降低到了 1986 年的 770 亿美元，到 2002 年又恢复到了 1800 亿美元。

1.2.5.4　20 世纪 80 年代的形势

石油进口国急切地增加石油输出国组织之外的石油产量是有其潜在原因的，宣称欧佩克成员国社会政局不稳定只是次要的，更重要的是这个大型商业联盟左右着巨大的政治力量。安哥拉、阿尔及利亚和尼日利亚各国的历史经验表明国内政局的不稳定，甚至国内战争几乎不会影响石油生产。发生冲突的双方通常不会破坏和石油相关的设施，因为这是他们财富的来源，有时还是争夺的目标。但是如果是不同国家之间发生战争冲突，情况就大不相同了，这时的石油设施就成了军事目标而且还可能遭受攻击，就像两伊战争和海湾战争那样。

能够实现石油供应渠道的多样化不仅是因为推行了自主政策，更主要的原因是，正如我们前面已经看到的，上涨的油价使得国际石油公司不得不在欧佩克成员国之外开展业务。

在20世纪80年代末期，与1973年发生第一次石油危机相比，工业化国家对石油的依赖程度已经大大降低。只有运输行业还不得不依赖石油产品。

1.2.6 市场的力量

从1986年开始，石油价格发生了数次剧烈的大幅度波动。在以后15年的时间里，有几次曾经下跌到大约每桶10美元，也曾经涨到过40美元的最高点。供需平衡的微小变化就能引起石油价格的大幅度波动。

在1986年中到1991年中，根据欧佩克配额限制的变动，石油的价格维持在每桶10美元到20美元的范围之间。1990年伊拉克入侵科威特引发石油价格急剧上涨。每天的石油供应量减少了400×10^4bbl，几个星期内石油的价格就翻了一倍。但是并没有出现石油短缺的情况，因为沙特阿拉伯、委内瑞拉和阿拉伯联合酋长国快速增加石油的产量弥补伊拉克入侵科威特造成的石油产量下降。

更有趣的是，伊拉克军事力量占领科威特期间，期货市场的油价在几个月内就又恢复到了正常的水平（即每桶20美元左右）。实际上，大多数观察家都确信是美国及其盟国的快速干预才使得形势在合理的期限内就恢复了正常。海湾战争在1991年1月17日战争打响时（图1.34），有关专家预料原油的价格会出现暂时的上涨，而实际情况是价格不涨反而下跌了。我们从中得到的教训是：短暂而激烈的军事行动没有影响到市场，现货价格和期货市场的价格是一致的。

图 1.34 海湾战争中熊熊燃烧的油井

（由布鲁诺·巴尔贝 / 玛格南提供）

石油的价格后来终于稳定在每桶15～20美元之间。这可能是因为欧佩克调整了其石油产量或者是其他一些措施的作用，比如在1994春天美国养老基金的参与，考虑到石油价格已经低到了不正常的程度，他们（养老基金）在期货市场购买了大量的石油。

20 世纪末期的突出特点就是，石油价格对供需平衡表现得十分敏感，欧佩克发挥了重要作用。1995 年到 1997 年的那段时期，石油的价格相当坚挺，主要是因为美国和欧洲连续经历了几个严冷的冬天。有时，石油产品的库存量达到了最低限度，也会引起预期价格的上涨。原油和石油产品的库存数量是决定价格短期走向的重要参数，这一点已经变得越来越清楚了。因此，多数观察家都非常重视定期发布的库存信息。

欧佩克的石油产量也是一个重要因素。1997 年末，欧佩克预期亚洲经济会持续增长，并且宣布石油配额在原有的基础上再增加 10%（从每天 2500×10^4 bbl 增加到 2750×10^4 bbl）。这个数字几乎接近于全世界石油产量的 4%。然而，亚洲在 1997 年发生了金融危机，第二年俄罗斯也爆发了危机，紧接着拉丁美洲也出现了麻烦。这些都抑制了对石油需求量的增长，尽管欧佩克在不断地降低配额限制，原油的价格还是降到了 10 美元一桶。实际上，欧佩克实施的配额限制在 1997 年末就已经有力地遏制了石油需求的增长。

相反，欧佩克在 1999 年 3 月通过的减少石油输出量的决定却使石油价格迅猛攀升，2000 年到 2001 年的这段时间，油价达到了 35 美元。这次价格上涨也是很多因素促成的。委内瑞拉新上任的总统乌戈·查韦斯极力提倡在欧佩克内部应该保持严明的纪律，因此加强了欧佩克的凝聚力。查韦斯推行严格实施配额限制的政策，这与其前任总统的做法形成了鲜明的对比。主要海湾国家之间关系的改善和欧佩克组织之外的产油国（像墨西哥、挪威、阿曼、俄罗斯等国）遵守欧佩克的各项目标政策都有助于石油价格的坚挺。

1.2.7　21 世纪：石油价格还会持续走高吗

直到 2003 年，很多专家还认为原油的"正常"价位应该维持在每桶 25 美元左右。欧佩克正是用了这个数据决定把石油价格（更确切地说是欧佩克一揽子油价）定在每桶 22 美元到 28 美元之间的范围内。如果油价超出了 28 美元，欧佩克就会增加产量；如果跌破 22 美元的底价，欧佩克就会减产。直到 2001 年，石油价格一直维持在这个水平。但是，2002 年以后，美国威胁打击伊拉克，造成了石油市场的不稳定，甚至有些专家认为，美国的这种做法导致每桶石油附加的"风险酬金"达到了 5 美元、10 美元和 15 美元不等。2003 年 3 月 20 日，美国总统乔治·沃克·布什宣布美国不接受萨达姆·侯赛因对美国最后通谍的答复，美国将率领盟国攻打伊拉克，这一天，原油价格大跌，证实了上面专家的看法。伦敦布伦特的原油价格从 35 美元跌到了 25 美元。石油生产国并没有太在意美国入侵造成的短期影响，他们预期市场供应将会在几个月的时间内回复到"正常"水平；2003 年石油生产能力过剩的问题仍然突出（占总生产能力的 5% 到 10%），由此看来，石油价格可能会恢复到原来的水平（文字框 1.4）。

文字框 1.4　欧佩克的作用

1986 年以来，供应和需求两个因素对石油价格的变化起了重要作用，欧佩克的行为，至少在 2003 年以前，都有很大的影响力。如果没有欧佩克的市场调节，从 1986 年到 2003 年期间，石油的价格还会更低——可能维持在每桶 10 美元到 15 美元的价位上。

然而，在很可能出现石油产量过剩的非常时期，也不能让欧佩克独自承担维持油价稳定的责任。因此，欧佩克在 2001 年每天减产了 500×10^4bbl，也就是说，接近日总产量的 20%，以求避免油价急剧下跌。但是，在 2001 年底，欧佩克面临进退两难的局面：是继续减产眼睁睁看着原有的市场份额急剧减少——因为欧佩克组织之外的石油生产国从石油的高价位中得到了好处，但是却没有减产，还是保持出口量不变任凭油价下跌。2002 年初，欧佩克组织之外的主要产油国（墨西哥、挪威，特别是俄罗斯）也和欧佩克采取了一致的行动。因为墨西哥和挪威的石油生产主要是由政府掌管，因此，和这两个国家很容易达成合作。但是俄罗斯的石油生产现在由私营公司控制，合作进程中遇到的问题较多。

从 2003 年开始，尤其是 2006 年以来，就没有实质性的商讨了。总的来看，生产能力已经达到饱和，欧佩克也不再谈论有关减少配额限制的问题。不过，无法预测的需求量的降低会把这个话题重新提起：哪个国家应该降低产量以避免油价下跌？

1.2.7.1 当前的状况

从 2003 年 3 月开始，油价不断攀升。2005 年每桶价格超过了 60 美元，而在 2006 年 7 月甚至高达 75 美元，创下了历史最高纪录（文字框 1.5）。造成油价上涨的因素主要有以下几个：首先，第二次石油危机中人们减少了对石油的需求（降幅接近 15%），出现了石油生产能力过剩的局面，而现在这种情况已经不复存在了。其次，欧佩克组织以外的国家石油生产在不断发展。20 世纪 90 年代，每天生产的石油多达几百万桶，导致产量过剩。但是 2000 年石油需求量的增加改变了这种产量过剩的局面。地理政治方面的不稳定也加重了价格的波动（包括伊拉克问题、伊朗核问题造成的紧张局势，尼日利亚产油区的混乱，委内瑞拉力求把石油价格恢复到几年前的水平却遭遇重重困难等等）。

文字框 1.5　2007 年的油价是处在"高位"吗？

是的，如果考虑到下面的因素至少可以这么说：

（1）每桶原油的生产成本在沙特阿拉伯不超过 3 美元，在中东不到 5 美元，在其他产油国每桶原油的成本也只是在 5 ~ 10 美元之间，即使是最贵的石油，比如北海的石油，从奥里诺科河或阿萨巴斯卡河的沥青砂岩中的超重质油中提炼的合成油等，它们的生产成本也不超过 15 美元。

（2）欧佩克大多数成员国（印度尼西亚除外）的国民收入的 80% 到 90% 都来自石油。直到最近，他们在计算国家财政收入时还把石油价格设定在每桶 20 ~ 25 美元。高价位的石油带来的收益主要用于一次性消费（偿还债务、新基础设施项目的建设等等）。

（3）近几年，石油公司判断某处石油矿藏的开发是否能够带来经济效益时，会把石油的销售价格定在每桶 20 ~ 25 美元之间。只是在最近一段时间，这个价格被不断地修改、上调（但是不会超出 30 美元太多）。

当前的石油价格确实偏高，无论怎么讲，都高出了这个产业链正常运营所需要的最低价格，也高出了满足市场需求的正常供应要求的最低价格。这样的价格形势会产生两种影响：限制需求的增长，鼓励开发新发现的石油矿藏。

在需求方面，前两次的石油危机导致石油需求量减少了15%。20世纪90年代末以后出现的高价位对石油消费没有带来什么影响。这主要是因为：

（1）石油对经济的作用不像20年前那么重要了。因此，能源方面的花费也比以前减少了很多。在20世纪80年代，法国国民生产总值的6%用于购买石油，而在2006年，这个数据已经下降到了不到3%。这是因为人们现在能够更加有效地使用石油，而且低能耗的产业在不断增加。然而，还有一点也很重要：尽管石油对发达国家经济的影响有所下降，但是对贫穷的发展中国家还是非常重要。2006年，塞内加尔用来购买本国所需的石油的资金超过了国民生产总值的8%。

（2）20年前，灌满一油箱汽油花费的工作时间比现在长。

（3）对汽油价格和柴油价格的征税大大降低了原油价格波动带来的影响。在法国（以及其他很多欧洲国家），原油的价格翻了一倍，从原来的每桶25美元上涨到了50美元，导致汽油的成本价猛增了15～20欧分，就相当于把价格的15%转嫁给了消费者（图1.35和文字框1.6）。

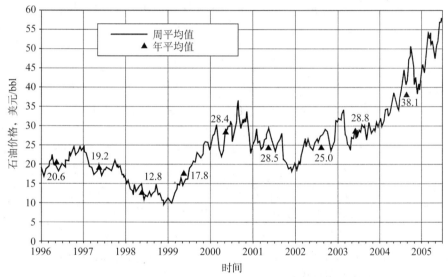

图 1.35　近几年原油价格的波动情况——1996.1—2005.7 布伦特原油价格

（数据来源：法国石油研究院）

文字框 1.6　我们当前正面临着一场新的石油危机吗？

　　1973 年和 1979 年两次石油危机的最大特点就是大量的原油供应突然中止。这是由 1973 年阿拉伯国家实施的原油禁运和 1979 年伊朗石油工人罢工引起的。2006 年，现货市场基本恢复了正常供应。此外，和 20 世纪 70 年代的情形不同，目前发达国家的经济对石油的依赖程度已大大降低。

　　石油价格的上涨主要是发展中国家（和美国）的需求量急剧增加导致的。尽管目前这些国家的经济看起来已经能够维持现在的石油价格，但是不难想象，过高的价格会导致需求的稳定和其他能源种类的增加，要是有 1986 年那样的市场机制的作用，这种局面又会引起石油价格的下跌。

就石油供应而言，除了独联体国家（俄罗斯以及波斯湾周围的国家——尤其是哈萨克斯坦和阿塞拜疆）和西部非洲国家，欧佩克以外的几个产油国的石油产量已经达到了顶峰。只是欧佩克的成员国，特别是中东国家，似乎还有相当大的石油生产潜力。沙特阿拉伯已经明确表示愿意每天多生产 $150 \times 10^4 \sim 200 \times 10^4$ bbl 的石油，如果市场需要，随时准备将其每天的产油能力逐步增加到 $1200 \times 10^4 \sim 1500 \times 10^4$ bbl。尽管石油消费国对石油供应的安全性非常敏感，产油国也愈加担心需求的安全性，害怕最主要的几个石油消费大国会主动减少石油的消费量而转向发展可替代能源，如生物燃料等，这样会降低市场机遇。

1.2.7.2 价格周期的顶端还是又一种新的变化模型？

我们现在是处于价格周期的顶端还是新的经济模型的开始？有专家曾经在 20 世纪 80 年代预言，每桶原油的价格会超过 100 美元，现在已经表现出了其局限性。他们一方面鼓励降低消费，同时增加供应，实质上是"毁灭了"自己原先提出的观点。我们现在也是这种情况吗？有可能是，但是几率不大，因为石油需求的增长仍然有相当大的潜力。如果中国人均拥有的车辆与美国相同，那么中国，一个人口占全球五分之一的国家，将来的石油消费量就相当于目前全世界石油的消费总量。而现在已探明的石油储量已经远远超过了1970 年或 1980 年的最高值（文字框 1.7）。

文字框 1.7 炼油业的发展瓶颈

尽管炼油业有很高的利润，全球的石油加工设备也几近饱和，有必要修建新的炼油厂以满足需求，但是对炼油业的投资仍然很保守。主要是因为在过去的 20 年的时间里，炼油业的财务状况非常不稳定。20 世纪 70 年代，石油生产能力提高了，但是伴随出现的是需求量的下降，而后在 20 世纪 80 年代又出现了石油产量过剩的局面。2006 年全球的炼油产量几乎与 20 世纪 80 年代的产量持平。而对于上游的石油生产而言，1973—1974 年和 1978—1980 年发生的两次石油危机使炼油加工能力明显过剩。和石油生产领域的情况相似，炼油工业出现的产量过剩局面在 2003—2004 年期间得到了迅速改变，因为人们对石油产品的需求出现了意想不到的急剧增长。

然而石油的开采和生产都由产油国自己的公司控制，而炼油工业则由跨国公司掌握，同时跨国公司还负责建造新的炼油厂。

修建新工业设施的计划在发达国家遭到了当地居民的极力阻挠，因而在短期内阻碍了这些国家炼油行业生产能力的增长。产油国或者是与消费国临近的产油国（与美国接壤的加勒比海，与欧洲相邻的北非、西非或中东地区），当然还有亚洲，都将会导致炼油产量的增长。炼油工业还面临着另一个挑战：购买到的原油的含硫量越来越高，而消费者需要的是含硫量不断降低的高品质燃料。因此，越来越多的炼油厂不得不配备复杂的高成本设备，把含硫量高的原油炼制成含硫量低的产品。

石油市场仍然遵循基本的经济规律。高价位阶段总会隐藏着未来价格下跌的条件，因为价格的升高会刺激供给并且减缓需求。但是这种观点应该做些改动，因为供给弹性和需求弹性都不是很大。看起来价格很可能会出现很大的、无法预测的波动，并且会维持在比20 世纪 90 年代高得多的价位水平上。

1.3　石油市场和石油价格

石油危机给西方国家的通货膨胀打了一针及时的强针剂。1973 年的石油危机过后，全球的经济出现了衰退。在我们看来，21 世纪初石油价格的波动可能对经济增长不会带来很大的影响，但是石油的战略性特点并没有改变，尽管不如以前那么明显。因此正确理解决定价格的机制是非常重要的。这也正是本章节讨论的话题。

1.3.1　影响原油价格的物理参数

1.3.1.1　原油质量

全球总计可能有 400 多种不同质量的原油。某一规格的原油可能来自某一特定的油田，例如沙特阿拉伯的盖瓦尔油田（生产阿拉伯轻质原油）或者埃科菲斯克油田（生产埃科菲斯克原油），而混合油则产自固定的几个油田：如英国北海出产的布兰特混合油（Brent blend），而尼日利亚原油则是从很多储量较小的油层（砂质透镜体）中开采的石油混合而成的。尽管混合油是不同规格的原油混合成的，但是也要保证其质量的稳定性。

炼制出的石油产品能体现出原油的不同价格。从轻质原油中可以提炼出大量的汽油、喷气燃料和柴油，而从重质油中可以提炼出更多的燃料油，特别是重质燃料油。汽油和柴油的价格要远远超过燃料油的价格。

最常使用的标识原油相对密度的单位是 °API。这是美国石油学会采用的单位，计算公式如下：

$$°API = 141.5/sg - 131.5$$

式中　sg——原油的相对密度。

可以把原油分为以下几类：

（1）超轻质原油（凝析油）：$> 45°API$；

（2）轻质原油：$35 \sim 45°API$；

（3）中等原油：$22 \sim 33°API$；

（4）重质原油：$10 \sim 22°API$；

（5）超重质原油：$< 10°API$。

原油的价格还和含硫量有关，含硫量越高，其生产加工成本就越高，因为不同标准的石油产品对含硫量都有严格的限制。随着人们对环境的关注程度不断提高，对含硫量的要求也更加苛刻。总的来说，轻质原油的含硫量较低，而重质原油的含硫比例会高达 5% 到6% 甚至更高。但是这也不是固定不变的。

1.3.1.2　装运地点

原油运输最常用的报价方法就是离岸价（或者叫做装运港船上交货价），指的是由卖方负责把原油装到产油地港口的油轮甲板上，这种情况下卖方所报的价格（比如在沙特阿拉伯的拉斯坦努拉港口装载阿拉伯轻质原油，在设得兰群岛的萨洛姆湾装载布伦特原油）。此外，还可以按照"成本加保险费加运费"报价，是指卖方负责把货物运到目的港（如纽约、鹿特丹、横滨等）所报的价格。原则上讲，在某一时间，某一种原油的装运港船上交货价只有一个，而成本加保险费加运费的价格会随着到达的目的港的不同而有很多变化。

炼油商买到的相同质量的两批原油的价格应该相同，否则，炼油商会选择购买价格较低的那种。如果同样质量的两批原油产自不同的油田，二者之间的价格差异反映的应该是运输成本的差异。例如，同样质量的两批原油，一批来自北海（装运港是萨洛姆湾），而另一批来自尼日利亚（装运港是邦尼）。假定萨洛姆湾（北海）到鹿特丹的运输成本是每桶 0.5 美元，而从邦尼（非洲西部）到鹿特丹的运费是每桶 1.00 美元，那么如果北海原油的装运港船上交货价为每桶 25 美元，来自西非的原油必须是每桶 24.5 美元才能有竞争力。

1.3.2　原油定价机制的发展历史

1.3.2.1　最初的定价方法：标价

从 1859 年到 1870 年，原油价格的波动幅度很大。需求量增长很快而原油的供应却在随着新开发的石油储量上下波动：大量新开采的石油进入市场就会导致油价暴跌。每桶原油的价格变动幅度超过了 20 美元。在最初的几年，汇率稳定，可以自由地进行石油贸易。

洛克菲勒时代的石油价格非常稳定。标准石油公司控制了美国大多数的炼油工业和分销设施，极力防止油价的大幅度波动以促进需求量的增长，那个阶段采用的是"标价"定价法。因为当时原油的品种很多，炼油商，尤其是约翰·洛克菲勒的标准石油公司，在炼油厂门口明码标价收购原油。

第二次世界大战以后，石油公司把标价法应用到了其他领域，标价被用作计算税收的参考依据。后来因为油田被国有化，这种计价方法在 20 世纪 70 年代就被废除了。

1.3.2.2　两次世界大战之间的美国：比例分摊定价法

标准石油公司的解体使得石油公司的数量迅速增多，这从另一方面也加剧了竞争。在战争时期和战后年代，原油价格飞涨（从 1916 年的每桶 1.20 美元上涨到 1920 年的每桶 8 美元）。然而，后来美国的石油市场发生了很大变化，因为在以下各州又发现了新油田：加利福尼亚（信号山油田），俄克拉荷马州（1926 年发现的大塞米诺尔油田）以及得克萨斯州（1931 年发现的东得克萨斯油田）等。

零散杂乱的石油采收也是造成石油价格暴跌的一个因素。在美国，土地所有者拥有采矿权，这意味着如果某人在自己的地产范围内发现了石油，那么他周围的邻居们也会想尽办法在自家的土地上开采石油。这样带来的后果就是市场中的石油被大量抛售甚至滞销，造成了油田的低效能开发，最终会使石油资源迅速枯竭（图 1.36）。

20 世纪 30 年代初期，石油价格的下跌造成社会的不稳定甚至出现暴乱，政府不得不控制石油生产。此举意味着要终止这种极具破坏性的无政府状态的石油开采行为，就要按照需求生产石油。美国成立了州际委员会，在各州分配生产配额，制定价格。生产配额是由美国矿务局确定的。这种定价体系——按比例分摊定价法是由著名的得克萨斯铁路委员会在得克萨斯州制定的。

图1.36　残酷的竞争使油井快速枯竭

（出处：莫里斯和葛斯尼的"幸运漫画系列"中的《在起重机的阴影下》）

1.3.2.3　从阿克纳卡利协定（1928）到战后年代

按比例分摊定价体系的使用把美国的石油市场（在当时，美国购进的原油几乎占到了全球原油总产量的一半）和全球的石油市场隔离开来。在世界其他地区，各主要石油公司之间正在进行着残酷的竞争。1928年油价又一次下跌，石油行业的主要领导人（最引人注意的有皇家荷兰壳牌公司的主席亨利·德特丁，新泽西标准石油公司总裁瓦特·提哥以及盎格鲁—波斯石油公司总裁约翰·盖得曼）在苏格兰的阿克纳卡利的一处城堡里聚会。这次聚会的目的除了狩猎松鸡外，主要是为了协调主要石油公司的行动以降低这场灾难性的竞争造成的恶劣影响。与会各方达成一致，提议采取行动防止出现石油生产过剩的局面，在不同产油区为石油公司集团分配市场份额并且在占有新市场时限制过度竞争。

从19世纪末开始，除了美国以外，其他国家的石油是按照以下规则定价的：任何石油产品，不管它的出产地是哪里，在世界各地销售时都把原产地标为纽约。这种做法是美国的强权地位，特别是美国东部沿岸地区的重要位置导致的。此原则稍作改动后被写进了阿克纳卡利协定。因为得克萨斯州已经成为世界产油中心，这个价格制度是以"Gulf Plus"价格协议为基础，所有的石油产品在世界各地的销售价格是墨西哥湾装运港船上交货价加上从墨西哥湾到达各个目的国的运输费用。20世纪30年代，又发现了多处大规模的石油储量，这种定价方法在过去和将来都对来自中东的石油有好处，因为那里的生产成本较为低廉。

这种定价方法在战争期间最早遭到质疑。美、英海军发现这样的定价会大大提高燃料补给成本。因而石油公司同意对阿拉伯海湾地区制定另外一种不同的定价参考标准。这样装运港船上交货价和墨西哥湾的定价方法共存。

战争结束后，情况发生了变化。欧洲从中东地区进口的原油数量日益增加。马歇尔计划中规定美国援助战后欧洲的发展，负责管理这种援助事务的欧洲经济合作总署想方设法降低进口石油的成本，因为石油进口花费了美国提供援助的一大部分。另外，在中东地区发展石油生产业符合石油公司的利益：在中东，每桶原油的生产成本很低，而且如果石油产量和出口量增加，成本还会进一步降低。战争结束后，美国东海岸的石油进口量不断增加，其中使用的是所谓"标价"的新的定价方法（1949），这样，原油在纽约港的船上交货价就等同于来自得克萨斯州的原油价格。

1.3.2.4　税收：标价法概述

石油带来的财富应该在产油国和石油公司之间平均分配（文字框 1.8），这种观念在 20 世纪 40 年代的委内瑞拉已经深入人心。1948 年采用了利益对半分配的方案，即：石油生产收益的一半归石油公司而另一半归产油国。这个原则后来也被其他国家，尤其是中东地区采纳使用。值得注意的是，如果国际石油公司，特别是美国石油公司很爽快地接受这种制度，那是因为成本很低：给美国上交的税收中要扣除交给当地政府的税款。如果美国政府不反对，那是因为美国已经成为了石油进口国，而且在美国的生产成本很高。

文字框 1.8　石油生产的法律和管理框架：石油的特许开采权

一般而言，采矿权属于国家，但是美国不同，采矿权属于土地所有人。如果某经营者认为自己的土地下面有石油，就必须首先得到国家的同意才能进行勘探，因为国家拥有采矿权，如果找到石油就可以进行生产。有几种不同类型的合同（第五章），而使用时间最长、应用范围最广的一种是租让制合同。经营者在生产过程中要支付给工人一部分报酬，就是通常说的酬劳金，同时还要承担很多的义务。作为交换条件，经营者获得的是多年勘探石油的权利，而且如果找到了石油，还可以把石油从地下抽取上来。拥有开采特许权的公司必须为其开采的每一桶石油向国家（采矿权的所有者）缴纳开采权使用费。这种使用费是对国家失去了不可再生资源的补偿。开采权使用费的金额高低不等，但是通常会占到原油价格的 10% 到 15%。此外，从事石油生产的公司还要向国家支付利益所得税。因此，原油的成本包括生产成本、开采权使用费以及税款。例如：

20 世纪 60 年代，中东地区的原油成本分析：

标价：1.80 美元 /bbl

生产成本：0.20 美元 /bbl

开采权使用费（占到标价的 12.5%）：0.225 美元 /bbl

毛利：1.375 美元 /bbl

税款（占毛利的 50%）：0.6875 美元 /bbl

原油生产的总成本：0.20+0.225+0.6875=1.1125 美元 /bbl

国家收入：0.225+0.6875=0.9125 美元 /bbl

公司的净利润：0.6875 美元 /bbl

把石油生产带来的税收纳入政府收入的一个间接后果是：所有的石油生产大国都采用了标价法进行定价。此前，井口或港口的原油价格是由各家石油经营公司在集团内部制定的。起初，标价就是实际的销售价格。但是随着石油生产规模的不断扩大，生产成本有可能大幅度降低。降价成了常见的做法，而标价也被定期修订，不断降低。

　　上述做法还引起了其他变化：把石油的开采权使用费计入石油的生产成本而不是纳入预付税款中。这就相当于把石油公司的开采权使用费的一半添加到了公司的纳税金额中。1973年，油价在大幅度上涨之后，没有对油田实行完全国有化的产油国用"政府定价"代替了"标价"，政府定价是计算公司开采权使用费和纳税金额的基础。后来，开采权使用费和税收迅速上涨，开采权使用费占到了成本的20%甚至还要多，而税收也占到了55%，甚至逐渐高达80%～85%。产油国这样做的目的很明确：保证本国能在石油生产中获得最大的利益，也使石油公司获得较为稳定的利润。

　　油价在1986年出现反弹之后，形势却又发生了逆转：为了保护经营公司在石油开发和生产中仍然有利可图，石油的开采权使用费和税收被不断降低。

1.3.2.5　石油价格反弹之后的石油现货市场和期货市场

　　从第二次世界大战爆发到第二次石油危机，有几个阶段的石油价格比较稳定，比如：从第二次世界大战到1973年由几家主要石油公司标定的价格，从1973年到1986年由政府标定的官方价格。1985年之前，自由市场机制几乎没有发挥什么作用。在自由市场的机制下，原油和石油产品的交易不受产油大国的控制。

　　第二次石油危机的爆发改变了当时的局势。1978年末以及后来的一个月的时间里，自由市场的油价超过了官方油价，因此不难理解当时有些石油生产商在这样的市场销售的原油数量不断增加。但是，这种市场中的价格也是自由波动的，每天的价格、每批原油的价格都不相同。这就是"现货"市场。值得一提的是，1981年后，这种情况得到了逆转，现货市场的价格比官方价格还低，这使得官方定价不断调低，最终就不存在了。

　　实际交易中，只有少部分原油的交易非常活跃，支撑现货市场。如果买主和卖主很多，市场中规定的价格可以被有些买卖方接受。但是大多数的石油出口大国并没有很多卖主。因此，现货市场中交易的原油品种很少，主要有北海原油（尤其是布伦特原油），美国的西得克萨斯重质原油和中东的迪拜原油。

　　从此以后，现货价格开始在现货市场流行使用。主要的石油生产商在确定本国原油的装运港船上交货价之前首先参考以下原油的现货价格：布伦特原油（在欧洲出售的原油），西得克萨斯中质原油（在美国出售的原油）或迪拜原油（在远东出售的原油）。这样，在欧洲出售的阿拉伯轻质原油的装运港船上交货价就和布伦特原油的价格挂钩，也就是说，等于布伦特原油的价格扣除体现质量及运输成本的差价以后的价格。

　　现货市场发展得比较迅速。1973年以前，当产油国掌管了本国的石油资源，而国际石油公司密切协调彼此之间的行动时，几乎所有的交易使用的都是长期合同。当时，基本上不存在现货市场。1973年，只有1%的交易是在现货市场完成的，但是到1980年，现货交易已经占到了全部交易的20%，而到了20世纪90年代末，这个比例上升到了1/3。原油和炼油产品交易使用的大多数合同中，不管是长期合同还是短期合同，合同中规定的价格都和现货价格或者期货市场的报盘价挂钩。

　　1980年左右，期货市场开始发展原油和炼油产品交易（文字框1.9），目的是为了应对由于现货价格变化导致的价格不稳定带来的金融风险。期货市场对于形成更加灵活的市场产生了重要的影响。相当低廉的运输费用以及质量相同但是价格不同的原油商品使投机商能够在交易中套利❶，因为他们可以从世界各地的计算机终端获得市场的实时信息。许多分析师把 1990—1991 年的海湾战争爆发时相对稳定的原油价格（或者更精确地讲是价格重新恢复到战前水平的速度）归咎于期货市场的存在而不是因为国际能源署发表了准备动用石油战略储备的声明（文字框 1.6）。因为可以买到石油期货，所以投机性囤积石油变得没有任何意义，有人认为这种投机储备行为导致了第二次石油危机。但是，在期货市场进行的投机行为也能加剧价格波动，因为会涉及到天气、库存量等不确定的因素。总的来讲，供应和需求之间稍有不平衡就会严重地影响到价格。市场发展给价格波动带来的影响直到现在仍然是一个广泛讨论的话题（文字框 1.10）。

文字框 1.9　期货市场和衍生市场

期货（合同）

因为现货的价格波动很大，有必要找到一种有效的方法避免因为价格的不利波动造成的损失。多种多样的买卖形式为原油和炼油产品开辟了期货交易市场。

这是一种金融市场，不涉及到实际货物的买卖，但使用的是具有金融性质的标准合同（期货）。如果合同在将来（这种合同的名称由此得来）到期时确实涉及到了实际货物的交割，合同中规定了具体的交割日期。而且签订合同时已经确定了实际的交易价格。

大多数期货交易并不真正涉及到货物的实际交割，而是交易者在合同到期之前就把合同卖给了他人。

衍生交易

还有一些金融产品，和其他形式的财产或商品有着不同程度的复杂联系，这些金融产品也适用于原油和石油产品的交易。最常见的衍生交易方式就是期权和掉期。

期权

购买期权就是赋予了期权所有者按照事先规定好的价格买卖某一数量商品的权利（而期货合同中规定的是义务）。这种购买商品的权利被称作"买入期权"，而出售商品的权利被称作"卖出期权"。期权合同有以下几个特征：

（1）标的资产：可以进行买卖的资产；

（2）行使价格：买卖交易时使用的已确定的价格；

（3）期权费（期权价格）：给销售期权的卖方支付的费用；

（4）到期日：可以开始行使期权的日期。

掉期交易

掉期交易涉及到的也是金融合同，利用这种形式，交易方可以用变动的价格换取固定的价格。假设某航空公司想知道买柴油需要花费多少资金，它可以和一家贸易公司签订掉期合同。航空公司按照当天的价格购进柴油，但是在购买价格和参考价格之间存在差额，如果这个差额为正，航空公司就可以赚这部分差额，相反，如果差额为负，航空公司就得支付这部分差额。

---

❶套利交易利用的是同一种商品在两个不同的市场中的价格差异。例如，如果其价格大于运输费用和交易费用，那么套利指的就是低价购入商品，高价卖出商品。

文字框 1.10 期货市场

伦敦油气的现货价格和期货价格

1.3.3 价格构成的经济学分析

1.3.3.1 长期价格构成。可枯竭资源——石油

第一次石油危机使人们意识到石油是会枯竭的资源，这一点在以前的几十年里都被人们忽视了。当时，中东一带发现了多处大型油田，而且石油产量迅速增长。1974 年，继罗伯特·索洛之后，多位经济学家再次发现了霍特林定律（文字框 1.11），根据这一定律，不可再生资源的价格增长速度等于贴现率（当经营成本可以忽略不计时）。因此，原油价格反映的是它的稀缺性而不是生产成本。1973 年以后，也就是第二次石油危机之后的石油价格恰好和根据霍特林定律建造的模型一致，模型中体现了不同阶段有关石油储量、替代能源价格以及需求弹性的最新假设。现在很多经济学家❶仍然会提到霍特林定律，不管是明确地还是含蓄地。

文字框 1.11 关于可枯竭资源的霍特林定律

哈罗德·霍特林是一位活跃在 19 世纪二三十年代、成果颇丰的经济学家。L.C.Gray（1914）最早发表了有关可枯竭资源的文章，但是，后来人们通常认为哈罗德·霍特林是可枯竭资源理论的创始人。20 世纪 70 年代，他的理论得到了人们的重新认识，并且和著名的罗伯特·M·索洛（1974）相提并论。然而，我们注意到尽管 Edmond Malinvaud（1972）的文章不像索洛的那样经常被人们引用，但是 Edmond Malinvaud 使用的是另一种不同的方法，他发现霍特林定律的时间更早。

霍特林定律指出，如果把生产成本忽略不计，那么可枯竭资源价格的增长速度等于实际利率（或者用更现代的说法就是贴现率）。如果不忽略成本，那么经济租（边际成本价

---

❶ 例如，见 P.Artus（2005）。

格）的增长速度就等于贴现率。

这一理论的推理非常严密（涉及变分法或控制理论），但是可以用简单的话语进行解释。假如可枯竭资源的价格稳定（或者其增长速度小于贴现率），对生产商有利，他应该尽快地进行生产，从而导致价格下跌。如果可枯竭资源的价格增长速度大于贴现率，生产商应该充分利用较高的贴现率，推迟生产。因此，要是不想打破市场的均衡局面，唯一能够做的就是使将来的单位销售收入的折现值保持稳定，使它的增长速度等于贴现率。

这一理论成立的前提❶是：可枯竭资源的数量有限，将来被耗尽时会由其他更好的、供选择的技术（回止技术）所代替，但是后者的成本更高。直到 20 世纪 80 年代中期，才把我们现在讨论的资源说成是"常规"石油。而可以投入使用的回止技术（非常规油气资源、生物燃料和其他可再生能源、核能、从煤炭中提炼的液体燃料）的成本似乎比油价高得多。至少来自透明石油产品、燃料和石油化工产品的反馈信息是这样的。

后来，情况发生了变化。直到 1985 年，随着价格在不断上涨，上面提到的这种理论激励着人们投入大量的精力进行研究开发。取得的技术进步带给我们的好处是发现了几处原来难以勘探到的储层，提高了采收率，非欧佩克成员国的石油开发，特别是海上石油开发发展迅速。1986 年石油价格下跌后，研究开发工作并没有停滞不前，而是大大降低了非欧佩克成员国的石油（特别是深海石油）开发和生产成本。常规石油和非常规石油（深海石油，超重质油，沥青砂岩）之间的界限在逐渐消失。石油生产商使用越来越先进的技术在海上能开采到比原来深得多的油层。图 1.37 展示了这一领域取得的进展。海上石油的生产成本和陆上石油的生产成本之间的差距在不断缩小。正如前面提到的，直到 20 世纪 90 年代，委内瑞拉奥里诺科河盆地的超重质油生产才被认为是符合实际的，只是生产成本偏高（当时每桶原油的生产成本不低于 40 美元）。而现在这种原油的生产成本大概是每桶 20 美元，并且已经开始投入大规模生产。在接下来的章节中，我们将讨论其技术成本。

实际上，油气资源的分布是一个连续带：有的深藏在难以达到的储油层，而有些储存油气资源的地质构造非常复杂，难以勘察，有的油气存在于深海或超深海地区，还有超重质油，沥青砂岩、油页岩等。常规石油和非常规石油之间在传统上的区别已经没有多大意义了。此外，这种连续状态不只局限于油基碳氢化合物。为了发展利用天然气生产液体燃料（生产天然气合成油，应用了费—托工艺技术）和从煤炭中提取液体燃料（煤制油过程，就是在把煤气化后直接或间接对其进行液化处理）的技术，已经做了大量的研究。后面会专门讨论相关的技术问题。这个资源连续带也包括了生物质燃料，这种燃料是指使用生物质材料或工艺生产出的燃料（如乙醇、乙基叔丁基醚、植物油、植物油中的甲酯）或现在正在研制的燃料（木质纤维素或生物制油）。在遥远的将来，我们可能会发展更加先进的技术，把从核能或可替代能源中得到的氢进行"碳化作用"（Bauquis，2004），或者换种说法，叫做碳加氢技术（氢气转液体燃料的技术）。

---

❶这个理论的另一个依据是有关供需行为的理性化的各种假设，至少在其最早的版本中是这样写的，这一点是确定无疑的。

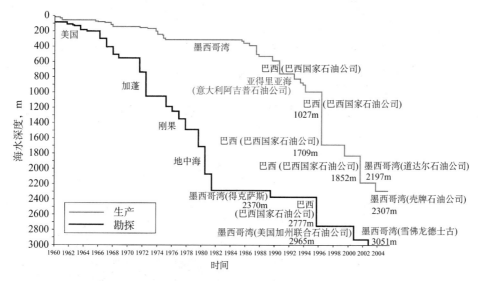

图 1.37　海上钻井深度记录

　　在以后的几十年，不会出现油气资源（自然资源和合成资源）匮乏的情况，但是需要用到的技术会更加复杂，成本也更高（按照现在的预期），因为传统的油气储量已经逐渐枯竭。

　　与 20 世纪 80 年代的情况不同，生产的边际成本（也就是说，发展阶段还要包括投资成本）不能忽略不计。因此，我们不能说石油价格的增长速度等于贴现率，因为假设经济租按同样的速度增长，霍特林定律中的经济租只不过是原油价格的一部分。此外，如果我们比较 2006 年的价格，就会发现它和替代技术成本之间的差距已经大大缩小了，而且长期以来人们对可替代资源的成本一直持怀疑态度。因此，很难用霍特林定律理论来预测未来石油价格的变化情况。

　　从中、短期来看，如果欧佩克组织确定了生产配额，就会产生垄断地租并将一直持续下去。而且，这个阶段如此高的价位会导致产量下降，无法满足消费需求。我们在后面的章节中会解释这一点。分析其长期价格构成可以看出，一个决定性的因素应该是相关边际资源的成本。

1.3.3.2　生产成本

　　除了资源的稀缺性租金外，生产的平均成本和边际成本是分析价格构成时涉及的首要因素。如上所述，生产的平均成本在过去 20 年期间已经急剧下降。10 家最大的国际石油公司的平均成本从 1990 年的每桶大约 14 美元降到了 2000 年的每桶不到 8 美元。然而，我们注意到以后成本又有所增加，部分原因是石油服务行业提高了设备和服务成本。当然，生产的平均成本因为产油区的成本不同也有很大的差别。

　　在 2005 年公开发表的一份刊物中，国际能源署对石油资源进行了全面的研究分析。在这篇研究报告中，国际能源署的专家企图估计各种石油资源的生产成本，其目的是想估算出作为石油价格的函数，需要把多大比例的资源转变为储量。图 1.38 展示的是他们的设计方案，图中的纵坐标表示石油的价格（布伦特原油的价格），根据价格确定开采多少石油在经济上是合算的，这个价格要包括收集和储存在抽取非常规石油的过程中产生的二氧化碳气体的成本（图中标有"WEO required cumulative need to 2030"的长条表示的是对2003年到2030年总的石油需求数量的估计。数据来源：国际能源署，世界能源展望，2004）。

正如国际能源署的专家预测的那样，如果把投资收益计算在内，以某一价格出售资源是合算的，但是并不能表明一定可以进行开采，这一点是非常重要的。因为其中还涉及到许多其他因素，如：需求，更加优惠的投资政策带来的竞争，各种规章制度，税收及矿区使用费等方案，资源的开采权以及地理政治因素等等。这意味着标识的价格是最基本的，但仅仅这些是不够的。

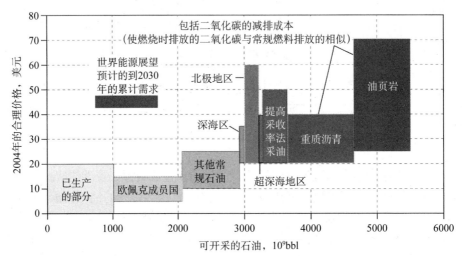

图1.38　石油价格曲线，包括技术进步：石油资源的供应是经济价格的函数

（来源：国际能源署，从资源到储量，2005年）

（1）常规石油。

在大多数地区，石油的生产成本接近于石油公司投资的最低限度。从这个底限可以看出长期边际成本（包括投资成本）的大小，至少在税收无特殊优惠的地区是可以的。

20世纪90年代中期，石油公司设定的最高生产成本通常是每桶石油14～15美元。但是从2000年开始，石油价格不断攀升，其最高生产成本也不断提高，逐渐达到了每桶17美元。2004年以后，有些大规模的项目已经把生产成本提高到了每桶25美元左右的水平，有时甚至还超过这个价格。但是，值得注意的是，税收规则的变化以及多样性使得以技术成本为基础的利润底限没有原来那么重要了。

为了完成这方面的研究，我们需要了解有关非常规石油、合成碳氢化合物及替代燃料的生产成本。

（2）超重质油和沥青砂岩。

委内瑞拉每桶超重质油的平均生产成本大约是15美元，每桶油的可变成本大约为6美元（这是前几年设备和服务涨价前的价格）。对于新的工程项目而言，其平均成本大概为每桶20美元。这是所谓的"冷采"生产的成本，也就是在水平井中应用自然排液技术生产石油，但是这种技术却使采收率大大降低（降低幅度达8％～10％）。注入蒸汽会增加成本但是能大幅度提高回收率。

　　从阿萨巴斯卡油砂中抽取石油的成本在天然气涨价前就已经下降到了 20 美元，生产成本对天然气的价格变化非常敏感。根据国际能源署 2006 年的分析研究，不管生产中使用的是采矿技术还是蒸汽注入技术（即：蒸汽辅助重力泄油技术），其价格都会在每桶 16 ~ 33 美元之间。因为要产生热量，蒸汽辅助重力泄油技术消耗的天然气至少是应用采矿技术时的两倍（向水平井内注入蒸汽可以促使原油流动到其他更深的水平井中，以便进行采收。这个系统包括所谓的"原油预处理设备"，它可以把 9 ~ 11°API 的超稠原油转化为 25 ~ 35°API 的轻质、合成原油）。

　　尽管油页岩的应用已经有很长的历史了，但是这项工艺的能量消耗很大。正在开展这个领域的相关研究，壳牌公司在美国科罗拉多州进行的研究中试图用井下加热的方法转化油母岩质。但是，在 2020 年前，把这项研究成果运用到商业化生产的可能性不大。

　　(3) 从煤炭和天然气中获取合成碳氢化合物。

　　从煤炭中获取合成碳氢化合物（煤制油）的方法有两种：一种是通过煤加氢的方法直接把煤转换成液体燃料；另一种方法是间接转换，首先，在煤气化的过程中会产生合成气（一氧化碳和氢气），然后通过费—托工艺过程把这种合成气转化成液态碳氢化合物。最终得到的石油产品主要是质量上乘的柴油（不含硫而且十六烷值很高）。第二次世界大战期间，德国使用过这两种技术。目前，只能在南部非洲的沙索找到还在使用费—托工艺进行生产的工厂。在中国也有几套设备正在建设中。中国正在修建一个使用直接加氢工艺的大型项目工程，法国石油研究院和法国的艾克森斯公司也参与了这个项目（提供技术和工程管理）。

　　在近期钢铁、原材料和服务的价格上涨之前，对邻近低成本的煤矿的生产单位而言，如果产出的每桶油的价格不低于 50 美元，煤制油技术才能产生利润。以后还曾经把盈亏平衡点定位到每桶 70 ~ 80 美元。我们在前面提到过，如果以现在的速度开采煤矿，地下的煤藏总量还可以开采 200 年左右（当然还存在很大的不确定性）。煤制油技术的应用局限性很可能不是来自原材料的限制而是与排放二氧化碳有关的费用问题。

　　从天然气中获得液态烃（天然气合成油（gas-to-liquid，GTL））也要用到费—托工艺。第一家从事这项生产的工厂是由莫斯加天然气公司（现在的南非国家石油公司）于 1991 年在南非建造的。后来壳牌石油公司在马来西亚投入运行的设备日产能力达到了 1.45×10^4 bbl。2000 年开始的石油价格上涨引起了人们对几家新开工项目的研究。其中有两个项目是在卡塔尔进行的。第一家是由沙索在 2003 年底创建的日产 3.4×10^4 bbl 的项目，第二个是由壳牌石油公司在 2005 年建造的（第一期和第二期的日产量均为 7×10^4 bbl，每天合计产油 14×10^4 bbl）。第一期于 2006 年开始试运行，计划在 2007 年 3 月投产。根据公布的数据，如果能够以低廉的价格买到天然气（0.5 美元 /MBTU 到 1 美元 /MBTU），那么一桶高质量柴油的生产成本大概在 25 美元左右。只有每桶原油的价格达到 20 美元，才能保证这个项目不亏损。而从 2004 年开始原材料和服务价格的提高又导致了生产成本的增加。单位投资成本已经上涨了两倍，天然气的价格也在上涨，只有每桶原油的价格达到 50 ~ 60 美元，壳牌的这个工程项目才可以盈利。起初投建的几个工程项目是否能够成功将会对这一领域的发展前景有决定性的影响。尽管对不同的项目进行了研究，但是真正取得进展的并不多。实际上，计算这些成本时并没有考虑排放二氧化碳的费用，天然气合成油和煤制油一样都要消耗大量的能量。此外，根据法国道达尔石油公司的 P. R. Bauquis 教授预测，如果天然气的产量达到顶点，就会限制上述项目的发展机会。在石油的产量将达到"顶峰"后的 10 ~ 15 年期间，天然气产量也会达到峰值。但是值得注意的是，根据其他专家的推断，天然气产量是否达到峰值还不确定，这比判断石油产量的峰值要困难得多。尤其需要注意的是，我们不能排除在遥远的将来，甲烷水合物（冰状笼形化合物）会带来生产技术的发展进步。人们现在还不了解这些资源，但是以后它们可能会发挥重要的作用。

（4）生物燃料。

今天使用的生物燃料是第一代生物燃料，主要包括供汽油发动机使用的乙醇和供柴油发动机使用的植物油中的甲酯。2005 年，乙醇燃料的全球产量将达到 $3000 \times 10^4 t$，而生物柴油的产量可能只有 $400 \times 10^4 t$。巴西以蔗糖作原料生产乙醇，如果不低于的话，其生产成本近似于传统的汽油生产成本。除巴西外，其他国家生产生物柴油的成本几乎是油基燃料生产成本（2006 年每升生物柴油的生产成本是 0.4 ~ 0.6 欧元，而每升油基燃料的生产成本只有 0.2 ~ 0.3 欧元）的两倍（不包括税款）。尽管对某些具体数据还有争议，但是生物燃料对减少二氧化碳的排放量具有重要意义。作为油基燃料的替代能源，生物燃料具有巨大的发展潜力。因为制造生物燃料就要和食品生产争抢原料，所以生物燃料的发展受到了很大的制约。

从长远来看，确实有必要开发第二代系统，即利用木质纤维素生物燃料（木头和秸秆）。乐观地讲，估计到 2030 年，可以发挥替代能源 30% 的潜力。生物质制油系统需要把生物质进行气化以后，再用费—托工艺生产柴油和煤油。第二种方法和用发酵法生产乙醇的过程相似。目前，要想把每升油的生产成本降到大约 1 欧元的价位，就需要对这些生产方法进行大量的研究。

（5）技术进步的作用。

未来能取得哪些进展？前面提到过油气资源分布连续带的多个组成部分，现在我们可以把它们按照成本的高低进行分类。可能出现的情况是，随着容易开采到的石油日渐枯竭，石油的生产成本和价格会不断攀升。但是只是猜测而已，不能完全肯定。回想 20 世纪 80 年代初，公开发布的各种方案都一致认为石油价格会上涨，后来的实际情况证明这些说法都是错误的，这就是因为技术进步在其中扮演了重要角色。不过，如果有难以准确预测的领域存在，那么它就是技术发展领域。这类实例还有很多。在能源领域，除了前面讨论过的超重质油生产成本的暴跌以外，联合循环发电场的发电量的增加也是一个很好的实例。技术进步之快往往超出人们的预期，但也并不是我们想有就会有的，比如核聚变就是这样的。50 年前，人们认为在 35 ~ 50 年的时间里能控制并管理好核聚变的应用，只用它来发电。我们今天还在讨论这个 50 年的期限，但是对它的商业前景却没有把握。

1.3.3.3 外部成本和温室气体

选择使用哪种能源时必须要考虑到它对气候的影响。燃烧矿物燃料会排放出温室气体，导致大气温度升高。根据政府间气候变化专门委员会（IPCC）专家的预测，到本世纪末，温室气体的排放将会使大气平均升高 1.5 ~ 6℃。尽管对于温室气体的排放范围和造成的后果还没有确切的答案，但是无论如何，温室气体会使"极端气候状况"如暴风、洪水、热浪等的发生次数增多。这一点似乎毋庸置疑。尽管美国没有在《京都议定书》上签字，但是欧盟坚持严格执行在京都作出的承诺，并且从 2005 年 1 月 1 日开始成立了专门机构，颁发二氧化碳排放合格许可证。限制温室气体的排放需要采取多项措施，与碳氢化合物的使用成本有关。许多分析人士认为，限制温室气体的排放比资源的稀缺性更能制约化石燃料，特别是石油的使用。

蒸汽采油，超重质燃料的加工，沥青砂岩或油页岩的使用，以及把天然气或煤炭转化为液态碳氢化合物等，所有这些都要消耗大量的能量并且排放出大量的二氧化碳。把与此相关的外部成本进行内部消化或者是碳捕捉和封存（Carbon Capture and Storage，简称 CCS），技术的应用都可以降低直接成本。这样做对研发非常规石油、研发提高采收率的采油工艺是个阻碍。在这个领域，技术进步扮演着重要的角色。为了限制二氧化碳的排放，采油工程和非常规石油生产过程中需要的热量可以由核反应堆提供。碳捕捉和封存提供了多种选择，但是相关成本的波动情况却难以预测。降低碳捕捉和封存的成本就能促进煤炭工业取得新的进展。

1.3.3.4 地理政治因素和中短期成本结构

对石油生产国和消费国而言，石油是它们的战略性财产。地球上常规原油总储量的三分之二都在中东，而且全球已经探明储量的 80% 是由国内石油公司控制。我们都清楚石油是如何影响政治事件的，而政治事件又给石油市场带来了什么后果。石油市场是全球性的，运输费用较低，远远低于其他能源的运费。因此，对石油和天然气这两种相互联系的能源来讲，地理政治事件也会给它们带来不同的影响。有重大影响力的事件包括六日战争、阿拉伯禁运、赎罪日战争、伊朗革命、两伊战争以及海湾战争等。图 1.26 就表现了原油价格和其中一些重要事件的联系。有些事件尽管影响范围不大，但是非常重要，例如：总统查韦斯的政策造成委内瑞拉形势不稳定，欧洲对俄罗斯能源供应是否稳定的担忧，特别是有关通过油气管道输送能源的事件。欧佩克作出的决定在地理政治事件中也起到了非常重要的作用。不过，尽管 1973 年的冲突导致了第一次石油危机的爆发，但是考虑到需求量的不断增长（每年的增长速度为 7% ~ 8%），价格就会不可避免地上涨，其涨速远远高出产量的增长速度。

最后一点，是政治方面的决定使得产油国允许国际石油公司开发本国的自然资源。例如，在墨西哥和沙特阿拉伯，分别由墨西哥国家石油公司和沙特阿拉伯阿美石油公司垄断了本国的石油开发和生产。外国石油公司在伊朗的开发生产活动受到种种限制。伊朗和外国公司签订的是一种比较独特的合同——"回购合同"，这是一种短期的风险服务合同。合同中制定的内容与伊朗国家宪法保持一致，根据伊朗宪法，国家对石油资源的开发拥有垄断权。如此复杂的合同框架限制了东道国和国际公司的权利。在过去的几年时间里，俄罗斯政府又重申了对石油和天然气的控制权。最近拉丁美洲国家（委内瑞拉，玻利维亚）也如法炮制。

（1）石油卡特尔。

第一次石油危机过后，原油价格的增长被认为是欧佩克的行为导致的[1]，而且沙特阿

---

[1] 更具体地讲，欧佩克是一个重要的寡头卖主垄断组织，其外围充满了竞争。阿拉伯国家人口较少，而石油资源分布很广（沙特阿拉伯、科威特和阿拉伯联合酋长国），资金流压力不大，比较容易限制产量。这些阿拉伯国家是寡头卖主垄断的核心成员（P.N. Giraud [1995]）。

拉伯在其中发挥了重要作用。实际上，除了几个价格大幅上升或下降的阶段，沙特阿拉伯扮演了价格调节器的角色，因为它同意做（或者是主要的）"浮动产油国"。为了满足需求，沙特阿拉伯在 1977—1978 年期间增加了石油的销售量。1979—1980 年因为受到生产能力的限制，没能满足当时不断增长的石油需求，使得油价出现了上下波动的情况。这次需求增长的部分原因是投资行为（伊朗革命之后）造成的。为了使油价稳定，保持在新的价位水平上，沙特阿拉伯从 1981—1985 年减少了石油产量。然而，这种情况有些反常。就波斯湾一带而言，石油生产的成本并不高，假如存在集中性的全球经济管理模式或竞争环境，油品的销售应该好于边际成本较高的油品。然而，结果恰恰相反。随着替代能源的出现和节能政策的实施，石油需求量开始缩减，因为前面提到过的技术进步，非欧佩克成员国的石油产量不断增加，而欧佩克尤其是沙特阿拉伯的石油产量却不断下滑。1985 年，石油产量跌至谷底（每天只有 250×10^4 bbl，而 1980 年每天的产量是 1100×10^4 bbl）。财政收入的减少导致了欧佩克组织内部出现了紧张局势。沙特阿拉伯决定恢复原来的市场占有份额。这只是"反危机"和价格下跌的开始（图 1.26）。

在沙特阿拉伯愿意而且有能力调节石油生产活动时，市场起到了什么作用呢？R. Mabro 曾经开玩笑说，在决定原油价格方面，沙特阿拉伯和市场平分角色：沙特阿拉伯决定小数点前面的两位数字而市场决定小数点后面的两位数字。值得注意的是，1980—1985 年期间，沙特阿拉伯担负起了减少石油产量的重担，而在 1998—1999 年，它却拒绝独自承担此重任。于是召集欧佩克成员国和非欧佩克石油生产国（挪威、墨西哥、俄罗斯），大家齐心协力，共同合作。但是需要经过一段时间后才能确定出一个令石油生产国满意的价位水平。在此之前，有些分析家认为低位的原油价格表明欧佩克失去了权利。但是，在 2000—2003 年期间，包括美国入侵伊拉克期间，欧佩克的行动证明了它能很好地控制形势，把价格稳定在 2000 年 3 月规定的价位上（每桶 22 ～ 28 美元），或者说至少能够维持在较低的波动范围内。然而如果即使超额生产也无法满足需求时，就会再现 1979 年和 2004 年以后的情况，调节价格的可能性就不存在了。

（2）市场的恢复力。

和 P.N. Giraud [1995] 的观点一样，我们并不认为只存在一个均衡价格（或通往均衡价格的道路只有一条），而是存在一个难以定量的价格范围。沙特阿拉伯及其合作伙伴能把价格稳定在这个范围之内。但是如果价格很高（像 1980—1985 年那样），市场的恢复力，即使不及时，也会发挥作用：使用替代能源，推行节约能源的措施，对欧佩克之外的产油国进行投资。此外，如果价格上涨，欧佩克成员国就可能置配额于不顾。正如 Sadek Boussena❶评论的那样："当价格疲软时，欧佩克作用强大，而当价格坚挺时，欧佩克就变软弱了。"如果出现产量过剩的局面，配额就容易被忽视。因此，在欧佩克成员国之间签署协议，规定石油产量的最高限度，难度很大。

另一方面，价格较低时，石油开发和生产公司的投资就会缩小，因为投资新项目的潜在利润会降低而且融资能力受限。低廉的价格能促使消费的增长，其增长速度会超过产量的增长速度。这是 1998—2000 年的情况。此外，有些国家收入水平的下降会导致更多的社

---

❶格勒诺布尔大学副教授，阿尔及利亚前能源部长，欧佩克前总裁。

会活动和政治局势的不稳定，这是所有国家都不愿意看到的。

我们可以得出这样的结论：石油工业和其他大多数行业一样，有时会出现产量过剩的情况，有时产量刚刚饱和。如果产量过剩，油价就会出现下跌的趋势。欧佩克主要是对这种情况进行干预。如果产量处于刚刚饱和的状态，价格就会上涨直到产量再次提高。从2004年开始，产量过剩的情况已经大大减轻，但是炼油加工能力已经饱和。首要的问题是，随着供应和需求之间出现的"挤压"过渡效应的不断发展，油价是否还能重新回到20世纪90年代那样的均衡价格呢？或者说，如果近几年来出现的价格上涨反映出的是结构的调整，那么需求的增长会激励人们寻找边际成本更高的生产源。2005年以后，许多经济学家和政治家已经逐渐意识到第二种认识是正确的，而且在石油和其他能源的价格方面提出了新术语"范式转移"。

要发挥市场恢复力的作用，需要几个条件。对于做决定、实施和投资而言，只是石油价格出现上涨还不够，重要的是必须能够维持这个高价位。

（3）未来展望。

投资的决定自然是根据需求和中长期价格做出的。但是，需要指出的是，很难预测石油市场未来的原油价格，而且这种预测往往是自我毁灭性的。与此相关的一个恰当的实例就是1985年油价的下跌。在1985年之前，有关油价的所有预测都认为价格将会上涨，从图1.39可以看出，其中有几个阶段的确如此。例如，1980年，法国国家计划总署在扣除了通货膨胀的影响后，提出了原油价格3个不同的年增长速度，分别是2%，7%和14%。法国为了使本国在能源方面不依赖外国，在第一次石油危机爆发后不久，做出了一些政治性决议，这其中包括法国的核计划。但是能源的大幅度节省，替代能源的应用，新能源的研究和开发以及投资欧佩克成员国以外的"难以开采"的油田的开发和生产等等行为，并不只是因为原油价格过高，而是因为价格有可能会持续走高。

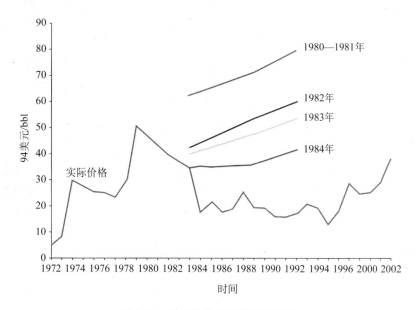

图1.39　对原油价格走势的预测图

很多因素使得 2004 年的石油产量和炼油能力达到了饱和状态，而其中一个原因就是人们的预期。尤其从 2003 年以来，中国需求的增长速度是以前没有料想到的。直到 2003 年的夏天，随着伊拉克国内生产能力的提高，几乎所有的分析家都猜测到伊拉克会重新打入市场，这样会导致欧佩克组织生产能力过剩。伊拉克出口石油数量的增加导致欧佩克其他成员国（主要是沙特阿拉伯）不得不减少产量。这种舆论显然对在这些国家投资不利。2001 年的"9·11"事件之后，需求出现了下降，在 2002—2003 年期间，全球缩减了石油勘探和开发规模，这段时间只是稍好于 1998—1999 年的状况。总之，直到 2003 年中期，关于生产能力过剩的说法四处传播，这也是造成后来生产能力不再过剩的一个原因。

1.3.4 可能出现的发展变化

1.3.4.1 需求

和能源需求的总体情况相同，石油需求的首要决定因素就是经济的增长。从总体上看，发展中国家的需求弹性和国内生产总值[1]的比率大约是 1 或大于 1。在发达国家，这个比值通常会低一些（0.7～0.9），几十年来，发达国家的能源强度[2]在有规律地下降，这种趋势在将来还会持续下去。因此，在 2006 年，国际能源署和美国能源信息管理局（EIA）都一致预言全球的能源强度会下跌：国际能源署认为到 2030 年每年的下降速度会达到 1.7%，而美国能源信息管理局则认为下降速度为 1.8%（这个数字远远超过国际能源署在 2004 年的预测，国际能源署在 2004 年根据当时推测的高油价预言能源强度每年的跌幅为 1.2%）。对石油而言，大多数分析家预计未来石油消费的增长主要来自发展中国家，特别是中国和印度。运输行业石油消费增长的比例也会提高。根据国际能源署的研究结果，在以后的 30 年，全球石油消耗增长的四分之三要归因于运输行业。而且，最难推广使用替代能源的领域也是运输行业。

石油需求的第二个决定性因素当然就是价格。石油价格的需求弹性很难估计，这个数值很小但是不能忽略不计。目前引用的短期比值为 −0.05，这意味着如果价格上涨 50%，那么全球石油消费量将以每天大约 2×10^6bbl 的速度减少。如果没有替代资源可以使用，石油的消费量会增长，而且消费者的行为也会有所调整，这些都会带来需求弹性的变化。比如，汽车司机，如果收入很高，他们对油价的上涨就不敏感。需要指出的是，在扣除了通货膨胀的影响后，当原油价格接近 20 世纪 80 年代初期的价位时，在工业化国家，1L 汽油的价格在家庭收入中所占的比例大约是价格上涨前的一半[3]。分析价格的上涨对经济增长的作用也很困难。根据国际能源署 2004 年的研究结果，如果一桶石油价格上涨 10 美元，估计其需求量大约要下降 0.5%。2003—2006 年价格的变动似乎没有产生重大的影响。最后，在很多国家，需求敏感性较低的一个原因就是政府对石油产品有补贴，这种做法掩盖了原油价格折射出的各种信号。在其他国家，欧洲也是如此，征收和原油价格相关的燃油税可以降低油价变化带来的影响。

---

[1]需求的相对变化（用百分数表示）和国内生产总值的相对变化之间的比值是用同样的单位表示（比如，也是一个百分数）。

[2]能源消费和国内生产总值的比值。

[3]家庭收入的一部分固定支出用于燃料消费，见 F. Lescaroux and O. Rech（2006）。

在以后的二三十年，官方组织（至少是在商业环境正常的情况下）预测石油需求依然会增长，国际能源署在 2006 年预言石油需求的年增长率为 1.3%，欧洲委员会 2007 年认为石油需求的年增长率为 1.5%，而壳牌石油公司 2005 年提供的数字则是 1.1%～1.9%。需要注意的是，大多数组织提供的数据已经低于前几年的预期。因为石油价格在上涨而且在将来不可能会有大幅度的回落。因此，国际能源署在 2009 年度能源展望中提出的石油需求的年增长速度为 1.9%，而在 2007 年度能源展望中把这个数字减小到了 1.1%。

从这些预测中可以看出两个问题。首先是利用能源的可能性。我们在前面讨论过与此相关的不同看法，下面还会进一步探讨这个问题。第二点是温室气体的排放问题。温室气体的排放量不断增加，大致与矿物燃料的消耗量成正比。因此，国际能源署 2006 年的参考情景中限制了二氧化碳的排放量，该机构建议推行积极的政策，制定使用替代能源的方案，把 2030 年的石油需求量从每天的 1.03×10^8bbl 降低到 1.16×10^8bbl。除此之外，还有必要加速发展合适的技术，国际能源署在 2006 年就为 2050 年提出了技术加速发展情景，该情景认为发展这样的技术是有可能的，而且能够使石油消耗量的增长速度比 2050 年的基准情景提出的标准降低 56%。实现这些情景能够使燃烧各种能源排放的温室气体的增加速度大幅度减小，与 2003 年相比，其增长速度会在 6%～27% 之间，而不是像参考情景里提到的 137%。最受人欢迎的技术附加（TECH Plus）情景则能使温室气体排放量减少 16%。

同样，欧洲委员会提出的"碳限制"对欧盟而言是"减半"情景（排放量减少 50%）。从全球来讲，比 1990 年的排放量增加了 25%。欧洲委员会推测出每吨二氧化碳价格的增长幅度——在工业化国家是呈直线上升的，发展中国家的增速稍慢——到 2050 年，排放一吨二氧化碳需要消耗价值 200 欧元的燃料。根据它的预算，到 2050 年，石油的消费会比参考情景估计的数字大约低 20%，一旦超越了 2040 年左右的平顶峰期，就会降到每天 1×10^8bbl。

这些数字比欧盟和包括法国在内的其他国家制定的目标还相差很远，他们想使全球的二氧化碳排放量降低一半，而工业化国家的二氧化碳排放量减少 4 倍。要实现这些目标还需要消费行为方面发生深刻的变化，最终的结果是使得每吨二氧化碳的排放成本达到数百欧元（Enerdata（欧洲统计）2005 年）。

世界能源委员会也强调实行积极政策的必要性。这一政策对 21 世纪的前 50 年提出了两个设想。其中一个设想的主要特点就是有些决策者缺乏长远发展眼光，特别是在投资决策方面，他们只考虑短期市场，从而导致更加难以推行某些必要的改革。不同国家之间缺乏合作，就不能在理想的时间框架内开展必要的活动，这些都会使"世界面临无法居住的威胁"。气温的升高会引起干旱和饥荒，使高纬度地区爆发更多的热带疾病。在另一种设想方案中，实行的是可持续发展的政策，它将改变人们的消费行为。地球环境在经历二三十年的恶化之后，又可能出现一个宜居的世界。

1.3.4.2 生产

（1）哈伯特曲线。

最早用于分析未来石油产量的方法中就有金·哈博特提出的方案。根据哈博特的方法，世界石油产量的曲线就像一个近乎对称的钟形曲线。尽管能对它加以证实的可能性很小（关于这一点，我们将在以后讨论），但是我们可以暂时用它来做一个假设。正如前面提到的，美国地质勘探局曾声称石油总储量会导致石油产量在 2020—2030 年期间达到顶峰。我们还应该注意到在盆地开发石油的曲线并不总是对称的，倒是经常像一个对数正态曲线，而不是高斯曲线。同时，从这个钟形曲线上体现出的变化是产量增速逐步减缓。远在石油产量还没有达到顶峰之前，不可能对需求的增长作出反应。道达尔石油公司主席特瑞·德马赫先生在 2004 年绘制出了这种类型的曲线❶，并且作出预测：2010 年左右石油供应将不能满足需求。

实际上，不管石油产量何时达到顶峰，世界石油产量曲线都不会呈现出哈博特描绘出的规则、对称的形状，尽管那是针对美国的情况。这一点可以通过美国充分利用进口石油的能力进行解释。从全球的角度来讲，石油产量高峰的出现或者是预期高峰的出现都可能会阻碍价格的上涨。第三次石油危机的严重程度也有赖于人们作出的不同预期。就像 1980 年那样，因为推行了节省能源的政策，使用可替代燃料，结果石油的需求量大跌。这样，生产曲线就会比哈博特曲线变化得要快，和前两次石油危机相似。如果投资滞后于需求的增长速度，也会发生这种情况。

（2）投资的作用。

在今天和不久的将来，一个重要的因素就是对提高生产力进行投资的速度。正如我们观察到的，当前形势的一个特点就是还不存在生产能力过剩的问题，这是因为没有足够的投资满足 2003—2004 年间需求的迅速增长。我们前面讨论过"预期"发挥的重要作用，而且提到过在对新资源的探勘与开发方面缺乏机会。石油公司只对那些向国外投资开放的国家进行投资。而在前几年，许多欧佩克成员国是不对外资开放的。那些具有最好的勘探开发潜力的国家并不对外资开放或者只给外资提供很少的机会。

由于石油价格持续上涨，对石油生产过程的前期阶段的投资在不断增加。然而，投资规模小于我们根据以前的石油价格增长做出的预测（大约降低了 50%）。妨碍投资增长的因素不只是因为新的上游资产提供的机会少，还有一个原因是石油服务行业的生产能力已经饱和，因此在过去的两年里，石油服务行业的价格飞涨，租赁近海钻井平台的费用上涨了3 倍。无法租赁到生产设备自然阻碍了投资。此外，投资费用的相关统计数字也会产生误导，这些数据显示货币价值的增加和产量的增加并不是完全对应的。

自相矛盾的是，价格的上涨本来应该会对投资带来积极的影响，而实际上却限制了投资，因为价格的上涨导致的结果是，一些产油国纷纷修改与它们和本国境内从事石油生产的国际石油公司签订的合同条款和税收要求。因为这些产油国能获得巨大的财政支持，这就加重了他们的"谈判砝码"，因而延长了制定决策和实施决策的期限。最后一点，需求增长和油价下跌方面也有很多不确定因素，因此，产油国国内的石油公司对投资采取了谨慎的态度。

在以后几年，石油服务价格上涨造成的紧张局面会有所缓和，我们应该看到石油服务行业在生产方式和生产能力方面的发展进步，这些都会吸引投资。很多研究都表明，到 2010—2012 年，很可能会出现生产能力过剩的情况，产油量或许会达到每天约几百万桶（法国石油研究院，美国剑桥能源研究协会，法国兴业银行）。

---

❶ 2004 年 4 月 29 日，巴黎石油峰会。

从长期来看，还有很多不确定性，但是几乎所有的研究都表明非欧佩克成员国因为地质方面的原因在 2010 年左右石油产量必定要稳定下来。一些欧佩克成员国，特别是沙特阿拉伯，愿意限制其石油产量，这样就能在长时间或者相当长的时间内维持本国石油的价格。

根据法国石油研究院对各地区计划投资和生产潜力进行的一系列研究结果，Y. Mathieu（2006）认为：在未来的 20 年，全球的石油产量很可能在每天 9000×10^4 bbl 的范围内波动（图 1.40 中的实线部分），这其中包括非常规油藏的产量。加拿大的沥青砂岩在 2005 年的日产量已经达到了 100×10^4 bbl，到 2015 年和 2030 年时，每天的产油量将分别高达 300×10^4 bbl 和 500×10^4 bbl。然而，这还不足以推迟全球石油产量稳定期的到来，因为缺少投资，石油的产量已经明显低于哈伯特曲线标明的数据。这个波浪线的最高点表示大约每天生产 900×10^4 bbl 的石油，也可能达到 1×10^8 bbl（图 1.40 中的虚线部分）。通过非常规油藏，2025—2030 年期间可以把每天的石油产量维持在这个水平。此后，全球的石油产量不可避免地会下滑，而且这种形势将一直持续到本世纪末。

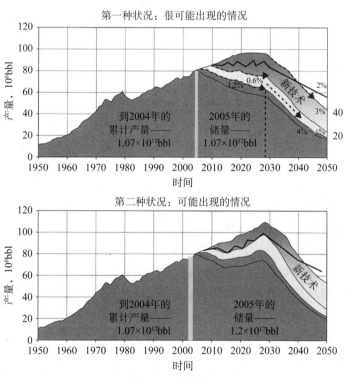

图 1.40　产量状况

（来源：Yves Mathieu（2006））

1.3.4.3　价格

我们不想做预测，以前大多数专家做的预言后来都被证明是错误的。我们只是罗列出几个方面以供进一步研究，并且阐述不同组织提出的几种主要设想。

（1）中短期的发展情况。

前面曾经提到过投资石油受到的种种限制以及需求对价格缺乏弹性等问题。除了几次严重的全球经济危机外，很难想象石油产量过剩的局面能够快速恢复。因此，价格在以后几年很可能仍然居高不下。地理政治事件造成新的紧张局势也是导致油价高涨的一个原因。如果确实出现了产量过剩的情况（前面提到的法国石油研究院、美国剑桥能源研究协会等机构的预计），很可能是在欧佩克能够调控的价格范围之内。沙特阿拉伯及其伙伴国会把价格维持在它们认为合理的水平上，因为它们已经从 1986 年的油价下跌中吸取了教训，很可能规定具体价格或者给价格限定一个波动范围，不至于因为使用了替代燃料和推行能源节省政策造成对欧佩克石油需求量的狂跌。估计这个价位水平并不容易，这个价格很可能低于 2006 年夏天的价格，但是一定会超过 20 世纪 90 年代的水平。实际上，需求的增长以及非欧佩克国家石油产量再次达到稳定等因素，都决定了我们不可能在每桶 40 ~ 50 美元的价位看到欧佩克的市场份额大幅度减少。从中期来看，这样的价位实际上是油价下跌的底限。从长期来看，还有多种可能情景。

（2）低价位情景。

由于对中东石油的消费量不断增加，石油勘探范围日益扩大以及回收率的提高等原因，有些官方组织，如国际能源署、美国能源信息管理局、欧洲委员会等，提出的大多数参考情景都对 2003 年甚至 2004 年之前的石油生产持有乐观态度。这意味着油价会有一定幅度的增长，例如 2004 年国际能源署预言，到 2020 年油价会上涨到每桶 25 美元，到 2030 年则继续上涨到 29 美元。壳牌石油公司在 2001 年提出了 2050 年甚至更长远的发展方案，该方案认为非常规石油的开采和利用天然气或生物物质生产液体燃料等技术都会取得进步，而且汽车发动机的效率会进一步提高，其他方面的技术都在不断改进。此外，在运输行业之外，石油产品的应用会大幅度减少，其他行业会及时地转向使用可再生资源，因此，对油价不会产生太大的影响，油价会维持在每桶 20 美元的水平。石油产量大幅度减少的情况会推迟到 2040 年前后。

低价格情况，或者更确切地讲，是油价回归到低价位的情况，今天看来是不可能的了，当然不能完全排除这种可能性。如果实行非常积极的政策，减少温室气体的排放，那么就可能使油价下跌。但是这需要人们的消费行为发生重大变化，而且对所有能源领域进行大规模的投资，如：能源效率、石油生产能力、可再生能源及核能等。这样，2050 法国工业部能源与原材料总司——统计公司（2005）的"四倍"情景方案（法国在此方案中承诺到 2050 年法国的温室气体排放量减少 4 倍）导致原油的价格降低到每桶 20 ~ 30 美元，从实质上减少了矿物燃料的消费，使能源稀缺不再是人们密切关注的问题。从长远来看，还有其他因素也会导致油价下跌，这其中包括全球经济增长速度的总体放缓（例如，和美国财政赤字导致的经济危机有关）。按照最乐观的假设，地质发现（例如：在很深的地下勘探到了储量极大的油气资源）或者是今天难以想象的重大技术进步（例如：回收率的大幅度提高）等都会带来意想不到的收获。

（3）官方组织的展望。

由于前几年石油价格的不断攀升，官方组织已经提高了油价预测（而且，像前面提到的，还降低了石油需求的增长速度）。例如，美国能源信息署在其 2005 年和 2006 年的能源展望中把 2030 年参考情景中的价格提高到了每桶 57 美元，比原来上涨了 20 美元（油价的这个变化多少有点令人感到惊讶，因为从前一年开始，长期数据就几乎没有什么变化）。在

2007 年的报告中，预测 2014 年原油的价格会调整到每桶 50 美元，因为生产能力在不断提高，预测 2030 年每桶会上涨到 59 美元（以 2005 年的美元价值计算），因为考虑到使用的资源价格更加昂贵。在国际能源署 2006 年世界能源展望的"一如往常的场景"中，预计 2012 年的原油价格（指的是扣除通货膨胀因素，国际能源署成员国的平均供应价格）为每桶 47 美元，2020 年为 50 美元，到 2030 年则达到 55 美元。但是在前一期的公告中，预测 2010 年每桶的原油价格仅为 35 美元，2030 年为 39 美元。在这种情况下，不会取消前面提到过的对投资的各种限制，而且油价也会上涨三分之一（递延投资情景）。欧洲委员会在参考情景中预计 2010 年的原油价格为每桶 40 美元，2030 年为 60 美元，到 2050 年则猛涨到 110 美元。在"碳约束"情境中，2050 年的油价为每桶 90 美元。

（4）双重危机情景。

从 1987 年开始，油价波动不断加剧，这种趋势好像要持续下去。借用 Pierre Radanne（2004）的话说，这种典型的波动曲线像一个"双峰骆驼"。这个波动曲线还与 Denis Babusiaux（2006）和 Pierre-René Bauquis（2006）认同的情景一致。曲线反映出了一个"双危机"情景，与 1973 年到 20 世纪 80 年代末的发展有众多相似之处。有些人常说，近期的石油价格上涨不能和 1973 年相比，第一次石油危机是由石油供应下降引起的，而最近的油价上涨是需求猛增造成的。然而，值得注意的是，在 20 世纪 60 年代，全球石油产品的消费是以每年 7% ～ 8% 的速度增长，超出了生产能力的增长速度。与阿以冲突（赎罪日战争）相关的事件也加速了油价的上涨，但是不管怎样，油价上涨的事实已经发生了，而且持续了一段时间。总之，前几年的油价上涨，就像 1973 年那样，显示出石油消费国有必要作出决策。而且已经完成了几个步骤。不过，如果需求继续增长，这些措施还远远不够。就像前面提到的，如果不发生地理政治事件，所有的开发项目都如期完成，那么生产能力就有可能恢复。那时，油价将在几年的时间里维持稳定或者有所下降。2006 年最后的几个月，油价的下跌就是这种情况。不过，严格地讲，即使"（石油顶峰）"只是在 2030 年前后出现，很可能从 2010 年开始，天然碳氢化合物的生产将出现供不应求的局面。在油价还没有恢复到前面提到过的新的长期均衡点时（P.R. Bauquis 按照 2000 年的美元价值估计，新的长期均衡点大约会达到每桶 100 美元），很可能会再次爆发"危机"，导致油价猛涨到每桶 200 美元甚至更高。有必要对供应和需求两个方面都进行投资，这样才能实现以下多个目标：

①实施能源节约政策；

②大幅度降低机车运输的油料消耗；

③在没有大额补贴的情况下，发展可再生能源；

④鼓励生产合成燃料；

⑤继续核计划；

⑥发展从核能或可再生资源中生产氢气的工艺。

自相矛盾的是，如果要避免油价过度上涨而且促使诞生一份像国际能源署或美国能源部提出的过渡性提案，还要不可避免地考虑到双重危机情景和天然碳氢化合物的短缺问题。但是要记住的是石油行业中人们的预期发挥的作用，有些预言甚至是自我毁灭性的。避免出现油气短缺的最有效的因素就是人们一致认为资源短缺的危机马上就要来到了。这样做可以督促有关各方及时做出决策，鼓励工业生产者进行投资，政府采取必要的措施，实施提高能源效率的规章制度，甚至征收税款。这些建议是 Jean-Marc Jancovici 在 2006 年提出的；Henri Prévot 在同一年也提出了其他减排温室气体的措施。

1.4 结论

未来很可能爆发石油危机，尽管我们现在仍然很乐观地认为在石油勘探和生产、石油产品的使用以及替代技术等方面会取得技术上的进步。只有资源和技术还不够，在能源管理、可替代燃料技术以及石油生产能力的发展等各个方面都需要有及时的投资。此外，欧佩克成员国要付出长期的积极努力，用反战的眼光进行投资。这里所说的投资通常涉及到金额巨大而且即时化管理方式不利于生产能力过剩的情况。不过，这种做法是否符合欧佩克的利益还不清楚。

最后，我们不要忘记石油未来的发展问题只是一个大问题中的一方面，这个大问题就是要保证人类社会的可持续发展。水和农业与人类的健康一样都是重要的因素，它们需要更多的能源。真正的问题不只是与碳氢化合物相关，而是和所有的能源相关。如果我们齐心协力，不再过度依赖能源，就一定能在 21 世纪解决这些问题。为了鼓励使用各种不同类型的能源，我们还有必要利用协同效应：推进石油资源和核能源的上下游密切合作以及可再生能源和核能源之间的合作等。

第 2 章　石油和天然气的勘探和生产

2.1　碳氢化合物的形成

2.1.1　沉积盆地

碳氢化合物的沉积是由石油或天然气在沉积岩空隙中积累形成的，最后形成储层。因此，这种现象只会出现在沉积盆地，也就是说，几百万年前到处都是大量沉积物的凹陷地带（图 2.1）。

邻近凹陷地（泥土、沙子）的岩石经过风雨的侵蚀和风化、地质活动（形成灰岩）或者咸水湖的蒸发（盐、石膏）等都会形成沉积物。这些层层叠叠、连绵不断的沉积物从几百万年前就开始形成，而且离地面越深的沉积层形成的时间越久远，后来形成的沉积层盖住了早先形成的。根据压实的原理，沉积层一旦被掩盖，就会受到挤压，失去原来含有的水分并且逐渐变硬。接下来是沉淀过程，在这个过程中，岩层经过漫长的时间逐渐变薄，岩石的表面自然地被包裹起来。沉积过程中压力和气温发生变化，离子平衡不断遭到破坏等因素都使得矿物盐溶解在岩石间隙的水中，以后又会形成结合沉淀物。通过长时间的挤压和黏结作用，最终会使得原来松散的沉淀物逐渐变成坚硬的岩石。

沉积岩最先转变成水平层，也就是地层，但是也会受到和构造地质学相关的地质过程，如地壳活动等的破坏。最大规模的地壳活动就是大陆漂移，也就是我们常说的板块运动。大洋板块和大陆板块的移动使板块之间产生了皱褶，形成了山脉和大海沟（图 2.2）。如果地层不够坚硬，还会形成背斜（穹隆），向斜（盆地）以及断层（断裂）。这些地质结构历经千万年的侵蚀后，又会被新形成的地层所覆盖，这个过程就是地层的不整合。

2.1.2　石油地质

动植物死亡后，剩下的有机残留物的主要成分是碳、氢、氮和氧。动植物遗体的大部分都被细菌分解了，但是有一部分却沉淀到了含氮量很低的水中——内陆海的海底、咸水湖湖底、淡水湖湖底或三角洲的泥土中，在这样的环境中，不再会被好氧性细菌分解。这些残留物和沉淀物（沙子、泥土、盐等）混合在一起，日积月累，不断被挤压，在厌氧性微生物的作用下经历了第一次转变。对有机物分解的第一步会生成油母岩质，而有机分子就渗入到被称作源岩的黏土岩中。

沉积物在沉淀过程中会逐渐下沉到很深的地下，在那里会经受高温和高压。油母岩质经过热裂解的过程转化成碳氢化合物：长的分子链断裂，只剩下碳分子和氢分子。如果温度超过 $50 \sim 70℃$（$122 \sim 158°F$），油母岩质就会变成石油。如果温度达到了 $120 \sim 150℃$（$248 \sim 302°F$），石油本身就会分解，首先释放出来的是湿气，然后是干气，如图 2.3 所示。

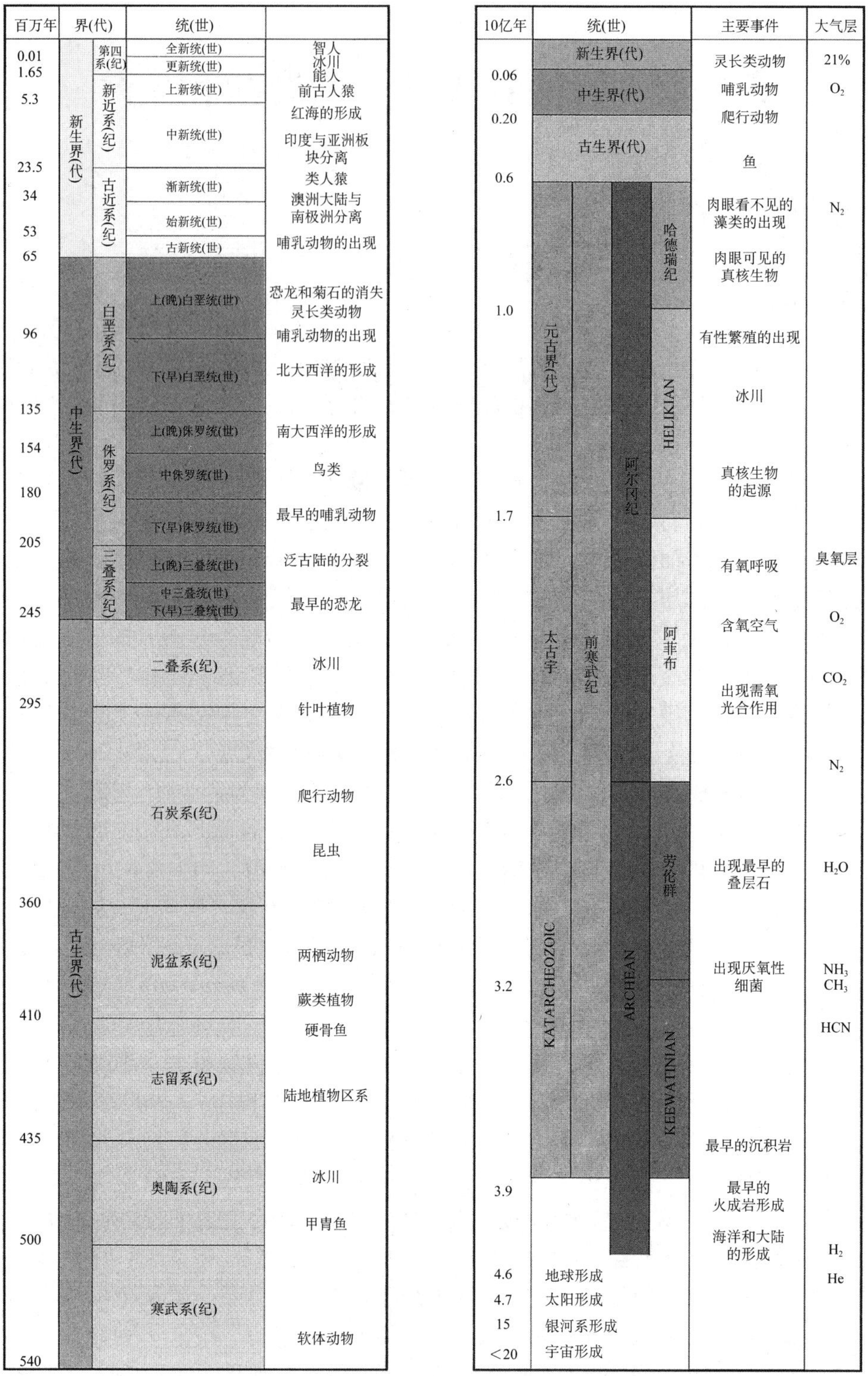

百万年	界(代)		统(世)	
0.01	新生界(代)	第四系(纪)	全新统(世)	智人 冰川 能人
1.65			更新统(世)	
5.3		新近系(纪)	上新统(世)	前古人猿 红海的形成
23.5			中新统(世)	印度与亚洲板块分离
34		古近系(纪)	渐新统(世)	类人猿 澳洲大陆与南极洲分离
53			始新统(世)	
65			古新统(世)	哺乳动物的出现
96	中生界(代)	白垩系(纪)	上(晚)白垩统(世)	恐龙和菊石的消失 灵长类动物 哺乳动物的出现
135			下(早)白垩统(世)	北大西洋的形成
154		侏罗系(纪)	上(晚)侏罗统(世)	南大西洋的形成
180			中侏罗统(世)	鸟类
205			下(早)侏罗统(世)	最早的哺乳动物
245		三叠系(纪)	上(晚)三叠统(世)	泛古陆的分裂
			中三叠统(世)	
			下(早)三叠统(世)	最早的恐龙
295	古生界(代)	二叠系(纪)		冰川 针叶植物
360		石炭系(纪)		爬行动物 昆虫
410		泥盆系(纪)		两栖动物 蕨类植物 硬骨鱼
435		志留系(纪)		陆地植物区系
500		奥陶系(纪)		冰川 甲胄鱼
540		寒武系(纪)		软体动物

10亿年	统(世)			主要事件	大气层
0.06	新生界(代)			灵长类动物	21% O₂
0.20	中生界(代)			哺乳动物	
	古生界(代)			爬行动物	
0.6				鱼	N₂
1.0	元古界(代)	前寒武纪	阿尔闪纪 / HELIKIAN	哈德瑞纪 — 肉眼看不见的藻类的出现 肉眼可见的真核生物 有性繁殖的出现 冰川 真核生物的起源	
1.7					臭氧层
	太古宇		阿菲布	有氧呼吸 含氧空气 出现需氧光合作用	O₂ CO₂ N₂
2.6			KATARCHEOZOIC / ARCHEAN	劳伦群 — 出现最早的叠层石	H₂O
3.2				出现厌氧性细菌	NH₃ CH₃ HCN
3.9			KEEWATINIAN	最早的沉积岩 最早的火成岩形成 海洋和大陆的形成	H₂
4.6	地球形成				He
4.7	太阳形成				
15	银河系形成				
<20	宇宙形成				

图 2.1 地层年代表

温度越高，持续时间越长，生成的分子链就越短，形成的碳氢化合物就越轻。有时，

图 2.2　山脉褶皱

所有的碳氢化合物都被分解成最轻的组分——甲烷。

　　在初次运移过程中，主要是由于压力的作用，从油母岩质中产生的石油和天然气从颗粒细小的源岩中被挤压出来，因为比水轻，石油和天然气会通过有渗透性的管道和裂缝上浮到地面，这就是二次运移。如果顺其自然，石油和天然气浮到地球表面后会逐渐消失得无影无踪或者失去了易挥发的成分后就固化成沥青。石油和天然气如果在上浮的过程中遇到了无法渗透的岩层或密封层，就不能继续移动。要在储集岩的裂缝和孔隙中形成沉淀并且不断积聚，这些油气就必须在密封层的阻挡下停止流动。

　　有两种主要类型的圈闭：构造圈闭和地层圈闭（图 2.4）。地层圈闭是由地壳的褶皱和断裂形成的，其中最常见的就是背斜圈闭和断层圈闭。世界碳氢化合物总储量的 2/3 都存在于背斜圈闭中。积存在断层圈闭中的油气受到储集岩附近岩石的阻挡，不能流动，因为

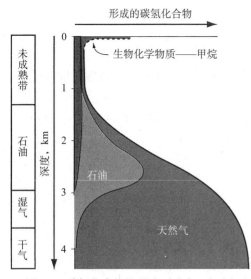

图 2.3　碳氢化合物的形成（油窗，气窗）

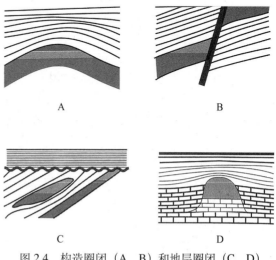

图 2.4　构造圈闭（A、B）和地层圈闭（C、D）

A—背斜圈闭；B—断层圈闭；C—构造不整合情况下的
砂质透镜体和楔形沉淀；D—礁

形成的岩石无法渗透。另一方面，一个圈闭中如果有一个界面的物理性质不稳定，如岩石内的孔隙度或渗透性发生了变化，那么这种圈闭就是地层圈闭。

储集岩能够容纳多少油气是由岩石的孔隙度决定的，孔隙度指的是一块岩样中孔隙所占的体积与整个岩样体积之间的比率。优质储集岩的孔隙度一般为 10% ~ 20%。此外，这种岩石必须是可渗透的，也就是说，岩石内的孔隙之间是相通的，液体可以在孔隙中流动，这样才能抽取石油。大多数的储集岩的成分是砂岩或碳酸盐。砂岩层油气藏在所有储集层中的比例高达 80%，而且石油储量的 60% 也都是在砂岩储层中。在储积层中，液体会按照比重的大小有序地储存在岩石中，天然气在石油的上层，石油则在水的上层。

油田是由一层层相互叠加或者在同一平面紧挨在一起的无数个储层组成的。有些岩层含有成百上千个储层，这种是多油层油藏。

2.1.3 石油系统

石油系统是指能够使碳氢化合物积存下来的主要地质特点的总和（图 2.5）。首先，要有能够产生碳氢化合物的源岩。需要多孔的可渗透的储集岩来储存并且积累油气。储积层的上面必须是无法渗透的覆盖层，这样才能阻止相对密度小的液体向上流动。这个系统必须被一个圈闭封闭起来，这样才能寄存碳氢化合物。最后一点，先后发生的一系列的地质事件，也可以叫做时机，必须发挥正面的作用。而且必须在碳氢化合物未发生移动之前就形成圈闭，这一点非常重要。

在油气勘探阶段，勘探人员要判断这个地带是否发生过某种地质事件，依此估计在地下找到油气储量的可能性有多大。

2.2 油气勘探

在勘探—生产这个周期中的第一个阶段当然是找到油气沉积地点，然后才能在技术—经济条件允许的情况下投入生产。

2.2.1 勘探远景

勘探阶段会有很多不确定性。勘探的目的就是在数千米的地下找到储集的油气资源，这是很难用肉眼或者其他方法判断出来的。另外，这些油气资源存在地层结合带的衔接处，但是适宜的地质条件有很强的局限性。在一个勘探项目中要提出多个假设，然后根据常用的相关指标对提出的假设逐一进行筛选。尽管勘探技术早在 150 年前就出现了，而且到目前已经取得了巨大进步，但是不能忽视偶然出现的机会。以前寻找石油使用的最为有效的方法就是根据地表的特征打井钻探。但是现在发现油气资源已经越来越困难了，因为需要在 5000m 甚至 6000m（16000 ~ 20000ft）的地下进行勘探，而且往往是在海上勘探，这样就需要用到复杂精密的仪器。

但是，即使是在今天，钻井仍然是能确定某处的地下是否有油气资源的唯一办法。另外，通过钻井可以测得储层的压力，还可以把岩样带到地上进行分析。因为钻井的成本很高，所以必须在钻井之前首先进行地质、地球化学以及地球物理等方面的研究。

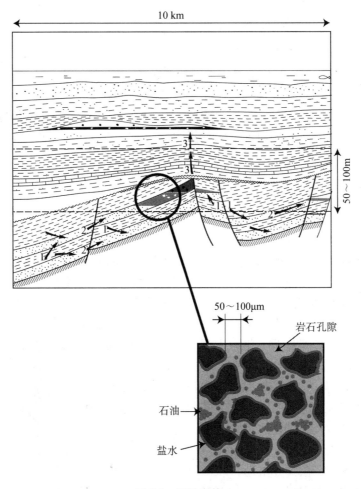

图 2.5　石油系统

首先由地质学家根据有关的地质标准，判断整个区域是否有可能存在油气。在这方面，他们和研究地下土壤物理特性的地球物理专家进行合作。当然，少不了要测量地震反射。对于海上勘探而言，最开始就必须使用地震法，因为通常的地面勘探方法派不上用场。

在这个阶段，仍然不能十分确定是否存在油气沉积，所以用"远景"一词。利用收集到的第一批信息，对有可能存在油气矿藏的地区进行评估，如果合适，就做决定打井勘探。不管这次钻井是否成功，它都可以为地质学家提供有关岩心样品、井壁的切割情况和电信号的有价值的信息。勘探人员把收集到的信息进行检测、关联处理并且加以解释，从而确定哪部分地下结构可能储藏有足够多的油气，而且对其进行开采在经济上是可行的。勘探是一个不断反复的过程，每一次的勘探得到的结果都会离真正的勘探目标更近一步。

如果勘探钻井的结果证明可以进行开采，那么接下来的工作就是确定探明的储层，并且在此范围内多钻几口油井，做进一步的测量，以便对储层做出进一步的鉴定。

2.2.2　地质学

地质学中有 4 个分支和油气勘探有关，它们分别是：

（1）沉积学：研究对象是沉积岩；

（2）地层学：研究沉积岩的形成时间和空间分布规律；

（3）构造地质学：研究地层的变形和断裂；

（4）有机地球化学：研究岩石产生油气的可能性。

勘探某一地区的沉积盆地需要采用哪种方法取决于对这个地区的熟悉程度。对于迄今为止还没有勘探过的地区，首先是缩小研究的范围，判断哪部分区域更适合进行详细的勘探。对于陆地区域而言，就要研究它的卫星图片、航摄照片和雷达图像，确定沉积盆地的主要特征。然后对地表特征进行地质方面的研究以查明是否具备 3 个最基本的条件，即：源岩，储集岩和无法渗透的覆盖层。如果的确具备这 3 个条件，那么接下来要做的工作就是确定是否存在圈闭。

如果某个地区从未被充分勘探过，那么勘探人员的首要工作就是研究该地区的地形和露头，这样才能了解这个地区的地层和结构特征。如果从地面或地下土壤能够看出存在油气的迹象，就能够清楚地表明附近地区存在油气沉积。地质学家通常通过钻小孔的方法获取岩心样品，并在实验室里对其进行化学分析。分析结果可以提供有用的信息，从中可以得知该地区是否存在油气。在一个成熟的或比较熟悉的地区，可以使用实验室和公司的数据库、公共机构等提供的现有资料信息。要想更加深入地了解储层的孔隙度和渗透性，还需要付出更多努力。但是目前大多数大型的圈闭已经被发现，因此，很容易找到的地层圈闭已经不多见了。

地质学家把获得的信息加以综合，并且按照不同的比例绘制出地下地貌图，这种地貌图既可以涉及整个盆地也可以只是针对部分区域。最常用的地质地图包括以下几个要素：

（1）厚度等位线（等厚线）；

（2）深度等位线（等深线）；

（3）岩石的物理特性（岩相）。

每钻一口新井，就可以获得新的信息，并且在地下地貌图中将其体现出来。通过地层对比，也就是根据地震结果，把来自不同的探井或露头的化石和电场分析进行比较，就能不断完善地下地貌图。厚度相差很大的相同类型的岩石可能提供有趣的地质线索。

2.2.3 地球物理学

从地表特征不可能全面地了解地下的地质构造特征。而且地下的地层情况也是看不见的。因此，有必要采用地球物理勘探的方法。这些方法涉及到测量基本的物理数据——重力场，磁场，电阻等，这些物理量都是随探井深度变化的因变量，而且要从地质学的角度对测量结果进行解释。

地质物理学研究方法有以下 3 种：

（1）磁力测量，通常是从飞机上测量地球磁场的变化。这种测量可以为确定结晶建造和沉积地层在地下的分布提供线索。其中结晶建造结构中没有石油储藏，而沉积岩中存在石油的可能性较大。

（2）重力测量，测量的是万有引力场的变化，这种变化是由于接近地面的岩石密度的不同造成的，同时还可以探明岩石的性质和所处的深度。

（3）地震勘探法，通过研究超声波在地下土壤里的传播方式绘制出地下土壤的超声波图像，从而为勘探人员提供有关地下构造和地层学的相关信息。

前两种方法并不常用，而地质物理操作中 90% 使用的是地震勘探法，尤其是地震反射法。

地震反射法是把声波传送到地下，声波在地下的岩石群中传播，在某些地质断层，即反射层，就会发生反射和折射。和回声的原理相同，经过反射的声波回到地面被传感器记录下来，而传感器能把地下的震动转换成电压（图 2.6）。采集声波的方法有两种：二维地震采集法和三维地震采集法。传统的二维地震采集法经常用于勘探大面积而且难以到达的地带，而三维地震采集法则用于局部小范围的勘探和沿海地区的勘探。

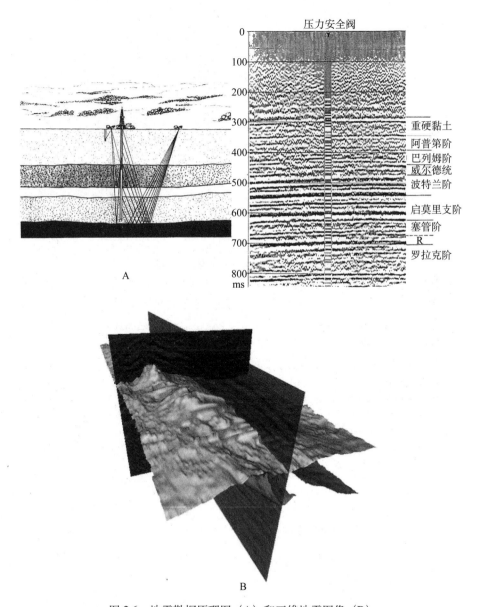

图 2.6　地震勘探原理图（A）和三维地震图像（B）

　　在陆上，可以通过引爆事先埋入地下的炸药或者用桑普卡车（图 2.7）产生的震动做地震波。在地面上，把声波接收器或者检波器和一辆记录信息的记录车连接在一起，而且尽可能把声波接收器或者检波器按照不同的形状摆开：直线，平行线，星形，长方形或者其他任何形状的几何图形。

图 2.7　桑普卡车

　　海上的地震勘探几乎完全依靠两组人员在轮船上进行地震测量，其中的一组负责日常航海，而另一组人则进行地震测量。轮船通过气枪发出声波，轮船后面拖着一根管子——拖缆，管子中放置了水下测音器。在水中采集地震数据比在陆地更容易，因为船只可以拖着测量声波的设备在海面上的各个方向漂移。地质物理学家因此能够获得比陆地上更多的资料，然后对采集到的信息资料进行加工分析，并且绘制出更加详尽的三维图像，其成本却很低廉（图 2.8）。

　　把地面上每个感受器采集到的信号以接受两次信号的时间间隔做自变量用图表的方式记录下来。反射时间相同的地下各点用同一条线连接起来就可以绘制出等时线。而深度剖面图表示的是地层的一个垂直界面，为了获得深度剖面图，需要利用钻井过程中得到的地层速度把地震信号的时间间隔转变成深度。

　　功能强大的计算机在提高信噪比的同时，还要加工整理地质物理学家获得的地震记录。最近几年，信息加工方面取得了显著进步，这样就可以利用高性能成像技术处理原有的数据，从而有可能发现新的石油构造。

　　采集到的地震信息经过加工处理后，还要将其转换成等深线或等厚线，并且对地质截面图进行解释，在图中标出断层和主要油层。为了提供有关地下结构的尽可能精确的描述，必须清楚声波在每一处的传播速度，这样就可以把时间差转换为深度。只有钻完一口井后，才能判断起初的估测是否正确。因此，用钻井过程中得到的测量数据来校准地震反射仪是非常重要的一个步骤。

　　地震测量的结果可以帮助清楚地了解地下构造情况，地层的倾斜情况及其连续性和褶

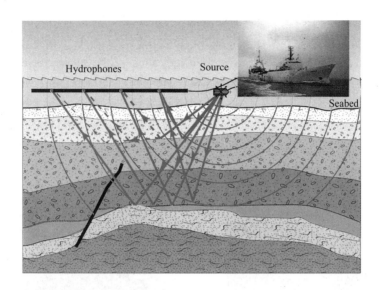

图 2.8 海上地震勘探

皱形态等，由此可以确定是否存在可以钻井的圈闭。从地震测量的结果有时还能够找到天然气储层的位置，或者确定是油—水接触面还是气—水接触面（油—水接触面：OWC；气—水接触面：GWC）。

2.2.4 勘探钻井

2.2.4.1 探井

钻井是勘探过程的最后一个阶段也是最终的裁决。通过地质和地质物理方面的勘测已经对地下土壤有所了解，这样就可以对远景区可能存在的矿藏进行大致的估测，但是还不能肯定此处一定存在油气资源，只有通过钻井直接到达地下才能确定下来。钻井还能够给勘探人员提供有关岩性学和流体学方面颇有价值的数据。

打一口勘探井需要花费几个月（通常 2～6 个月）的时间，但是具体多长时间很难预测因为在这个阶段会有很多地质方面的不确定性。只有在钻井结束后才能消除有关钻井的深度、岩石硬度、地层间隙压力等方面的疑问。一般来讲，每打 5 口井只有一口井的油气资源 的开发有经济价值。在未勘探过的地区，这个比例是 7 ：1 ~ 10 ：1。

2.2.4.2 钻井原理

钻井的目的就是穿透重重地质岩层到达地下 10000m（35000ft）的深处，为地面和目标层之间建立联系。钻井中应用最广泛的技术就是用旋转钻头穿透岩石（图 2.9）。这个过程包括 3 个要素：钻头对岩石施加的力量，钻头的旋转以及用循环液体（钻探中使用的钻井液）清除岩屑。

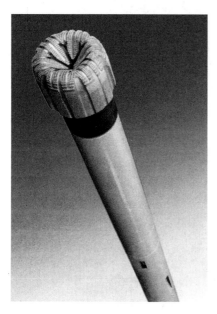

图 2.9　钻头

钻头连接着由管状构件组成的钻柱，在钻井过程中，管状构件——钻杆和紧连着钻头的钻铤会拧在一起。这套装置从井架上悬挂下来并且从井架上操作这套装置（图 2.10）。按照油井的类型不同，旋转运动来自以下的部件：

（1）钻井平台上的转盘和被称作方钻杆的输送管，或者是直接连接最后一根钻杆的动力水龙头。

（2）钻井底部的钻井涡轮或发动机（涡轮钻井）。

除了要清理油井底部外，钻井液还有助于冷却并润滑钻头，加固井筒周围的管壁，施加压力把石油、天然气或水从被钻到的地层中挤压出来。

开始钻井时使用的是直径为 26in（66cm）的大钻头，与钻铤和钻杆连接在一起。当钻头到达一定深度后，就要给钻柱接上一段钻杆。等到新增加的钻探深度和新接的钻杆长度相等时，又要重复上面的操作步骤，直到钻头达到一定深度，套管把井筒全部塞满。把与井筒直径相同的一根钢制套管放入井筒，并且在适当的位置加以固定，这样可以保护地下水，控制液体从井中溢出。有几套设备固定在套管的最顶端，保证套管悬挂得非常牢固而且可以封住开口。井口处安装有防喷阀，此外还有高压阀，一旦有巨大的压力突然冲击时，可以通过遥控阀迅速封闭油井。

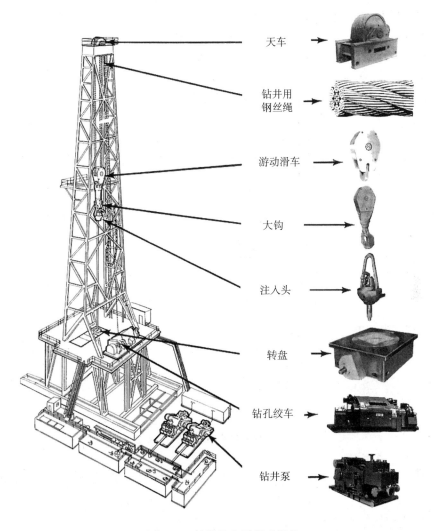

天车

钻井用
钢丝绳

游动滑车

大钩

注入头

转盘

钻孔绞车

钻井泵

图2.10　钻机的主要组成部分

油井套管和其他设备首先要经过压力检测，如果符合安全要求中的所有必要条件，才可以开始下一个钻井过程。直径稍小的新钻头置入表层套管的开口中，然后重复前面的操作。当达到一个新的深度时，又会从套管的开口处置入直径更小的套管，其直径和新孔的直径恰好匹配。这时使用的是尺寸更小的钻头，重复上面的步骤，以此类推。随着钻头达到的深度不断增加，使用的钻头会越来越小，而且下套管井的直径也在减小，如图2.11所示。

一般的钻井速度是每小时完成数米，随着钻井深度的增加，速度也会随之下降，而且中间有可能出现难以解决的问题，还要定期更换钻头，这需要把整个钻柱全部抽出来。钻井过程中要随时做钻井记录，记载所有值得记录的事件，如：钻井深度，岩石的性状，钻井过程中遇到的流体，钻井持续的时间等。这些资料对地质学家和地质物理学家具有重要的价值。

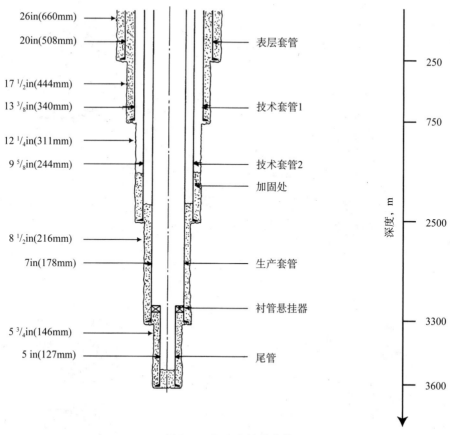

26in(660mm)

20in(508mm) — 表层套管

17 $\frac{1}{2}$in(444mm)

13 $\frac{3}{8}$in(340mm) — 技术套管1

12 $\frac{1}{4}$in(311mm)

9 $\frac{5}{8}$in(244mm) — 技术套管2

加固处

8 $\frac{1}{2}$in(216mm)

7in(178mm) — 生产套管

衬管悬挂器

5 $\frac{3}{4}$in(146mm)

5 in(127mm) — 尾管

深度，m

250

750

2500

3300

3600

图 2.11　打入套管的井筒

2.2.4.3　选择钻井设备

对陆上石油开采而言，选择钻机时要考虑到目标深度、达到钻井地点需要的设备以及钻井地点是否有井架等诸多因素。海上钻井还会遇到更多的限制条件，如：水的深度、天气情况以及距离后勤基地的远近等。

陆上钻井和海上钻井的主要区别是钻机的架设方式不同。海上钻机的所有操作都是在钻井平台上进行的，钻井平台可以是漂浮的，也可以是固定在海底的。海上钻井平台不仅具备陆上钻井地点拥有的一般功能，而且还能起到潜水作业船和气象站的作用。海上钻井平台有固定在海底的导管架平台、浮式平台和半潜式平台。在浅水区域，通常使用自升式钻井平台，而在深水区则多使用带有动力定位系统的驳船和半潜式平底船。这些可以自由移动的设备只有在钻井时保持静止不动，长达几个星期到几个月的时间（图1.12）。

2.2.4.4　钻井记录

钻井过程中，勘探人员需要记录岩石的多项物理参数和钻井中遇到的流体，这就是钻井记录。在图标上就是钻井深度和时间的因变量。

泥浆录井包括通过泥浆电路测得的各种数据，其中包括进尺速度、钻井液和岩屑的各种特征以及对岩心的描述。钻井过程中会有岩石碎屑被带到地面上，替换钻头时使用一种

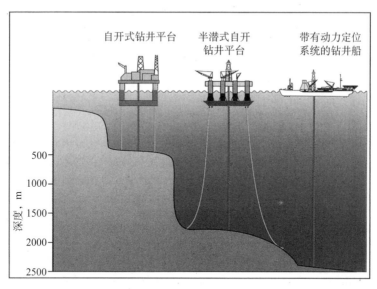

图 2.12　海上钻井移动平台

叫做岩心筒的中空工具可以收集到岩心，对收集到的岩屑和岩心进行研究，就能获得有关地层特征的信息（图 2.13）。这些信息涉及到岩性、不同地层的化石（可以推断形成年代）、孔隙度、渗透率以及流体饱和度等。

 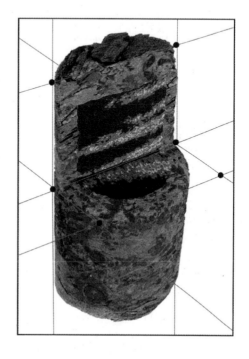

图 2.13　岩心样品

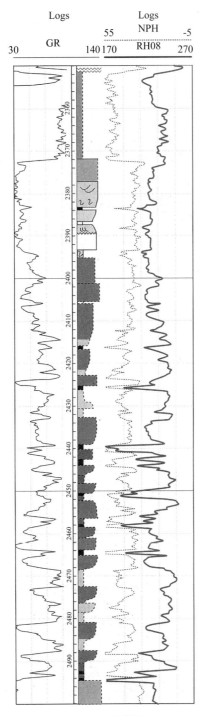

Logs			Logs	
		55	NPH	-5
30	GR	140	170	RH08	270

图 2.14　录井图

电缆测井，即通常所说的点测井，是在钻井中断时所做的记录，就是把一个探头放入电缆或线路末端的井筒上进行记录，而钻井过程中的测井是利用钻柱中的仪器完成的（图 2.14）。

2.2.5　评估

如果一口探井确实打出了石油，还需要进一步勘探以便确定储层，估计其储量大小。在这个评估阶段要反复做以下几项工作：

（1）利用地震数据和探井中获得的信息勾画出储层（可以对储层的规模和位置作出更加精确的估计）；

（2）油藏模拟；

（3）在离钻井相距几百米或者上千米的位置另外打井，可以获得更多数据信息。

在完成上述工作之后，需要根据已有的信息资料作出决定：是开发油田开始生产，还是等经济前景改善后再开采或者是直接废弃不用。

评估阶段具有很大的经济风险。一方面，需要作出精确的评估方案，开展目标性研究，这样才能获得足够的信息作出正确的决定，这个过程需要时间和投资。另一方面，了解何时结束评估也很重要，因为评估能够确定是减少损失彻底放弃这个方案，还是继续开发尽快投入生产，保证项目带来经济效益。

在勾画油田未来前景时，要用到以下的信息：

（1）储层的厚度以及油井处储层的孔隙度；

（2）油气的饱和度；

（3）流出物的成分；

（4）储层的压力。

在评估阶段还需要回答几个重要的问题：这座油田有商业开采价值吗？应该进行开发吗？如果开发，具体的开发方案是什么？要回答这几个问题就首先要清楚地质学、地质物理学和油藏工程之间的相互影响。能够开采出多少油气取决于如何进行开采，涉及到生产速度，使用的排流方法，油井的数量和定位等。

当然与之相关的还有整体经济条件（价格、税收等）和公司自身的状况（金融资源）。这些条件都是多变的（文字框 2.1）。

文字框 2.1　最常用的几种电缆测井方法

> 　　*自然电位（SP）*：能够测量到油井口附近地层中的电流，这种电流是由钻井液和地层中水的盐度差产生的。在图中可以画出自然电位随钻井深度变化的情况，这样就能清楚地看出两者之间的相互关系，而且也能把储层和黏土覆盖区分开来。
>
> 　　*电阻率测井*：主要用来计算水、石油和天然气的饱和度。根据使用的钻井液类型和勘探的范围不同，可以采用不同的方法测量地层的电阻率，如：电磁感应，常规电阻率或侧向测井等。如果测得的电阻率高，就表明存在石油和天然气。
>
> 　　*放射性测井*：测量的是地层中存在的天然放射性或人工放射性。伽马射线能够探测到不可渗透的地层（例如天然放射性水平很高的黏土和黏土制砂层）和存在油气的储层。从电子测井和密度测井提供的信息中可以得知岩石类型及其孔隙度，并且能区分出天然气、石油和水存在的不同区域。
>
> 　　*声波测井*：另一种估计孔隙度的方法。它利用的原理是：声波在不同的地层中的传播速度也不相同。声波穿透密实的岩石的速度比穿过有孔隙的岩石的速度快。这些信息资料可以帮助地质物理学家找到地质层和地震标准层之间的对应关系。

　　正因为如此，来自勘探和评估阶段的结果及其他多方面的信息需要由一个涉及多种学科的团队进行研究，这个团队成员有：地质学家、地质物理学家、石油建筑师、司钻、生产者和油藏工程师，同时还要考虑到经济学家和财政家的观点。他们要描绘出一幅有关储层规模、特征和所储藏资源的详情的画面。借助于模拟模型，可以检验提出的各种开发方案，并且评估其经济价值。

2.3　开发和生产

　　如果评估阶段论证了储层的诸多特点足以表明有能力产出石油，那么就可以启动开发阶段，也就是钻探未来的产油井，安装生产过程所需的相关设备。

2.3.1　油藏管理

2.3.1.1　储层的特点
　　为了设计生产设备，需要获取以下各方面的信息：
　　（1）油气井流出物的主要成分；
　　（2）制定的生产进度和油气井的预期总产量；
　　（3）要使储层的油气产量达到最佳水平，需要钻探多少口井；
　　（4）油气井的维修频率。
　　上述信息可以通过以下途径获得：地质数据，储集岩的特点，对油气井流体的研究以及试井结果等。

各种数据信息资料、绘图以及录井资料等整合在一起就能非常详尽地描述出储层及其内部结构和各种流体的分布情况。

根据录井资料和岩心分析结果进行的岩石物理分析可以提供有关储集岩油气储量的信息，如：孔隙度和流体在岩石间流动的通畅性，也就是其渗透性。碳氢化合物和岩石孔隙中的流体总量的比值就是含烃饱和度，有了这个数值就能估计出存在的油气总量。

研究各种流体，就是要进行压力—体积—温度实验，以描述流体的物理特性和热动力特点，并且确定最合适的生产方法。

最后一点，在开始生产石油之前和生产石油的过程中，要进行试井，测量储层位置的井底压力。通过试井可以获得关于流体性质、油井供油面积和岩层可渗透性的信息。通过试井还可以了解油气生产层的质量，钻井对井产能力的影响（表皮效应）等。生产者根据这些资料推算出油气的最佳生产水平。

清楚了井底热动力情况和存储的油气成分后，可以根据生产过程中流体的流动形式对储层进行分类。把油气从储层抽取到地面上后，其体积和质量会发生截然不同的变化。

在油田，伴生气可能溶在石油中，也可能是以自由气体的形式存在。如果其碳氢化合物最初是单相液体，这种油藏就是欠饱和油藏：把石油开采到地上时，溶解在石油中的天然气就会释放出来。另一方面，如果油田本来就是液相和气相共存，那么其油藏就是饱和油藏，自由气体没有溶解在石油中而是形成了气顶单独存在（图2.15）。

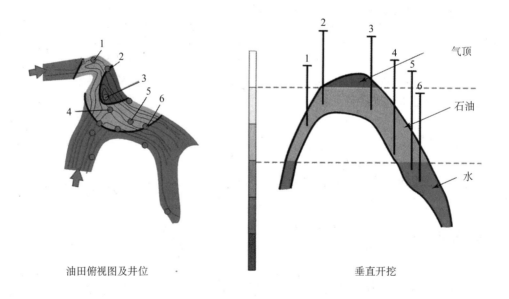

油田俯视图及井位   垂直开挖

图 2.15　饱和油藏

（由道达尔石油公司提供）

如果是单相气田，湿气会在地面产生凝析气和干气，其中含有少量的甲烷和乙烷。在容易发生反凝析的气田生产过程中，液态碳氢化合物会沉积在储层中，而且抽取到地面上时，气体中的液体含量很高。

水和储层中的碳氢化合物也有关系。大多数的储层是由大海中或海边长期积累下的沉积物形成的。在石油的移动过程中，挤掉了一部分水，但是仍然有水以间隙水的形式存留下来，而且被岩石吸收在岩石的孔隙周围形成一层膜。在储层的油气下面还经常会找到水，那里形成了一个含水层。

地质学家和地质物理学家通过估计含有碳氢化合物的岩石的体积，碳氢化合物在岩石中占据的有效空间以及不同类型碳氢化合物的分布情况，就能推算出碳氢化合物的吨位。然后再由油藏工程师估计其储量。因为储层中存在毛细管力的作用，所以不可能把油田的碳氢化合物全部开采出来。据估计，天然气的平均采收率为75%～90%，而石油的平均采收率只有30%～40%。

2.3.1.2 开采机理

油藏工程师根据油田及其排出物的性质特点，研究油田的产量大小，油田的寿命长短以及钻探油井的数量和类型，并且与石油建筑师合作共同制定开发计划。

在开发的初始阶段，还没有足够的准确的信息确定选择使用哪种子系统。而且，这些信息每年都有变化。

（1）首次开采。

钻井完毕后（见2.3.2.2），就可以在地面采取到碳氢化合物。在储层和井底之间的压力差的作用下，储层中的油气被挤压到油井中（图2.16）。随着生产的进行，储层的压力逐渐降低，碳氢化合物的流速，特别是石油的流速，也随之下降。

在天然气田，使天然气从储层中流出来的最有效的开采方法就是单相扩容，能使开采率达到80%。

对石油而言，如果没有有效的外部动力，比如气顶的膨胀、含水层的活动或者是溶解气的膨胀等，初次开采的效率就不高，甚至还会受到很大的限制。如果油田存在气顶，随着石油不断被开采，油区的压力会随之下降，气顶就会膨胀，把石油挤压进生产井。在这个生产系统中存在相当多的能源，根据气顶的大小不同，油田的寿命也不同。此外，如果储层的压力降到足够低的程度，原来溶解在石油中的天然气就会释放出来，把石油夹带到生产井中。如果油田下面的含水层足够大，在整个生产过程中，孔隙中的石油被水取代后要保持稳定的压力。这种情况下，只要抽取的水量不是过多，都可以进行开采。一般而言，初次开采到的石油会占到总储量的25%～30%。

（2）强化开采。

大多数情况下，首次开采中采收到的原油数量还不足以给石油生产带来经济收益。因此，在进行完一段时间的生产以后，有必要采取提高采收率的新措施。

传统上会把二次开采和第三次或强化开采加以区别，二次开采要维持油田的地下压力不变，而第三次或强化开采指的是采用先进的方法提高石油的驱替特征。

二次开采采用的是注水和注气的方法，主要使用注水的方法。二次开采要钻探注入井，或者把生产井转变为注入井。然后在压力的作用下把水引入到注入井中。被注入的水取代抽走的石油进入储集岩的空隙，这样做可以维持油田的压力不变；注入的水还能把滞留在产油岩石中的石油冲入生产井。注入不相容气体也是同样的原理，在压力的作用下，注入到储层的流体可以是天然气、氮气或者是燃烧产生的烟气。这种技术尤其适用于沙漠地带，

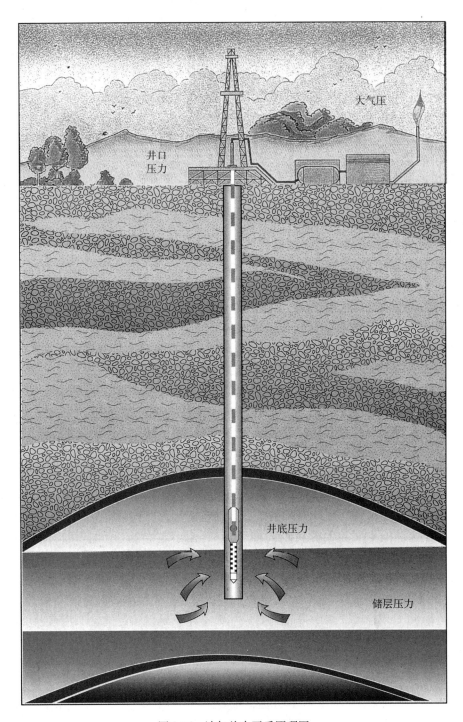

大气压

井口
压力

井底压力

储层压力

图 2.16 油气首次开采原理图

因为存在压力差：储层压力>井底压力>井口压力>大气压，储层里的油气被挤压到了地上

偏远地区或海上，因为那里的天然气没有市场而且禁止用火。注水法比注气法的应用范围
更广，但是注水井需要重型压缩设备（图 2.17）。

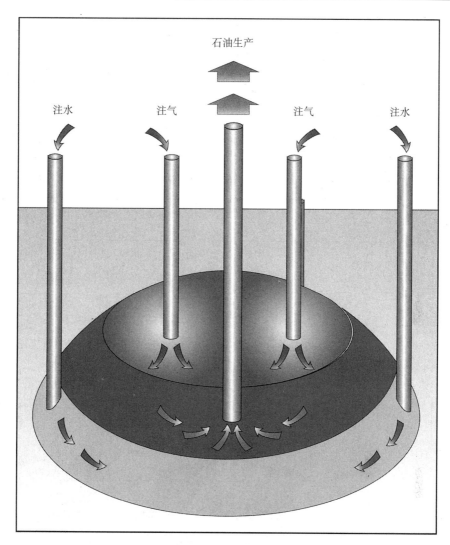

图 2.17　把水注入含水层，把气体注入气顶部分都可以保持压力不变

　　把水或不相容气体注入油田可以提高采收率（40% ~ 60%），但是仍然还有很大的局限性，因为储层中的空隙没有得到彻底冲刷（宏观波及效率），而且在被冲洗的部分，由于毛细管力的原因仍然存在残余油（微观波及效率）。

　　第三次开采，又叫做强化采油，使用的是化学技术和热技术，力求提高空间波及效率，通过使流体相互溶合或者提高其流动性的方法减小毛细管力作用（文字框 2.2）。这样可以把油田石油资源的采收率再提高 5% ~ 10%（图 2.18）。

文字框 2.2　强化采油

　　强化采油中使用的化学方法是在注入水中加入化学制品。加入的化学制品主要有两种：微（滴）乳状液和聚合物。前者是石油、水和表面活性剂等的混合液，用酒精做稳定剂。这种混合液能够提高注入水的驱替作用，也就是提高岩石孔隙内石油被水取代的比例。溶解在水中的聚合物能够增强水的冲刷作用，并且使其黏性系数提高 50% 甚至更多。

热力采油指的是通过升高储层的温度降低石油的黏度，提高油井的产量。要达到这个目的，可以在地面生成蒸汽产生热量并且通过注入井将其输送到地层中，也可以把空气注入到井中并且在地下燃烧或者激发相邻注入井的地层的氧化前沿。

混溶性采油能提高储层中的石油和注入油井用来降低毛细作用的流体之间的热动力交换。注入哪种流体取决于储层的类型：全部注入二氧化碳或者先注入二氧化碳然后注水，高压液化石油气，富含轻质油气的甲烷，高压氮气。这些方法可以使采收率提高 30% ~ 40%，但是会受到油气田的实际困难和经济条件的限制。

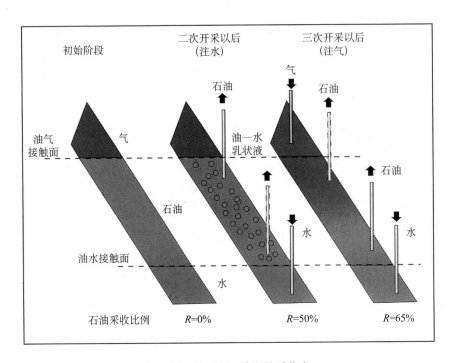

图 2.18　油田不同阶段的采收率

在石油生产阶段需要仔细观察和分析流体的情况，保证产量维持在最佳水平。

最后一点，通常在经过 15 ~ 30 年以后，就达到了经济采收率的底限了。这时就要拆除生产设备并且恢复附近地区的原貌。

2.3.2　油藏模拟模型

起初做成的油藏模拟模型只是油田的静态地质模型。第一步就是把地质学家、地质物理学家和油藏工程师收集到的有关评价井的信息综合在一起。需要对这些信息进行谨慎的分析，因为在勘探阶段作出的假设还存在很多的不确定性。严格意义上的模拟阶段还要涉及到对信息资料的解释，以建立一个能够重现油田开发生产情况的系统。

在模型中，用离散的单元网格表示储层。这些网格可以是二维的或三维的，是直线、极线（比如围绕在油井周围），或者是没有规律性的（为了表现出非均质性等）。每个单元用来表示储层的参数都不相同（图 2.19）。

图 2.19　使用 Athos 软件绘制的油田油气储藏情况网状图

　　然后要给这个静态模型添加方程式，描述流体在相邻单元之间和单元与油井之间流动的情况，这样就可以得到一个动态模型。最后的阶段要根据一系列的经济核算提出不同的生产方案，分别从时间和空间的角度模拟储层的情况。经济最优化原则用到的各种假设都与环境有关，可以根据这一原则选择最合适的开发方案。

　　勘探项目得到批准后，选择好打井地点，钻探生产井，完井后，安装好天然气采集设备，生产加工设备和存储、装运设备，建好生活区，所有这些工作完成后，才能开始投入生产。

　　随着生产的进行和对油田了解的加深，要不断完善数字模拟模型。以生产过程中所做的各项改进为基础，可以开展关于钻探新油井、水平井、辅助采油的影响等的可靠研究。这对油田不同发展阶段的投资决定起着非常重要的作用。

2.4　开发钻井

2.4.1　定向钻井，水平钻井，丛式井

　　开发钻井的原理和勘探钻井的原理相同，其原理尤其适用于定向井、水平井和丛式井。

　　现在对钻井的控制能够达到非常精确的程度，可以根据事先已经准确绘制好的剖面图进行钻井，使钻头准确无误地到达地下的目标位置。

　　可以在 J 形或 S 形的地质构造中钻探定向井。定向井通常适用于以下几种情况：

　　（1）当计划钻探的区域难以到达或者坐落在市区；

　　（2）避开地下的障碍，比如盐丘；

　　（3）为了减少地面上使用的钻井设备，例如，在海上钻井时限制钻井平台的数量，或者尽量避免使用平台；

　　（4）为了测试潜在的储层；

（5）处理发生过事故的油井。

水平井是一种特殊的定向井，水平井的井眼是水平的，和油层平行，如图 2.20 所示。水平井经常用于下面几种情况：

（1）产油区距离钻机很远，使用这种技术可以从岸上某个位置到达海底下面的油气资源，这样就可以不必使用海上钻井设备。

（2）提高产能就能提高其采收率。有时，从 1km 之外的地方给储层泄油，可以提高石油的流速。所以，水平井可以用来开发油层较薄、渗透率较低的油田。

（3）传统的钻井中，容易在邻近生产井的地方形成油水界面或油气接触面（也就是锥进），这样就会产出过多的气体和水。水平井能避免出现这些问题。

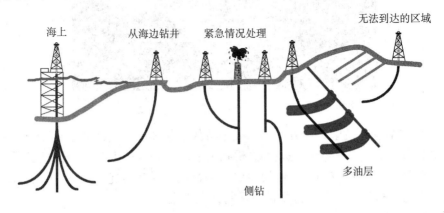

图 2.20 水平井和定向井

丛式井是指只打一口井，但是可以同时开采储层不同地点的油气。油田发展的任何阶段都可以使用这种方法。

在勘探和评估阶段，利用侧钻的方法在未知区域圈定油田的范围可以降低风险和成本。钻入已知储层的主井筒可以确保生产井的盈利能力（图 2.21）。

图 2.21 丛式井

生产过程中，采用丛式井的方法能增加井筒的数量，因而提高了石油产量却降低了每桶石油的开发成本。在处于衰竭阶段的现有井中采用丛式井的方法可以减缓老油田的衰减速度，因为可以利用次要储层，通过注水或者注气的方式最大化地把石油从产油层中冲刷出来。

2.4.2　完井阶段

完井阶段指的是已经具备了石油生产条件的阶段。钻井阶段结束时，要在产油层固定好最后一根套管，接下来就是完井阶段了。首先，可以按照下面的方法在井筒和储层之间建立连接：钻头到达储层，将储层压裂，为油井安装好设备并投入生产。

完井阶段使用的设备和方法多种多样，其选择标准有：流出物的类型，油井所处的生产阶段需要满足的条件以及钻井时公司的经济状况。完井阶段至少要保证井筒壁的完整以及在允许液体自由流动的前提下，对流体和生产水平的选择。完井阶段必须确保油井是安全的，能够进行各项测量，方便维修，能调整流速并且油井能够投入生产。

（1）井筒—储层之间的连接。

井筒和储层之间存在两种连接类型：下套管完井和裸眼完井。

最常用的是下套管完井。钻探到储层后，就要置入最后一根套管或衬管并且把它固定好。然后在产油层射孔，以便再次把储层和油井连接起来。这些射孔必须首先穿透套管和水泥壳然后才穿透产油层，这个过程要在模拟实验中进行测试。

如果采用裸眼完井，只需要把油井打通到储层即可，这样会在储层留下一个裸眼。也可以在产油层壁上放置一个带眼衬管，这样可以不破坏其整体形状。这种完井方法经常用于高度压实的或砾石充填的单层产油区。实际钻井中，这种方法很少用于油井，但有时会用于气井。

（2）油管。

选择什么结构的油管主要取决于力求达到的生产水平和产量的高低。

在常规的完井方法中，我们通常使用的油管被完全置于套管柱中，可以是单层完井也可以是多层完井。在多层完井中，可以选择在几个不同的产油层生产，这样可以用尽量少的油井快速开发油田，但是维修费用会很高。

还需要注意的是，有一种完井方式不需要油管，只要在产油区的深度固定一小段有孔套管就可以。这个方法尤其适用于缔合流体含量少、压力低的小型油田。

完成了钻井任务后，就能把井口装置和油管顶部连接起来，这样就可以控制流体的流动速度（图2.22）。井口装置由以下部件组成：

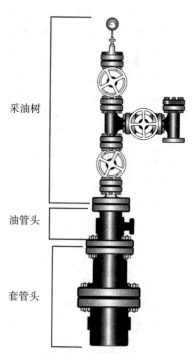

采油树

油管头

套管头

图2.22　井口装置

（1）连接套管的套管头；

（2）支撑油管的油管头；

（3）由阀门和计量器组成的采油树。

2.4.3 油井产能

测试油井的目的就是为了估计油井的产能或注入指数以及可能出现过的损坏情况。从这些检测结果和实验室的进一步测试结果可以看出是否还需要对油井做其他处理工作，再投入使用并且对其进行评估。以后还要对油井进行测量、保养、维修，最终废弃不用。

2.4.3.1 中途测试

中途测试指的是在钻井期间进行的所有测试。中途测试主要是用来确定一口井的生产潜力，并且以此作为油井的一个特征。

进行中途测试时，油井需要暂时停工，并且把一套特殊的装置放入井下，这套装置带有各种阀门，可以把井底和地面井口以及压力计全部关闭。测试要求限定在几个连续的时间段进行生产和观察，同时监视测试期间储层压力的变化。把测试结果和在不同流速下绘制的图表进行比较后，可以获得有关被测试油井底部产油区的产量递减信息。为了获得关于油井生产情况的数据，需要在油井井口配备不同的设备进行多次生产测试。通过中途测试可以了解油井的物理特性和可能实现的最大产量。

2.4.3.2 增产措施

用这种方法测得的油井产能可能很低，这可能与油井的岩石物理特征有关，或者是因为钻井过程中对油井的损坏造成的。然而，如果石油本来的流速很慢，就可以通过酸化或水力压裂等增产措施提高石油的流速。

酸化增产指的是注入酸溶液，使它渗透进储层的裂缝中并且溶解部分起阻碍作用的物质。为了防止对套管和油管造成腐蚀，酸液中需要加入添加剂。此外，添加剂还可以防止酸和某些类型的原油发生反应生成阻塞物。

在储层实施水力压裂是利用很高的水压在储集岩上打出裂缝，然后在裂缝中塞入沙子、贝壳、铝球、玻璃或塑料等支撑材料。

2.4.3.3 激活方法

如果某油田的地下资源储量不是很大，不能自动把石油挤压到地面的处理设备中，就必须采用激活的方法，也就是向油井中注入气体或者用泵从井中抽取石油。全球超过 3/4 的油井都要用到这种方法，尽管这些油井的产量可能在全球的石油总产量中所占的比例还不到 20%。如果有低价的气体供应并且生产的石油价值超过了各种费用，就可以使用一种叫做"气举"的激活技术。把气体注入油井中的液柱中，液柱变轻并且在气体的膨胀作用下不断上浮。根据各种油井的不同生产特点以及注入气体使用的设备的不同，确定是持续地注入气体还是间歇式地注入气体。

普通抽油机中主要使用以下几种类型的泵（图 2.23）：

（1）有杆泵：一种井下的容积泵，其动力来自地面机器连杆的往复动作；

（2）离心泵：一种水下电泵，置于油井底部的液体中，通过特殊的电缆获得电能；

（3）液压泵：置于井下往复动作的泵，与液压马达相连。

图 2.23 多井联动抽油简易抽油架

2.4.4 修井

在生产阶段，为了维持或提高生产井的产量，通常有两类修井方法：维护作业与大修。维护作业包括更换部分因被腐蚀或者结蜡而不能正常工作的设备，例如井下泵、气举阀、生产油管及密封系统等。维护作业还包括简单的清洗和防砂等工作。

大修是指大规模的维修工作，例如清除井孔中的沙子，为了开采油井底部另一油层的石油而进行的再完井作业。

2.5 油井流出物的加工

需要以下生产设备：

（1）油井流出物加工系统；

（2）储存、计量和装运设备（图 2.24）；

（3）生产设备要求的公用设施，即：电、水、供热等。

生产设备经常使用自身产出的天然气，在控制室里可以控制所有的设备。

石油生产过程中，在井口得到的产物经常是石油、气和水 3 种物质的混合物，其中可能还会有沙子、泥土、矿物盐和腐蚀性物质，有时还有二氧化碳，但是各种物质的比例都不相同。在油气被储存、运输和销售之前必须首先把来自油气井的水和其他杂质清除掉。加工工厂的作用就是使石油或天然气达到出口的规格要求。

2.5.1 分离过程

加工来自油井的混合液的第一步就是使其通过多级分离器，把石油、水和天然气分离开来。多级分离器是水平或垂直的承压圆筒形装置。在分离器中，因为水滞留在较低的一层，而气体则积聚在分离器的上方，这样就可以把水和气提取出来。

图 2.24　生产设备

2.5.2　油处理

用上述方法分离出来的石油还需要经过进一步加工处理才能达到上市销售的标准。首先，在破乳剂的作用下把含水乳状液分解，破乳剂能使水分子结合成大水滴，从而更容易从石油中分离出来。抑制剂、溶剂或热量都可以用来防止含蜡烃沉淀。然后通过在软水中冲洗的方法脱去石油中的盐分，最后用管道或油轮把石油输送到各地。

2.5.3　水处理

开始钻井时，通常只产生少量的水，但是随着生产的进行，水会越来越多。出于技术、生态和经济等方面的原因，必须把水进行净化处理后才能排放到周围环境或者用于生产中。首先，必须去除水中的石油，并且把清除掉的石油添加到油井产出的石油中。还要去除其中的固体物质，这样就不会堵塞注入井。降低水中溶解的气体含量，特别是有腐蚀性的氧气。最后一步是去除水中的硫酸盐还原菌。

2.5.4　气处理：脱硫和脱水

天然气或产自油田的伴生气经常含有二氧化碳、硫化氢和水。尽管天然气的用途和运输方式不同，但是都要经过不同程度的加工处理，不论什么加工过程，脱硫和脱水是不可缺少的步骤。天然气可以输送到管道里也可以经过液化后用液化天然气轮运走。丙烷和丁烷部分就是液化石油气，需要用特殊的轮船运输。燃烧天然气可以发电，提供热量，或者重新注入油井用来完成强化开采和气举过程。

硫化氢是剧毒气体。如果天然气用于商业，必须彻底清除含有的硫化氢。如果对天然气进行液化，就要经过化学吸收、物理吸收或者吸附等过程降低二氧化碳的含量，避免以后发生结晶现象。如果用管道把天然气输送到其他地方进行加工，这是海上油气生产经常遇到的情况，可以允许存在少量的硫化氢和二氧化碳，但是必须使天然气通过分子筛或者经过冷凝过程，期间使用乙二醇对天然气进行脱水处理。在高压低温条件下，天然气中的水会形成脱水物，脱水物不断积聚造成管道堵塞。但是如果注入甲醇或二甘醇等水化抑制剂就可以阻止水化物的形成。

海上生产石油，必须在面积有限的海上平台安装这些设备（图2.25）。

图 2.25　海上石油生产

第3章 油气储量

油气储量是石油行业最基本的概念，但是其含义非常复杂。从广义上讲，这个储量指的是能够满足现在和未来需要的总的资源储量。为了预测需求，需要了解这个储量的规模大小。在这方面，专家们已经达成共识。全球石油的最终储量（也就是说，包括过去、现在和可预见的将来的石油总储量）在21世纪初勉强超过 4.1×10^{12}bbl，这个数据由以下几个部分构成（数据来源：美国地质调查局，世界石油大会和法国石油研究院）：

(1) 已经消耗了 1×10^{12}bbl 石油；

(2) 已探明的剩余的石油储量为 1.2×10^{12}bbl（按照目前的开采速度，足够开采40年）；

(3) 有待开发的石油为 1×10^{12}bbl；

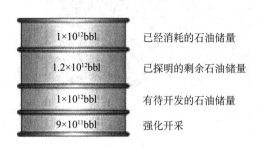

图 3.1 全球石油最终储量分析图

（数据来源：世界石油大会）

(4) 如果开采技术有所提高，还可以生产出 9×10^{11}bbl 石油（图 3.1）。

已探明的剩余的天然气储量为 1.79×10^{14}m^3（按照目前的开采速度，足够生产65年），估计其最终储量大约是这个数字的2倍。

就以上提到的诸多数字，唯一能够肯定的就是已经消耗的数量。有关"储量"的数据基本上都是猜测的。实际上，我们并不十分清楚地下储藏的石油和天然气到底有多少。而且就目前的技术水平和拥有矿产权的国家推行的开采政策而言，即使我们能确定油气田的位置，也很难开采出全部的油气。此外，如果技术和政治条件都允许，在今天的市场条件下，开采费用也许很高，因此也不可能进行商业化开采。

要明确储量的准确含义，首先需要回答下面的问题：

(1) 已经开采出了什么？还有什么等待开采？

(2) 未开发的油气中，用目前的技术能开采出多少？

(3) 最后一点，生产成本是否已经降低到了可以进行商业化开采的程度？

事实上这些问题彼此之间并不是没有联系：第三个问题对前两个问题有很大的影响。原油的价格不但影响开采程度而且能决定技术进展的速度。油价高说明开采油气的生产成本高。另一方面，如果油价低，就不能吸引投资，因为其经济可行性还不确定，例如，高风险的开采项目或基础研究。以上的3个问题就像过滤器，把油气储量的概念从现在地下实际存在的数量缩小到了经济可采储量。从这些问题也可以看出对"油气储量"给出严格的定义并不是一件容易的事。例如，在1986年，欧佩克成员国修改了对储量的定义，人为地把全球已经探明的可采储量从 7×10^{11}bbl 猛增到了 9×10^{11}bbl，但是全球的油气总储量并没有根本性的变化。

在本章中，我们会在开始部分（见 3.1）回顾石油工业以前对储量的不同定义。然后在章节 3.2 中详细阐述现存的几种碳氢化合物，尤其要关注的是非常规碳氢化合物。与所谓的常规碳氢化合物（从广义上讲，是在目前条件下容易生产及销售的碳氢化合物）不同，目前非常规碳氢化合物不能获得经济收益，但是会有很好的发展前景。这类碳氢化合物包括超深海资源、超重质油和合成油等。尽管使用目前的技术也能开采这些资源，但是从严格意义上讲，仍然不能包括到目前的储量中，不过这种情况会在将来得到改变，具体时间还难以确定。非常规碳氢化合物的数量比常规碳氢化合物的已探明储量要大得多，因此如果有合适的技术能使生产非常规油气资源有利可图，在未来将会对石油工业产生重大影响。

在章节 3.3 中，我们将要讨论储量和生产之间的关系。将会看到碳氢化合物的生产曲线与相关地区的储量有关，以及在开发新能源方面技术进步产生的影响作用。有些人在分析了开采曲线的走势以后，就试图通过简单的推断预测最终储量和产量。实际上这些理论会导致对碳氢化合物发展前景两种截然不同的看法——悲观和乐观。根据同样的资料，能源专家并不同意有关石油工业近期发展趋势的看法，相关的争论越来越激烈。我们将在本章第 4 节讨论这个问题。

最后，在章节 3.5 中，以绘图的形式勾画出了全世界每个大陆块的主要油气沉积盆地，阐明了主要产油国的油气储量和产量。

3.1 概念

对于油气储量有多种不同的说法。第一种看法认为"储量"一词是个技术经济概念而不是地史学概念。储量和资源两个概念有很大的差异：

（1）储量：正在开采或将要开采的碳氢化合物的数量；

（2）资源：在不考虑开采碳氢化合物的各种限制条件和（或）开采成本的前提下，目前的油田或气田中存在的碳氢化合物的数量。这个概念与通常意义上所说的油气地质储量相同。

麦凯维（1972）、布罗伯斯特和普赖特（1973）把化石燃料的储量定义为"在当前的经济条件下，利用已有的现代化技术进行开采能够获得商业利润的已探明储量"。被广泛使用的"可采储量"一词有点啰嗦，因为从广义上讲，"储量"这个词指的是在经济利益上可行、要对其进行加工生产的碳氢化合物。

3.1.1 政治和技术经济方面的限制

资源指的是存在于地壳中的所有碳氢化合物，不管是否已经探明其储量。第一步就是要寻找资源，也就是进行勘探，找到碳氢化合物资源。

勘探碳氢化合物会受到两种因素的限制。第一种是政治因素：有些国家只允许对其控制的某些地理分区的一部分进行勘探开发。第二个因素来自技术方面：在有的储油区，只是使用本书第二章中提到的地质勘探或地球物理勘探方法（例如海上超深井的钻采）还远远不够。

但是要把资源变成储量还有一个障碍：生产加工的技术经济条件。实际上，尽管对某些碳氢化合物的实际情况已经探明得非常清楚，但是如果仅仅使用目前的技术还不能进行加工提炼，例如有的是在极深的水下，还有的是因为原油的黏性很大，难以开采。

技术并不是阻碍资源转化成储量的唯一障碍。对于有些资源而言，存在可行的开采技术，但是其开采成本远远超出了销售碳氢化合物的所得收入。或者说，归根到底是一回事，生产加工碳氢化合物所需要的能源超出了产品本身的能源含量，因此生产这样的资源在经济上不可行，也就不能进行生产加工。

只有经过表3.1中列出的一系列验证后，才能把能源转化成储量。

表 3.1　从资源到储量（由 Jean–Noël Boulard 提供）

能源储量无论对石油公司还是产油国都具有政治和战略意义，因此对能源储量的估计会产生一定的影响，做出定论时要小心谨慎。实际上，"储量"这个术语本身就没有对数量做出准确的限定，那么对储量的估计也就不能给出很精确的数值。

3.1.2　确定性和概率性估计

如上所述，"储量"指的是在短期或中期能够进行加工生产的碳氢化合物。因此，储量是一个假定的数量因为它会受到各种不确定因素的制约而且还与技术进步、经济气候等变量有关。唯一可以肯定的储量，也就是能确定下来的数量，就是产量。大家经常说，一个油田的具体储量是多少只有在开采结束以后才知道。决定论的估算方法假定计算过程中涉及的每个参数都是确定不变的。并且认为以此得到的估算值是完全可靠的，不会受到误差的影响。其他计算储量的任何方法都带有推测性，因为其中用到了不确定的参数，概率估计的方法计算的是一个范围，也就是统计学中的置信区间，或者更确切地说，是预测区间。

第二章阐述了勘探油气田的不同阶段，以及评测油气田和影响评测结果的诸多不确定因素。这种方法只是表明了一种可能性，也就是说某个地区可能存在有碳氢化合物。说它是一种可能性，因为专家是参照自己的经验，根据自己提出的假设对其中涉及到的不确定因素做出了评估。因此，这种概率估计带有主观性，或者说是一种先验概率。

一旦公布了某个地层中存在碳氢化合物，就会对这个地域碳氢化合物的总量进行评估（极少公布这个数据），而且会对与之相关的储量做出估测。要做到这一点，必须计算出可开采的碳氢化合物数量与储层中存在的碳氢化合物的总量的比值，也就是采收率，我们很快就会谈到这个问题。

利用目前拥有的先进地学技术（地质学、地球物理学、地球化学和地质统计学），就可以用概率分布函数把油田的潜在储量表现出来。因为测量值中还有很多不确定因素，因此说某个油田的储量是 1×10^8bbl 没有任何意义。但是可以说其石油储量规模可能超过 1×10^8bbl。表示一个油田粒度分布的合理办法通常使用对数正态分布（图3.2）❶。在实际应用中，储量是用对数正态分布的很多参数来表示的（平均数或一系列百分数：10%，50%，90%等），它能体现一个油田的规模。

3.1.3　P90，P50，P10 等

用 Px 表示的是油田的实际油气储量超过 Px 的可能性为 x%。例如，如果一个油田的 P10 是 1×10^8bbl，那么这个油田的真正油气储量超过 1×10^8bbl 的可能性为 10%。P50 被称作分布中位数，表示油田的实际储量超过或低于 P50 的几率相等。

估计油田的规模时最常用到的百分数就是 P95，P90，P50，P10 和 P5。有时，这种估值也可以用：最小值、众数、最大值；或：最小值、平均值、最大值来表示。这里的最小值和最大值实际上就相当于 P5 和 P95，或者 P10 和 P90。但是这种表示方法会产生误导，因为对数正态分布中真正的最小值和最大值分别是 0 和 $+\infty$。理论上讲，众数是指最可能的分布值。在对诸多油气储量的先验概率分布完全相同的油田进行估测的基础上可以得出平均值（或期望值）。图3.2就是 P50 为 5×10^8bbl 油田的典型对数正态分布图。曲线表示的意思是，不管 x 为多少，超过这个储量的可能性为 x%。

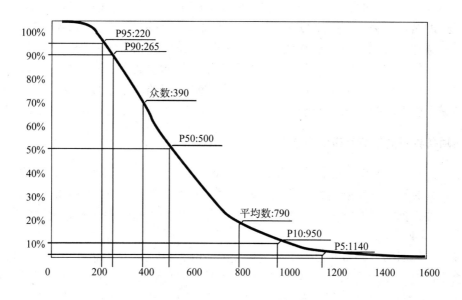

图 3.2　模拟油田规模的对数正态分布函数图

---

❶对这种做法，存在不同的看法。采用对数正态分布的主要缺点就是它不太适合小型油田，而且在有些情况下会对小规模的油田作出完全错误的估计。

目前，这是表示油田储量规模最为严谨的一种方法。但是本书中也要解释其他不同的方法。

3.1.4 1P，2P 和 3P 储量

另一种被广泛用来表示油田储量的数值是 1P，2P 和 3P，这是从上面讲到的百分数表示法衍生出来的，也可以对油田的储量进行概率性评估。在某种意义上讲，1P，2P 和 3P 与 Px 的表示方法是一致的，不过也会因公司或作者的不同而有所差异。

（1）1P 大致相当于前面提到的 P90 或 P95；

（2）2P 通常与 P50 相等；

（3）3P 一般相当于 P10 或 P5。

下面要阐述的是表示油田储量的另一组常用术语，是从过去使用的确定性表示方法发展而来的。

3.1.5 探明储量，概算储量和可能储量

探明储量，概算储量和可能储量这 3 个术语大致等同于 1P，（2P－1P）和（3P－2P），尽管也有不少例外的情况，或者反过来也可以这样表示：

1P= 探明储量；

2P= 探明储量＋概算储量；

3P= 探明储量＋概算储量＋可能储量。

值得注意的是，这些说法是在 1977 年由石油工程师协会和世界石油大会制定并正式采用的。更精确地讲，"探明储量"是指非常可能用来加工生产的储量；"非常可能"实际上相当于 P90 的情况。但是，这样的定义还没有被大家全部接受，在石油界还有争议。要引用到具体数据时，通常指的是已探明储量。不过，这能代表是 P95，P90 或者其他的什么吗？几乎不可能很准确地回答这个问题，而且使用这种术语的人通常也是含糊其辞。比如说，有时"已探明储量"可能指的是介于 P50 到 P98 之间的一个不很确定的数值。因此在不同的情况下使用这些数据时要格外小心。

3.1.6 慎用各种不同的储量表示方法

确定油田储量时概率方法的应用日益广泛，但是这种方法也不能保证万无一失。

例如，计算某个盆地或国家总的油气储量时，并不是把几个不同地区的储量简单地拼凑在一起。因为把不同油田的储量的 Px（或是众数）加在一起通常并不等同于各油田总储量的和的 Px（或是众数）。

需要郑重声明的是，如果把一个盆地里各个油田的 1P（已探明储量）加在一起得到的和通常会小于整个盆地的 1P（已探明储量），而把一个盆地各个油田的 3P（探明储量＋概算储量＋可能储量）加在一起，得到的数值要超过整个盆地的 3P。如果是 2P 的情况，这两种误差都可能出现。此外，不管是高估还是低估，都是一个随机过程。

只有在估算期望值时，把各部分加在一起才是合理的（从数学角度来讲），因为平均数的和与和的平均数二者相等。从广义上讲，平均值是唯一一种简单易行而且稳健可靠的

统计工具，用它可以作出预测。但是，还有很关键的一点，要意识到只有采用的样本足够多时，求出的平均值才是有效的。例如，在图 3.2 中，达到分布期望值的比例为 15%。抽象地说，这意味着如果有多个油田属于这种分布情况，那么它们中只有 15% 的油气储量超过其油气分布的平均值！但是我们应该注意到，各油田的实际储量之和接近于油田数量和分布期望值的乘积。由此出现的明显矛盾是大数定律造成的，大数定律指出离均值会相互抵消，也就是说，偏差的平均值会趋向于零。因此，理解标准偏差（期望值偏差的均方值）是非常重要的。这样就可以构建出预测空间。不过应该记住的是，各油气田的粒度分布都有较大的标准偏差值，产生的预测空间也较大。

如果计算中涉及到储量的计算时，要格外慎重。然而，需要把每个油田的储量估值加在一起，这样才能从更广泛的层次上（地域、国家、石油公司掌管的油田）计算出数量级估算。通常情况下，只公布已探明储量的数值。因此，这也是唯一可以获得的进行统计研究的数据。尽管用算术方法把它们加在一起在数学上讲是不正确的，但是通常没有其他方法。

3.2 储量的特点

如上所述，传统上认为常规碳氢化合物和非常规碳氢化合物之间有区别。我们不讨论冷凝物的情况，轻质油有时会和天然气结合在一起。因为除了美国和加拿大外，冷凝物的存储量通常被计入天然气的储量中。不过，需要注意的是，如果按照能量含量计算，冷凝物所含的能量能够达到油田储量的 20%。

3.2.1 常规碳氢化合物和非常规碳氢化合物

对于什么是常规碳氢化合物，什么是非常规碳氢化合物，到目前还没有一个清楚、准确的定义。在本书的第一章已经对什么是石油做了定性的描述。天然气通常按照其产地的不同划分，而较少使用各种质量参数（发热量、含硫量或 CO_2 等惰性气体的含量）。判断某处的天然气储量是常规的还是非常规的要取决于提取天然气并将其投入生产加工的难度大小。

科林·坎贝尔，Alain Perrodon 和 Jean Laherrère（1998）认为所谓的常规碳氢化合物就是指在当前和可以预见的未来的技术和经济条件下能够进行加工生产的碳氢化合物。这个定义，与 McKelvey 对探明储量的解释很相近（见 3.1），他们都考虑到了技术进步和未来的经济条件。那么非常规碳氢化合物，简单地说，就是加工生产的难度较大，成本较高的碳氢化合物。

但是我们很难预测未来的技术和经济条件会发展到什么程度。新技术对提炼碳氢化合物的影响可以在以后体现出来，但是我们又怎么能够预测 20 年后的技术会是什么样子呢？

深海采油的发展就是一个很好的实例。20 世纪 70 年代末，所有分布在海下的碳氢化合物如果深度超过 200m 就看做是非常规碳氢化合物（因此在估计已探明储量时也不把它计算在内）。利用当时的技术加工生产这些资源也不能带来经济效益。目前，我们一般能把采油的深度延伸到了原来的 5 ~ 10 倍，也就是 2000m 的深处。常规碳氢化合物和非常规碳氢化合物之间的界限也随着时间的推移在慢慢消失。

另一个实例就是重质碳氢化合物和超重碳氢化合物。早在 20 世纪 30 年代就知道委内瑞拉的奥利诺科盆地有大型油田，含有超重原油（8 ~ 10°API）。1967 年，第一次对奥利诺科盆地资源的总量估计就达到了 6.93×10^{11}bbl（也就是说，相当于全球所有已探明的常规碳氢化合物储量的一半）。因此，1967 年奥利诺科盆地的情况就是：资源总量 =6930×10^8bbl，储量 =0！1983 年的又一次估值使奥利诺科盆地的资源总量增长到了 1.2×10^{12}bbl 而储量（这里指的是严格意义上的储量而不是已探明储量）也在 1000×10^8bbl ~ 3000×10^8bbl 之间。

由此可以看出，常规碳氢化合物和非常规碳氢化合物之间的区别逐渐转变成了生产加工难度的问题，而生产加工涉及到众多因素，如加工条件、分布的地区、质量，总的来说就是开采成本。不过地理政治因素也起着一定的作用。比如在中东地区，石油的储量丰富而且易于加工生产。价格冲击的其中一个后果就是在全世界能够勘探到原来难以发现的石油而且加以商业化生产❶。这样，生产成本最低廉的石油就不再是首选的开发资源了。

非常规碳氢化合物因此变成了未来意义上的储量。常规碳氢化合物和非常规碳氢化合物界限的变化被有些作者称之为化石碳连续带，如果某种能够投入加工生产的碳氢化合物用尽之后，就会寻找其他的碳氢化合物，其中包括非常规碳氢化合物。随着技术的不断进步和政治观念的开放，生产新的碳氢化合物也就没有什么特别的了，而是成了常规的或被"常规化了的"事情。所以我们已经把注意力从美国、阿尔及利亚和中东等地转移到了海洋，尽管美国、阿尔及利亚和中东等地的石油更容易生产加工，而现在又转向了超稠油和超深海的碳氢化合物。

在下面一节中会介绍非常规碳氢化合物的主要家族成员。

3.2.2 深海和超深海的石油

一般会把深海和超深海加以区别，前者是指小于水下 500m 的深度而后者最多达到水下 2000m。由于数据处理的发展及其在三维图形中的应用，可以容易地开采到深海的石油。

据估计，全球深海碳氢化合物的储量有 650×10^8bbl 左右。从 20 世纪 70 年代末开始，在深度超过 500m 的水下，全球平均每年要打出 30 口钻井：在今天，在水下 1000 多米的深度，已经打出了 100 多口钻井。

在以下的深海盆地都已经打过油井（按 2005 年的储量记录计算）：

墨西哥湾，20×10^8boe；

巴西，118×10^8boe；

西部非洲，280×10^8boe；

北海。

其他深海区也有美好的发展前景，比如孟加拉湾、阿曼海、中国海以及泰国湾等。

---

❶价格冲击指的是石油价格的大幅度、突然变动，见第 1 章。

3.2.3　重油和超重油

如果石油的 API 相对密度指数小于 22°，就被称之为重油。低于 12 ~ 15° API 则被称之为超重油。这些油藏中的很多被叫做焦油砂，是真正意义上的石油，因为它们历经了石油形成的整个循环过程，是由源岩里排出的进入到储油层（通常是沙粒）的碳氢化合物形成的，体积较大。长期的氧化作用和较轻组分的逐渐消失都为超重油尤其是黏油的形成创造了有利条件，因此说它们是常规石油的降解产物。这种石油的两个主要来源是加拿大西部的亚瑟柏和委内瑞拉的奥利诺科地带的焦油砂。

重油和超重油的总资源量很大，达到了 4.7×10^{12} bbl，也就是已探明的常规石油储量的 4 倍！其中的 1/3（1.7×10^{12} bbl）是在加拿大勘探到的，仅在加拿大的亚瑟柏就多达 8700×10^8 bbl。俄罗斯的重油资源能达到 1.5×10^{12} bbl，但是官方数据没有说明其比重，所以还不能确切地对它加以分类。接下来是委内瑞拉的奥利诺科地带，达到了 1.2×10^{12} bbl。美国和印度尼西亚也有大量的重油资源。

到目前为止，焦油砂还被归类于非常规石油，尽管这种资源非常丰富。现在只有 5% 的焦油砂看似有商业价值。到 2025—2035 年这段时间，采收率会高达 15% ~ 20%，那时，焦油砂就能被看做是常规碳氢化合物了。

3.2.4　油页岩

页岩油和前面讲述的碳氢化合物的形成方式不同。石油在从源岩流动到储层的过程中，并不会形成页岩油，页岩油一直存在于原岩中。原岩通常是经受了挤压和 500℃ 的高温分解后形成的一种黏性的沉积岩。从页岩中获取石油需要重型工业设备。可以说，在石油历史上最早开发的就是页岩：20 世纪初，世界很多地方都能找到页岩。这些页岩有些部分露出了地面，也就理所当然地成为了开发目标。在那个时候，几乎没有石油地质学这门科学，要找到这些沉积物，也不必用到勘探技术。

在世界五大洲都可以找到页岩，见表 3.2，但是最大的储藏地在美国。

表 3.2　世界页岩资源

	美国	南美洲	澳大利亚	非洲	前苏联 （非官方数据）	亚洲 （非官方数据）
资源量，10^9bbl	2200	800	200 （其中 20 在昆士兰省的斯图尔特）	115	1400	2800

除了在美国和爱沙尼亚两个国家，从页岩中开采石油当前还不是公开的行为。加工过程会产生大量的固体废物和二氧化碳，因而会产生额外的环境保护费用。此外，生产过程中要消耗大量的水。例如，美国优尼科公司计算过，要从绿河峡谷的页岩中开采石油并且进行有商业价值的生产需要用整条科罗拉多河来做水源。

3.2.5　合成油

费—托工艺技术是把天然气或煤转化成合成油（图 3.3），这种技术是德国在第二次世界大战期间研发出来的（第 1 章），当时合成油是德国的唯一汽车燃料。这种加工技术的推广还存在一定的难度。从天然气转化成的合成油还有很大的市场发展空间。直到最近，能把天然气转化成石油的公司也只有几家而已——能从 $30 \times 10^6 m^3/d$ 的天然气中生产出 $10 \times 10^4 bbl/d$ 的石油，主要是在马来西亚（壳牌石油公司进行过相关实验）和南非（这是产油国对种族隔离政策联合抵制的产物）。由于原油价格的不断攀升，出现了新的市场条件，转化合成油的推广应用也出现了转机。现在还有新的气转油项目正在酝酿之中。壳牌石油公司和卡塔尔石油公司投入巨额资金开发珍珠气转油项目，此项目分两期建设，产能为 $7 \times 10^4 bbl/d$。中国把注意力投入到了煤液化技术。2004 年，作为中国最大的产煤企业，神华集团被授权在华北地区建立煤液化工厂。工厂一期投入生产后，计划到 2008 年达到年产石油 $1 \times 10^6 toe$。二期就能实现工厂的总设计能力（日产油量为 $10 \times 10^4 bbl$）。南非的沙索集团看到了中国（在两家产量为 $8 \times 10^4 boe/d$ 的工厂进行过可行性调查研究）和美国（在蒙大纳州、伊利诺伊州和怀俄明州）煤转油的发展潜力。

图 3.3 费—托工艺过程的应用

3.2.6 非常规天然气

非常规天然气资源很丰富，但是现在还不能绘制出其分布的具体位置。非常规天然气储层的采收率通常很低，大约在 10% ~ 20% 之间，远远低于常规气田 80% 的采收率。有些储层的油气捕集原理和常规气田的储层截然不同。

3 种主要的非常规天然气的来源：

（1）煤藏（煤层气）；

（2）页岩和低渗透岩层（致密砂岩）；

（3）溶解于含水层和高压地区的天然气。

在美国，从煤藏中获取天然气是众所周知的，估计美国的天然气资源是在 2.8×10^{12} ~ $9.8 \times 10^{12} m^3$。其他天然气储量丰富的国家有中国（30×10^{12} ~ $35 \times 10^{12} m^3$），俄罗斯（20×10^{12} ~ $100 \times 10^{12} m^3$）和加拿大（5×10^{12} ~ $7.5 \times 10^{13} m^3$）。由于只是估计数值，其中含有不确定因素，这是不言而喻的。在美国，尽管天然气的产量有限但是增长速度很快——2004 年开采量已经到了 $450 \times 10^8 m^3$；而在中国，到 2010 年，产量会高达 $100 \times 10^8 m^3$。

还不清楚致密含气砂岩的准确储量。据估计，加拿大的储量在 $250 \times 10^8 m^3$ ~ $420 \times 10^8 m^3$ 之间，美国的储量则达到了 $70 \times 10^8 m^3$。从致密含气砂岩中获得的天然气在不断增加。2005 年，美国从致密含气砂岩储层中采集到的天然气就达到了 $1000 \times 10^8 m^3$。

就页岩气而言，有人认为其储量会达到 $100 \times 10^{12} m^3$，不过 $40 \times 10^{12} m^3$ 更现实些。不管怎样，其产量主要在美国（2005 年的产量为 $170 \times 10^8 m^3$）。

甲烷在水中的溶解量在很大程度上取决于所受压力的大小和周围温度的高低（例如，在 6000m 的深处每立方米水能溶解 $17m^3$ 甲烷，而在 10000m 的深处，就能溶解 $170m^3$ 甲烷）。这个数据的计算和甲烷的储层息息相关，因此进行相关的估算也有风险，下面提供的这几个数据本身就有很多猜测性。俄罗斯曾经估计本国的资源是 $1000 \times 10^{12} m^3$，美国的估测数据是 $30 \times 10^{12} \sim 200 \times 10^{12} m^3$（包括墨西哥湾的 $150 \times 10^{12} m^3$）。在 20 世纪 80 年代早期，估计仅在墨西哥湾地区，这一储量就高达 $1000 \times 10^{12} m^3$ 之多。

在北美和中国，非常规天然气的产量在迅速增长。但是无论如何，与常规天然气的开采相比，非常规天然气的产量显得非常有限。

3.2.7 两极地区

在北极已经开展了数次富有成果的开发项目，勘探到了大约 10 个有实际开发潜力的盆地。这些盆地主要分布在阿拉斯加、格陵兰岛和俄罗斯，位于俄罗斯的盆地最有发展前景。就整个北极地区而言，已经探明的石油储量为 $8.7 \times 10^{12} bbl$，天然气储量达到了 $20 \times 10^{12} m^3$。但是，这些地区的天然气储量可能要高出公布的数字。考虑这些资源储量数据时，也要想到当地寒冷的气候，遍地的冰层，基础设施的匮乏，还有北极与油气的销售市场之间存在的遥远距离。

另一方面，南极地区和北极的情况很相似。南极的地质条件好像不利于发现大储量的石油。还有一点，先不说南极地区恶劣的气候和到达南极有多困难，从 1991 年开始为了保护当地的环境，禁止在南极进行任何工业活动。

3.2.8 其他种类的非常规碳氢化合物

还有很多其他种类的非常规碳氢化合物，例如：

（1）日产量不到 $10 \times 10^6 boe$ 的小规模油气田被划归到非常规一类中。这种油气田的数量很多。因为规模太小，较难发现。此外，这些油气田附近还需要已经配备好的基础设施。如果要使这样偏远的油气田进行生产并能获得利润，就必须尽可能降低开发成本。

（2）利用辅助采收技术采集的石油有时被看做是非常规产品，尽管大多数这样的技术已经标准化了。

（3）对高压、高温油气储层的划分不是很一致，因为各个记录保存机构在分类时使用的压力和温度标准不尽相同（大概在 700bar 和 150℃ 左右）。这意味着压力和温度特征相同的油气田有时可能被归类为常规性的，有时则被归类为非常规性的。

（4）天然气水合物是非常重要的潜在能源，有的作者认为它在数量上可能会超过现在已知的所有碳氢化合物的总量。天然气水合物是指以结晶水合物形式存在的固体物质。现在还不能肯定地说将来有一天我们能把这种资源转化为储量。要把天然气水合物投入可行性生产还需要解决两方面的问题：一个是天然气水合物的能量密度低，另一个是要把它从固体转化成气体需要消耗大量的能源。

3.3   储量的生产

3.3.1   投入生产的决定

新探明的油气储量不能立即投入生产，除非生产出的碳氢化合物能够在市场上获得利润。这种不言而喻的说法恰好解释了什么样的储量有经济价值。

但是天然气的条件和石油不同。现在考虑到当前的消费速度，天然气的使用时间比石油储量的使用时间要长（天然气储量还够使用 65 年而石油只有 40 年）。此外，通常认为天然气生产的顶峰时期（从这个点开始产量逐渐下降）比石油来得晚。尽管对天然气的实际需求量相当大，但是对石油产品的需求更为持久，或者换句话说，消费能源时，我们倾向于首选最经济的一种（目前是石油），而且其能源含量有很大的变化。还应该记住的是，在这一点上，天然气的运输费用是石油的 5 倍。与天然气市场相比，石油市场的需求驱动特征更加明显，而天然气市场则供给充足，期待需求的增长。

这种现象并不陌生，煤炭市场也是如此。实际上，有很多大型的已经勘探到的气田可能永远不能投入生产。

按照目前的生产速度计算，煤炭还可以被开采 160 多年。然而，这个统计数据很难解释，因为很可能再过两个世纪煤炭就不再作能源使用了。这意味着一些储量就不再开采了。如果是这样，后一种情况就不应该看做是储量，而应该归为资源。这也同样适用于规模较小的天然气资源。在过去，因为没有有效的市场加以销售，大量的天然气被白白地燃烧掉了。

接下来的章节中，我们要考虑在油气田、盆地或地区的现有状况下，如何利用产出剖面图估计储量，预测产量。

3.3.2   产出剖面图

某油气田的产出剖面是以产量（通常用年产量）和时间为坐标绘制的曲线图。产出剖面图可以用于分析石油系统、盆地或国家的油气生产情况，同样也应用于油井、油气田或某一完整地质区域的油气产量分析。产出剖面图可以是描述性的（比如，用历史数据），也可以是预测性的。如果某处油井或油田进行过试采之后，通常绘制出预测性产出剖面图。下面给出的两个理论图形就是一个油田或气田典型的产出剖面图。曲线下面的部分代表油气田的储量。因此，预测性产出剖面图也能估计储量（等于曲线下面的区域）。

从广义上讲，油气田按照规模可分为大规模油气田和小规模油气田。从小规模油气田（图 3.4）的产出剖面图来看，先是产量急剧上升，然后很快被耗尽，因此要在尽可能短的时间内集中开采以减少其生产成本。与之相反，大规模油气田的产出剖面图（图 3.5）的时间跨度很长。完成开始的试采后，产量急剧上升达到一个稳产期，这个阶段要持续几年的时间。因为油气田的规模不同，持续的时间长度也有差异。随着储量逐渐枯竭，产量也不断下降，但是这个过程通常比较缓慢。

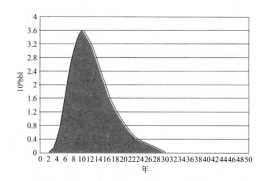

图 3.4　小规模油气田典型的产出剖面图
（年产量为 2000×10⁴bbl）

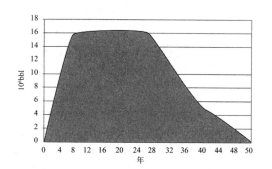

图 3.5　大规模油气田典型的产出剖面图
（年产量为 5×10⁸bbl）

从图中可以看出，产出剖面图通常在产量最高峰（产量最大值）周围极其不对称。但是，如果把大量的产出剖面图收集在一起，对整个盆地或地区的情况作出估测时，综合后的曲线在顶点处通常是对称的，形成钟形曲线。20 世纪 50 年代，美国地质学家金·哈伯特第一次使用这种曲线预测美国石油生产的顶峰和下跌时间。但是这种预测方法真的有普遍的适用性吗？

3.3.3　哈伯特的峰值理论

1960 年前后，哈伯特当时还是壳牌石油公司的一名工程师，利用正态分布曲线分析美国 48 个州的产出剖面图，并且大胆预言美国的石油产量将于 1969 年达到顶峰（图 3.6）。然后，产量将会出现下跌，下跌曲线和增长阶段的曲线是相互对称的。在 1970 年，他所预见的情况发生了。这一成功预言使哈伯特赢得了同行的极大赞赏和认可。现在有很多网站在推广、改进哈伯特及其追随者的工作成果。但是，他的理论被美国的石油发展证实是正确的并不表明他提出的模型能够普遍适用。围绕着这个理论出现了一支预言大军。

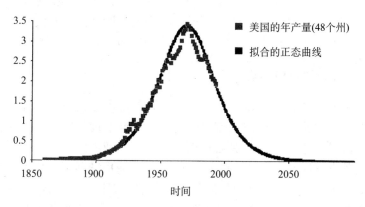

图 3.6　历史上有名的哈伯特曲线

（来源：www.hubbertpeak.com）

本章节的目的不是反驳哈伯特的结论或方法，但是需要指出的是现在还没有有力的科学根据证实这个方法的效果，更不用说它的普遍适用性。

这个模型的优点在于它为预测产量（因此也可以预测最终储量）提供了一种简便的方法。我们在文字框 3.1 中会谈到，把所有的事情都归结到正态理论中，对这种发展趋势应该加以批评。世界有很多地方，包括美国在内，它们整合后的油气产出剖面图并不是呈正态分布的，甚至根本不对称。

文字框 3.1　哈伯特和数学

尽管在世界有些地区，油气产出剖面图呈现正态分布，但是并没有理由相信所有的油气产出剖面图都表现这样的特征。不过，已经做出种种努力从数学角度解释或证明哈伯特的理论。其中有一种说法，持续时间很长而且是错误的，用到了最著名的概率统计理论定理：中央极限定理。这种说法认为在一定的规律性假设条件下，大量的独立随机现象（即使是高度的不对称或呈多重模态分布）汇总在一起会产生一个正态分布的随机变量，也就是说，呈现出哈伯特方法中绘出的对称钟形分布图：随机过程之和的分布函数接近正态分布。但是总和的概率密度不等于概率密度的和（也就是油气田的产出剖面）。此外，哈伯特提到的现象不能应用中央极限定理。原因有二：首先，汇总在一起的产出剖面图很显然相互之间不会没有关系，尤其是当它们都与同一个地区相关时。另外，这个定理是有关数量分布的，而不是时间分布的，而哈伯特模型中用到的变量是时间。时间分布应该使用概率理论中的其他分析方法，即时间序列分析法。

因此在使用这种方法时要慎之又慎，尽管从几个实例来看，它好像很有吸引力，但是缺乏科学基础。如果汇总在一起的产出剖面图呈现正态分布的特征，确实能使人感到好奇，真正的原因是研究这个问题很有意思，而不是指哈伯特和他的众多追随者们所宣称的普遍适用性。最终，哈伯特自己否定了正态分布曲线转向了逻辑斯谛曲线，但是并不比正态分布曲线图更有说服力。

这个模型中只有时间一项是油气产量的解释变量。这太让人感到意外了，只是这么简单的变量就能预测产量必定会下跌，能反映产量的增长阶段，而它并没有考虑到科技进步会增加油气储量。

3.3.4　技术进步对产出剖面图的影响

完成了试采之后，开始正式开采前，通常要绘制剖面图。当油气的开采接近尾声的时候，要绘制一份总结分析剖面图，但是这份图表经常和开始设想的不同。这种差异通常是技术进步造成的，技术进步可以增加油气的储量（图 3.7）或者加快开采速度（图 3.8）。

下面提到的两种方案说明了在油气田开采了 16 年后使用辅助开采技术产生的效果。

第一种情况，资源没有变化，但是储量增加了（曲线下面的部分从 5×10^7 bbl 增加到 6×10^7 bbl）。这样就可以说采收率增加了（文字框 3.2）。在第二种情况下，储量没有增加（深色阴影区域和曲线下面的空白区域面积相等，与原来的产出剖面图是一致的），只是提高了开采速度。这样，可以提前 10 年结束开采工作，而开采的总储量并没有减少。尽管储量没有增加，但是开采速度的提高给生产商带来了经济上的优势，因为他可以避免长期的能量消耗并且提前获得经济利益。

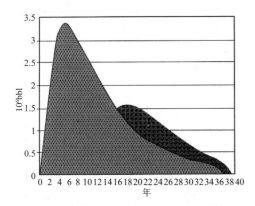

图 3.7 技术进步增加的储量（叉号区域）对开采前绘制的产出剖面图（点状区域）的影响

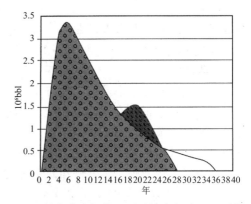

图 3.8 技术进步加快了开采的速度（叉号区域）对开采前绘制的产出剖面图（点状和圆圈区域）的影响

文字框 3.2 石油上游工业使用的指数

石油工业经常用到的指数有很多，有在公司范围使用的，也有整个领域使用的。这些指数不管是在高层管理还是预示资源短缺方面都能起到警戒作用。

储采比

假设储量没有变化，按照当前的速度进行开采，表示储量可以开采的年数时最常用的首选指标就是储采比，通常用 R/P 表示。它是用年来表示的。在过去的几年里，这个比值的波动幅度很大，如下表所示：

	50′	70′	80′	90′	00′
石油	150	30	35	40	40
天然气		50	55	60	60

从 1970 年以后，就总有人预测 2000 年石油可能会枯竭，而实际上石油储量可以开采的时间一直在延长。

这些指标可以如上表所示从全球的角度计算，也可以以地域或公司为单位来计算。按照地域的不同，这个比值会从 8 年（北海）到 80 年（中东地区）不等，对公司而言，按照其政策的变化，通常在 8 ~ 15 年之间。这些比值对公司具有战略上的重要意义，公司尽量使这一比值保持合理并且在 10 年内不变。如果储采比降到很低的水平，就表示公司的状况很糟糕。应该引起注意的是，这个比值对如何定义"储量"非常敏感。1986 年，中东地区改变了计算储量的方法，结果导致储采比大幅度上升。

成功率

石油上游工业使用的成功率这个指数是产油油井和钻井总数的比值。因此，这个比值可以评测一个公司的勘探工作是否有成效。但是，要谨慎地理解这个指标。储量只有 1×10^6bbl 的产油油井的价值当然比不上储量为 1×10^8bbl 的油井。因此成功率这个比值应该反映出涉及到的储量；如果某地区的钻井成功率很高，但是地区总储量很小，石油公司对这样的地区并没有太大兴趣。然而成功率还是为勘探效率提供了一个评判标准。成功率在过去的 30 年不断攀升，从 1/10 到 1/5 一直到现在的 1/3。

采收率

某油气田的采收率是指储量与此地资源量的比值。这个比值会随着时间以及对储量和资源量的估计值的变化而有所变动。当前常规石油的平均采收率是 30% ~ 40%，而常规天然气的平均采收率为 80%。除了进行勘探可以增加储量，还有一个办法就是通过利用进步的科学技术提高采收率，从而增加储量。有时把后一种情况称为油田生长期。采收率经常被作为区别常规碳氢化合物和非常规碳氢化合物，特别是天然气。就重质油而言，采收率大约是 10% 甚至更低。显然这个比值还有很大的提高空间，而现在主要通过提高非碳氢化合物储量的采收率增加储量。

符合这两种情况的实例有很多。教科书中提到的北海阿尔温油田就是属于第一种情况，采取的诸多科技方法使得油田的储量一次又一次大幅度提高。许多作者提到了无数事例都属于第二种情况。

科技进步的第二种模式对储量持有消极的态度。就常规石油而言，技术只能加快石油耗尽的速度，因此也使得石油缺乏的日子提前到来。

就像前面提到的，对于最终储量的看法有两种。下一个章节的主要任务就是把双方的论点展示出来以便正确认识争论的具体内容。

3.4 乐观主义者和悲观主义者

从前面的章节可以看出，预测储量对石油工业尤其重要。这方面存在几种理论，而且形成了多个相互对立的流派。

3.4.1 两种思想流派

把乐观主义者和悲观主义者之间的争论简化成对某个数据（文字框 3.2）正确性的争执就太简单了。但是把不同观点和指数的特性联系在一起能够帮助我们正确理解这些观点。

储采比在不断地增加，好像资源枯竭的日子离我们很遥远，而且还在不断地后退。而且随着时间的流逝，石油工业宣布的成功率在不断提高，这表明勘探人员发现了更多的油田，因此人们对石油短缺的恐惧是没有道理的。这种乐观的想法，经过分析是站得住脚的。但是它受到了悲观主义者的批评，悲观主义者认为那些指数存在偏差：储采率并不能代表储量可以开采的实际年限，因为开采的速度以每年 2% ~ 3% 的速度增长，而平均每年发现的油田却是越来越少，因此说储采比是一个过于乐观的指标。但是这个指标仍然在石油工业中使用得非常广泛，而且无论如何还会继续使用下去。意识到这个指标本身存在的偏差而且对其产生的数据加以解释，这是分析人员义不容辞的责任。悲观主义者对油气开发的"成功率"指标也提出了类似的批评，因为从定义上看，成功率只是考虑了勘探到的出油井的数目，没有考虑油井的产量。因此成功率是个相对的、有偏差的油气开发指标

（文字框 3.2）。

乐观主义和悲观主义理论都引用了不同的经济学理论，以上所述就是双方争论的焦点。

关于可枯竭资源的理论有很多，尤其著名的就是霍特林理论，读者可以在本书第一章了解其相关内容。下面的论述运用的是供求关系理论。

我们假设石油市场是封闭市场，也就是说，我们只能考虑这种资源本身；不会受到其他资源的影响。比如，没有其他形式的资源作替代品。根据供求关系理论，由于消费的原因，资源会逐渐枯竭，这种资源的价格就不可避免地会上涨（图 3.9）。相反，如果在开放市场中，有其他形式的资源作潜在的替代品，就可以形成竞争。这样就能保证当一种资源逐渐枯竭时会过渡到使用新的能源。这种渐进的替代过程有助于稳定甚至降低市场价格（图 3.10）。这种现象有时被称作经济的再生产。资源在物质形式上枯竭了，但是在经济意义上其储量能够再生。

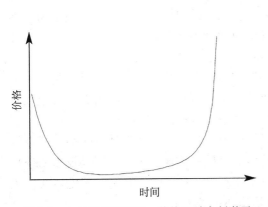

图 3.9　在封闭的市场中，价格下跌会刺激需求，一旦出现资源短缺的信号，价格又会上涨，结果导致需求减少

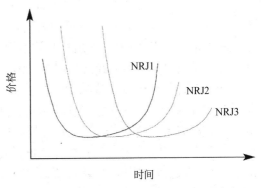

图 3.10　在开放市场中，三种能源相互竞争。当前使用的能源会被成本更低的能源逐渐替代，这时价格会下降（图中 NRJ1 先是被 NRJ2 所替代，最后是被 NRJ3 替代）。这个替代过程就是经济再生产

以上就是两种相互对立的观点，恰好和悲观者与乐观者双方的观点相呼应。

1）悲观主义者

如果地表下的油气数量是有限的，那么只要有消费就等于向能源枯竭走近了一步。实际上随着时间的流逝，产量和消费都在不断地增长（主要是人口的增长造成的）。悲观主义者认为资源无力支持这种增长，必定会出现短缺现象，因而最终导致能源价格飙升。

许多科学家、工业家和生态学家都非常赞成悲观主义者的观点，并且定期预测油气产量的峰值和低谷，因为多年来，全世界发现的油气新储量已经低于油气的产量。

在 1973 年和 1979 年，石油价格分别经历了两次价格冲击，部分原因是人们对石油短缺的恐惧和人为降低石油供应造成的。在 20 世纪 70 年代，工业化国家的经济对石油有强烈的依赖性，因此石油储量的减少造成了油气价格猛涨，这一点也符合供求关系理论（参考第一章讲到的相关地理政治学事件）。

不过，这种反复出现的恐慌感使得石油公司和产油国的政府不得不加大研发力度，以便找到新技术，用来开发当前还没有受到重视的领域，比如核能技术或开采非常规石油的

技术。

　　尽管付出了种种努力，经济主要还是依赖于常规碳氢化合物。悲观主义者认为虽然石油工业的科学技术取得了很大进步，但是我们还是要遭遇到第三次也就是最后一次价格冲击❶。

　　2）乐观主义者

　　因为人们对石油价格上涨的预测并没有变成现实，在 20 世纪 80 年代中期乐观主义思想开始形成。常规碳氢化合物的储量是有限的，而且在不断被消耗，这一点是毋庸置疑的。但是石油的价格在长期看来仍然保持稳定。高得夸张的价格还没有出现过，这只能解释成市场拒绝接受悲观主义者宣扬的石油短缺的论调。正如在章节 3.2.1 中提到的，非常规石油如今已经能够进行商业化生产了，可以用非常规石油逐渐替代常规石油，这和早先提到的化石碳连续带的概念是一致的（见 3.2.1）。此外，20 世纪 70 年代出现的两次价格冲击刺激了新能源（特别是核能）和新技术的出现，正是有了新技术，才能使非常规碳氢化合物投入商业化生产。对于持相反意见的人而言，看起来石油产品的特点是拥有开放型市场而不是封闭型市场（图 3.10）。正是在开放型的市场中，才会出现经济再生产。进一步讲，这种开放型市场也是和当前的经济自由主义倾向一致的。

　　如果在开发新能源时成功地使用了新技术，这样才会有经济再生产的问题。我们在章节 3.3.4 中已经谈到科技进步会加速能源的枯竭而不能刺激经济再生产。能源的枯竭应该由价格的急剧增长反映出来，不过到目前为止，还没有觉察到这种迹象。

　　悲观主义者和乐观主义者两派之间的争论好像变成了两种观点的对峙：一种是"自然论"观点，认为被消耗的可耗竭资源会变得日益稀缺。另一种观点支持的则是技术的进步和经济自由化以及由此产生的市场开放和经济再生产理论。难道这意味着自然论者实质上就是悲观主义者，而持有经济自由化论点的人就是乐观主义者吗？

3.4.2　自然论者还是经济学家

　　不管持有什么观点，从长远看，得出的结论都是一样的：未来的能源政策一定是重视新型能源（首先是核能，其次是太阳能、风能、生物质能等）或者是因为经济上不划算当前还没有进行开发的碳氢化合物（比如非常规碳氢化合物）。两种情况都必然存在能源替代或经济再生产的问题。但是悲观主义者和乐观主义者所持的观点不同，前者认为采取积极的姿态、在公众中树立资源短缺和价格猛涨的意识是向新能源转变的必要因素。另一方面，乐观主义者坚信向新能源转变是个顺其自然的过程（化石碳连续带的概念就表明了这一点），这是技术进步和不同能源之间的竞争等市场力量共同作用的结果。

3.4.3　结论

　　在本章的结束部分，我们不想评判两种观点孰是孰非。必须承认的是，就近期而言，能从石油行业中找到很多具体的、不容置疑的实例证实悲观主义者的观点。不过，乐观主

---

❶这只适用于常规碳氢化合物。就非常规碳氢化合物而言，技术的进步当然能够增加其储量，因为我们会利用新技术对世界上没有被开发过的地区进行勘探。

义者也能找到证据证明石油工业能够利用新技术转变其发展趋势,因为有了新技术,以前被忽视或者没有察觉到的碳氢化合物现在有可能投入商业化生产了。在过去的 20 年里新技术使碳氢化合物的储量大幅度增加。

尽管存在很大的意见分歧,但是对最终储量已经达成了共识,剩余的 2.5×10^{12} bbl 储量还够使用 20 年(本章介绍)。这个数字大大低于章节 3.2 中提到的非常规资源数万亿桶的储量。另外,对资源储量的预测必定会争论得非常激烈,但是我们看到就中长期而言,两派最终都认为向新能源或者新的碳氢化合物过渡是必然趋势。

因此这场争论最终变成了能源转变会以什么形式表现出来的问题:对于悲观主义者来说,应该是价格飙升,而据乐观主义者预测,则是平稳有序的过渡。

3.5 储量和产量的地理政治分布

表 3.3 中的数据是主要产油国各个地质区域的已探明储量、年产量和油气储采比,另外还有一张地图,上面标明了世界最主要的几处生产石油的沉积盆地。所有的数据都来自英国石油公司 2006 年的统计年鉴。地图改编自美国地质勘探局的世界石油评价。

表 3.3   全球范围的已探明储量和年产量

项目		已探明储量		年产量		储采比
		10^9bbl	10^{12}m³	10^6bbl	10^9m³	年
非洲	石油	114.3		3590		31.8
	天然气		14.8		163.0	88.3
中东地区	石油	724.7		9168		81.0
	天然气		72.1		292.2	>99
亚洲—大洋洲地区	石油	40.2		2920		13.8
	天然气		14.8		360.1	41.2
欧洲	石油	17.3		2067		8.4
	天然气		5.5		292.7	18.5
前苏联	石油	123.3		4333		28.5
	天然气		58.5		768.5	76.1
北非	石油	59.5		4977		11.9
	天然气		7.5		750.6	9.9
南非	石油	103.5		2542		40.7
	天然气		7.0		135.6	51.8
总量	石油	1200.7		29597		40.6
	天然气	179.8		2763.0		65.1

3.5.1 北美

北美地区的储量和产量情况如表 3.4 和图 3.11 所示。

表 3.4　北美地区的已探明储量和年产量

项目		已探明储量		年产量		储采比	
		10^9bbl	10^{12}m³	10^6bbl	10^9m³	年	
美国	石油	29.3		2493		11.8	
	天然气		5.5		525.7		10.4
加拿大	石油	16.5		1112		14.8	
	天然气		1.6		185.5		8.6
墨西哥	石油	13.7		1372		10.0	
	天然气		0.4		39.5		10.4
总量	石油	59.5		4977		11.9	
	天然气	7.5		750.6		9.9	

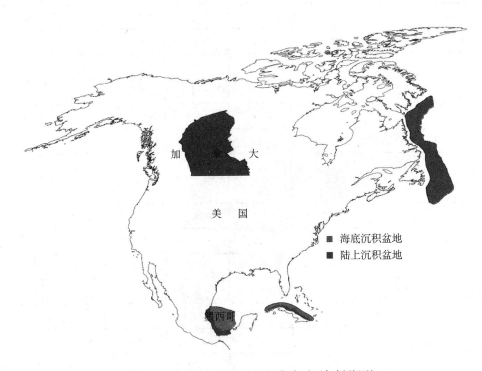

图 3.11　北美地区主要的沉积盆地（不包括美国）

3.5.2 南美

南美地区的储量和产量情况如表 3.5 和图 3.12 所示。

表 3.5　南美地区的已探明储量和年产量

项目		已探明储量		年产量		储采比
		10^9 bbl	10^{12} m^3	10^6 bbl	10^9 m^3	年
阿根廷	石油	2.3		265		8.7
	天然气		0.5		45.6	11.1
巴西	石油	11.8		627		18.8
	天然气		0.3		11.4	27.3
特立尼达和多巴哥	石油	0.8		62		13.0
	天然气		0.5		29.0	18.3
委内瑞拉	石油	79.7		1098		79.7
	天然气		4.3		28.5	>99
其他国家	石油	8.9		490		18.2
	天然气		1.3		20.7	61.8
总量	石油	103.5		2542		40.7
	天然气	7.0		135.6		51.8

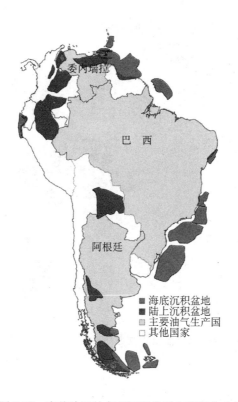

图 3.12　南美地区的主要沉积盆地和碳氢化合物生产国

3.5.3　欧洲各国

欧洲各国的储量和产量情况如表 3.6 和图 3.13 所示。

表 3.6　欧洲各国已探明储量和年产量

项目		已探明储量		年产量		储采比
		10^9bbl	10^{12}m^3	10^6bbl	10^9m^3	年
挪威	石油	9.7		1084		8.9	
	天然气		2.4		85.0		28.3
荷兰	石油	—		—		—	
	天然气		1.4		62.9		22.3
英国	石油	4.0		660		6.1	
	天然气		0.5		88.0		6.0
其他国家	石油	3.6		323		11.7	
	天然气		1.2		56.8		21.1
总量	石油	17.3		2067		8.4	
	天然气	5.5		292.7		18.5	

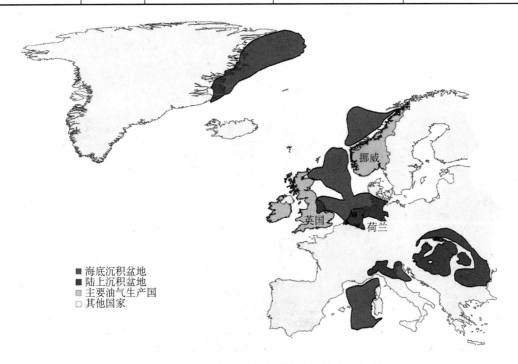

图 3.13　欧洲的主要沉积盆地和碳氢化合物生产国

3.5.4　非洲

非洲地区的储量及产量情况如表 3.7 和图 3.14 所示。

表 3.7   非洲地区的已探明储量和年产量

项目		已探明储量		年产量		储采比	
		10^9bbl	10^{12}m³	10^6bbl	10^9m³	年	
阿尔及利亚	石油	12.2		736		16.6	
	天然气		4.6		87.8		52.2
安哥拉	石油	9.0		453		19.9	
	天然气	—		—		—	
埃及	石油	3.7		254		14.6	
	天然气		1.9		34.7		54.4
利比亚	石油	39.1		621		63.0	
	天然气		1.5		11.7		>99
尼日利亚	石油	35.9		942		38.1	
	天然气		5.2		21.8		>99
其他国家	石油	14.3		584		24.5	
	天然气		1.2		7.0		>99
总量	石油	114.3		3590		31.8	
	天然气	14.4		163.0		88.3	

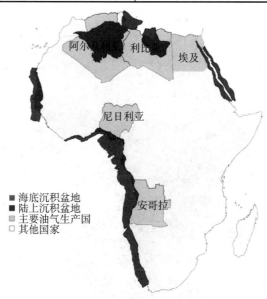

图 3.14   非洲的主要沉积盆地和碳氢化合物生产国

3.5.5　中东地区

中东地区的储量和产量情况如表 3.8 和图 3.15 所示。

表 3.8　中东地区的已探明储量和年产量

项目		已探明储量		年产量		储采比	
		10^9bbl	10^{12}m^3	10^6bbl	10^9m^3	年	
伊朗	石油	137.5		1478		93.0	
	天然气		26.7		87.0		>99
伊拉克	石油	115.0		664		>99	
	天然气		3.2		—		—
科威特	石油	101.5		965		>99	
	天然气		1.6		9.7		>99
卡塔尔	石油	15.2		401		38.0	
	天然气		25.8		43.5		>99
沙特阿拉伯	石油	264.2		4028		65.6	
	天然气		6.9		69.5		>99
阿拉伯联合酋长国	石油	97.8		1004		97.4	
	天然气		6.0		46.6		>99
其他国家	石油	11.5		629		18.3	
	天然气		1.9		36.2		52.5
总量	石油	742.7		9168		81.0	
	天然气	72.1		292.5		>99	

■ 海底沉积盆地
■ 陆上沉积盆地
■ 主要油气生产国
□ 其他国家

图 3.15　中东地区的主要沉积盆地和碳氢化合物生产国

3.5.6 前苏联

前苏联的储量和产量情况如表 3.9 和图 3.16 所示。

表 3.9 前苏联的已探明储量和年产量

项目		已探明储量		年产量		储采比
		10^9bbl	10^{12}m³	10^6bbl	10^9m³	年
哈萨克斯坦	石油	39.6		498	23.5	79.6
	天然气		3.0			>99
俄罗斯	石油	74.4		3486	598.0	21.4
	天然气		47.8			80.0
土库曼斯坦	石油	0.5		70	58.8	7.8
	天然气		2.9			49.3
乌兹别克斯坦	石油	0.6		46	55.7	12.9
	天然气		1.9			33.2
其他地区	石油	8.1		233	32.5	34.8
	天然气		2.9			83.3
总量	石油	123.3		4333		28.5
	天然气	58.5		768.5		76.1

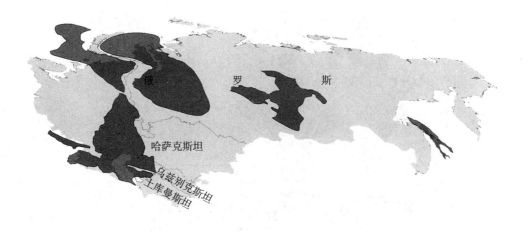

■ 海底沉积盆地
■ 陆上沉积盆地
▨ 主要油气生产国
□ 其他国家

图 3.16 前苏联各地的主要沉积盆地和碳氢化合物生产国

3.5.7 亚洲及大洋洲地区

亚洲及大洋洲地区的储量和产量情况如表 3.10 和图 3.17 所示。

表 3.10 亚洲—大洋洲地区的已探明储量和年产量

项目		已探明储量		年产量		储采比	
		10^9bbl	10^{12}m³	10^6bbl	10^9m³	年	
澳大利亚	石油	4.0		202		20.0	
	天然气		2.5		37.5		67.9
中国	石油	16.0		1324		12.1	
	天然气		2.4		50.0		47.0
印度	石油	5.9		286		20.7	
	天然气		1.1		30.4		36.2
印度尼西亚	石油	4.3		415		10.4	
	天然气		2.8		76.0		36.3
马来西亚	石油	4.2		302		13.9	
	天然气		2.5		59.9		41.4
其他国家	石油	5.7		391		14.6	
	天然气		3.6		106.7		33.7
总量	石油	40.2		2920		13.8	
	天然气	14.8		360.1		41.2	

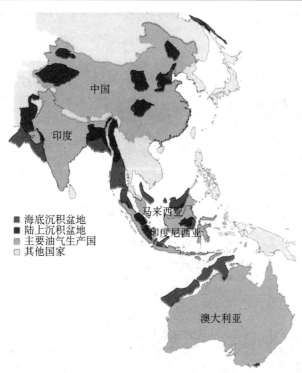

图 3.17 亚洲—大洋洲地区的主要沉积盆地和碳氢化合物生产国

第4章 投资与成本

4.1 引言

由于能源在世界经济中的作用，石油成为重要的全球性商品，每年交易规模超过15000亿美元。全球在石油天然气勘探和开发上的投资巨大，总量超过2000亿美元。石油天然气行业将大量的钢铁用于油管和天然气管道，是钢铁业的最大客户。全世界的油轮总数超过了 1×10^4 艘（其中500艘左右的运输量超过 2×10^5 t），总运输量高达 3.5×10^8 t。

油气开发是一个动态的行业。与电子或者电信等日新月异的行业相比，每年2%左右的需求增长速度并不高。然而，每个油田或者气田的寿命是有限的：传统上认为油田的寿命在15～20年，气田则在20～30年。而且传统观点认为，对于一些新油田，特别是北海、墨西哥湾的海上油田以及非洲的某些油田的寿命更短。因此各个油田的产量都有较大的递减率，在中东国家递减率可能小于3%（油田寿命超过30年），在某些已开发区域的周边油田的递减率可能超过10%。

以5%的平均递减率计算，在10年内，现在产能的50%需要用新增产能来替代。对于石油公司而言，为了维持自己的市场份额，需要保持每年7%以上的增长速度，因此发现并开发足够的替代油气田是石油工业面临的真正考验。

因此，油气工业的上游是资本密集型行业。从全球数据来看，整个上游行业的投资占营业收入的比例在8%左右。对于跨国石油公司而言，这个比例更高，达到了17%左右，而欧美地区全部工业行业中这个比例平均为6%～7%。

当前，150多个投资超过10亿美元的油气项目正在进行之中。大多数石油公司的执行委员会的一个主要任务就是对新油气勘探开发项目进行决策，在决策过程中，必须有一个资本预算原则来平衡技术、地质、财务以及地缘政治方面的风险。

资本预算决策之所以重要是因为油气开发中天然的不确定性。在发现石油或天然气储层后，首先分析钻井方案，然后油藏工程师就可以判断投资规模，并且拟定开发方案。通过估计开发成本，假设油气价格，考虑财税条款以及合约条款的规定，石油公司就可以对油气田整个生命周期内的收入建立一个模型。

尽管技术的发展非常迅速，到目前为止，油气勘探与开发仍然是高风险行业。勘探和开发新的油气资源是个充满挑战性的过程，而且这个过程中的物理、环境、技术条件正在变得日益恶劣。尽管我们对于地表以下部分的了解不断深入，仍有一部分的油气勘探投资化为一口口干井。在过去10年中，全球勘探成功率一直在25%左右（成功率等于发现油气的探井的数目占总探井数的比例，这是一种较为乐观的指标，因为其中包括了一些在目前的油气价格和技术条件下不具备商业价值的发现）。

当新油田被发现后，选择最佳的开发方案就成为石油公司下一步最关键的决策，因为再设计花费昂贵，该方案通常完全决定了油田的经营状况。尽管初始投资对于油田开发非常重要，但是技术的飞速进步使得很多边际项目的开发变得可行。海上采油的深度，开发储层的温度、压力以及黏度（例如重油）不断提升。为了开发更具挑战性的资源，采用（研发出来的）新技术是必须的，当然与此同时也要控制成本。

1990—2003 年，随着技术进步以及油田服务行业的激烈竞争，技术成本不断下降。从 2004 年起，由于对石油的需求强劲增长，成本形态开始发生变化。由于石油价格高涨，石油公司争相以尽可能快的速度将新资源开发出来，因此对油田服务的需求大增。由于需求增长速度太快，诸如井架、技术服务能力、熟练工人等资源都极度短缺。很多服务行业成本下降的长期趋势被成本的急剧上升取代。我们正处于"油田服务周期"的波峰上，这种状况会一直持续到该行业的供给能力大幅恢复为止。这需要几年的时间，因此高成本可能会持续几年。

4.2　成本分类

对石油项目的经济评估，除了需要假设石油天然气的价格以外，还需要以下 3 类数据：

（1）开发方案：由油藏工程师根据泄油系统来制定；

（2）资本与运营成本：由预算员估计，并分别由项目经理和井场经理负责；

（3）合约与财税条款：这些条款具有决定性的作用（它们可以在第一时间就将一个优秀项目排除掉）。

这 3 类因素的相对重要性依项目的具体情况而不同。

在评估过程中，对这 3 类数据应该独立处理，同时还要进行优化以最大化项目的价值。这个优化过程通常用于在多个开发方案中进行选择，投资和运营成本最小化是最基本以及一贯的要求。公司的利润和竞争力全部取决于此。在项目的各个阶段都适用这个规则。

选择正确的开发方案，准确地估计成本，控制好整个过程中的支出是成功的关键。

4.2.1　成本的种类

通常说来，石油工业的上游项目中会涉及如下 4 类成本：

（1）勘探成本是指在发现碳氢储层之前发生的成本，其中包括地震勘探、地质学以及地球物理解释，勘探钻井及试井；

（2）发生在储量描述和评估阶段的投资成本，是获取储层状况必须的成本；

（3）开发投资，包括：

①钻生产井及适当的注入井；

②地面设施建设，例如油气收集管网，分离及处理设施，储油罐，泵及测量装置；

③运输设施建设，如管道和装货码头。

（4）包括运输成本在内的运营成本。

4.2.2　成本分析的例子

各种成本在总成本中的相对比例依项目的不同而变化，影响因素包括环境、储层与流体的特性，油气输出条件，同时合约的约束从另一方面对此产生影响。

各项目的勘探成本差异巨大。如果勘探失败，总成本就仅限于地震勘探和一口干井的费用（通常在 500 万～2000 万美元之间，偶尔会更高一些）。与勘探成功，确定井位情况下的总开发成本相比，这些成本仅占其中一小部分。有些时候，例如油气发现处于边际状况，需要进行大量的评估工作（例如需要打多个探边井），勘探成本可能会严重影响项目的经济性。

图 4.1 和图 4.2 给出了两个实际的成本（包括探边井的成本）分析的例子。

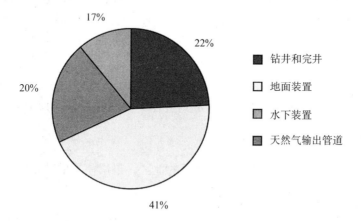

图 4.1　海上油气开发成本分析

（北海，水下 300m 处）

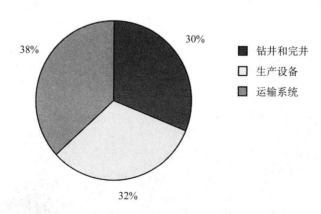

图 4.2　陆上油气开发成本分析

这些例子说明，大多数的项目成本组成具有相似的规律。开发成本可分为大致相等的 3 部分：钻井成本，生产设施建设成本和运输系统建设成本。下面则需要关注这几类成本的技术定义，并对成本的发生进行控制，也可以对营运成本进行与开发成本类似的分析。在油田的生命周期中总的营运成本近似等于对油田的投资额。长期以来，决策者对运营成本的关注弱于对投资的关注❶。

---

❶决策者认为不同时间收到或者支付的同样数量的现金，其价值是不同的。对未来的现金流使用给定的年度折现率（通常由公司来设定）进行折现，可以达到其现值。折现会降低未来现金流的作用（第 6 章）。

本章的目的是首先对主要支出项目的数量级给出一个总体概念，然后描述目前项目经理估计成本的方法，最后提出几条消减成本的措施。

4.3　勘探成本

相比其他费用而言，勘探成本通常显得不那么重要（见4.2.2）。但是另一方面，在探测到碳氢化合物之前就要出现勘探成本，因此，勘探成本对公司的财务账户有直接的影响，勘探成本的回收与公司勘探项目的成功密切相关。一般而言，介于10% ~ 30%之间。

4.3.1　地球物理学

在计算勘探生产和投资成本时，石油地球物理学主要运用地震勘探法。既然在其他方法（雷达探测或其他的勘探方式）中投入的成本很低，我们在本章节只考虑投入到地震勘探法的成本。

4.3.1.1　购置成本

在大规模勘探特别是在地形复杂不容易勘探的地区，最常使用的就是二维地震勘探法。购置成本多以美元/km² 为单位。

（1）地形的影响。

现在，专门从事地震勘探的公司能在极端环境下（高山区，沼泽地，北极等）工作（图4.3）。但是地震勘探的成本根据环境的不同而有所变动：在难以进入的地区，三维海上地震勘探的成本会超过了5000美元/km²。

A　　　　　　　　　　　　　　　B

图4.3　恶劣环境下进行油气开发的两个实例

（A）婆罗洲的沼泽地；（B）玻利维亚的齿状山脊

从绘制平面图的费用来讲，海洋地震勘探是费用最低的，它使用的是三维多切削刀技术，扫描速度可以达到 10km/h，扫描一次就能获得 500m 范围内的信息并绘制出相关线条。要想在地面上获得如此详尽的数据，费用是非常昂贵的，而且提供的信息含量会大大降低。

图 4.4 对不同环境下使用二维和三维地震勘探技术的预期成本进行比较。

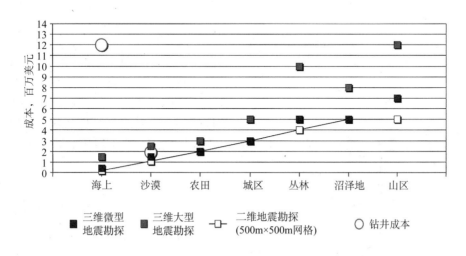

图 4.4　不同的地形对地震勘探成本的影响

从图中可以看出，对于海上勘探而言，使用 500m × 500m 网格的二维地震勘探和三维图像的成本相差不多，因此，三维图像用得越来越多。

与钻探探井相比，海上勘探（尤其是深海勘探）的一个显著特征就是地震勘探费用很低：使用三维地震勘探技术，面积为 100km² 的区域的勘探成本大约是 50 万美元，然而在海上钻探探井的费用要超过 5 百万美元。

（2）主要因素。

在海上获取数据的过程中，使用的设备费用是开销的主体部分（一艘装备现代化的三维地震勘探船的售价高达 1 亿美元左右）。提供服务的舰队使用的舰船越来越大，能够完成复杂的机动设计任务。

然而目前测震设备在陆地上还不能自动转移地点，这就意味着要支付大笔的人力费用，具体的数额要根据当地的劳动力工资来确定。如果地形复杂，人力费用可能会很高，因为需要调用直升飞机或复杂的精密设备，比如，条件允许会用到桑普卡车或者在沼泽地使用漂浮器械。因为要拥有这样一支地震勘探队伍需要大额投资，在 20 世纪 80 年代有很多石油公司无奈只好放弃了在这些地形复杂地区的勘探活动，而斯伦贝谢和法国地球物理维里达斯等专业化的公司却凭借自身的优势从中受益。

4.3.1.2　数据处理成本

与数据获取一样，地震数据的处理工作也被转包给了专门的服务公司，而那些专业化的处理过程或研究则是由大型的石油公司来完成的。

获取数据的费用比处理数据的成本要高，使用三维地震勘探的费用是 500 美元 /km²，而二维地震勘探的费用是 100 美元 /km²。这些是生成标准数据的费用（如果在海上使用三维地震勘探技术，就需要获取数个太字节的数据❶）。如果用到先进而详尽的数据处理过程，就需要花费大量的时间，动用众多的人力，这样处理数据的成本就会大幅度增加。例如，"在使用三维地震勘探图之前要用到深度偏移"，从地震记录中获得成组的图像，使用深度偏移技术可以使这些三维地下成像尽可能接近真实情况。在这个过程中，对每平方千米的数据处理成本高达几千美元。

4.3.1.3 数据分析

获得了地震勘探数据并进行处理后，还必须把这些数据转化成地图、钻井剖面、储层模型等形式，这样才可以供决策者在勘探或开发阶段使用。然而，到目前为止还没有技术能把地震勘探数据直接转化成用于确定钻探油井的位置或制定开发计划的数据。对数据的加工或解释需要使用专门的软件，而这些都必须在专家的操作下才能完成。根据要求的精度和地下的地质复杂程度的不同，对勘探地震数据的解释可能要花费几个月到几年的时间不等。这个过程需要人员配备、对地震观测的数据处理要花费 10 万～ 100 万美元。

4.3.1.4 成本的变化趋势

（1）技术进步的影响。

三维地震技术在不断的发展进步。从 20 世纪 70 年代末期首次使用这种技术以来，单位成本已经大幅度降低。

成本的降低主要归因于以下领域的技术进步：

①优化参数，消除冗余数据；

②利用获得的三维多切削刀数据或多源数据能同时捕捉多道形迹（在 1999 年达到 24 条，但是现在正在构想打造的水上船则把这个数字提高到了 40）；

③实现了舰载自动化。

信息技术成本的大幅度降低缩短了石油工程的完工时间，节约了大笔资金。不过，现在的石油公司开展的石油工程项目难度越来越大，节省下的时间和资金实际上又逐渐用到了处理和分析数据的复杂过程之中。

（2）市场的作用。

如果技术的进步在长期看来会给地球物理勘探费用下向压力，那么碳氢化合物的价格的降低在短期内会影响成本的高低，地方市场的服务公司之间的激烈竞争又影响到成本：相关国家竞争投标后才能获得地震勘探合同。

此外，在发展成熟的勘探区域（例如北海，美国等），石油公司通常以固定价格签订普通的地震勘探合同，承包人对这种带有投机性的冒险项目拥有所有权，承包人承担前期投资。与为客户专门定制的勘探调查的成本相比，前者的成本往往很低，只相当于后者的 1/10。

因此，前面讲到的每平方公里的平均成本会随着时间因素和地质因素的不同而有所变化，会产生相当于平均值 5 倍或 10 倍的变化幅度。

---

❶ 1 太字节 =10¹² 字节；1 字节 =8 比特。

4.3.2　勘探钻井

勘探项目的主要成本支出是钻井的费用。陆上钻井和海洋钻井都有各自的技术特点；如果不考虑钻井持续的时间，那么二者的主要差异在于成本的高低。海洋钻井的成本高达1000万～5000万美元，需要30～100天能打出一口井；如果打井用的时间相同，那么陆上钻井的成本只有200万～500万美元。但是如果条件很恶劣，成本会增加，偶尔也会超过1亿美元。

图4.5表示的是在陆上打探井所需成本费用的主要组成部分。

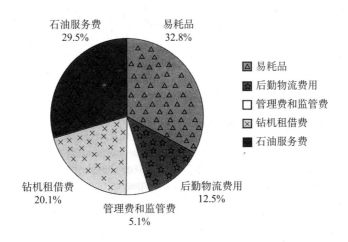

图 4.5　陆上探井成本分析

因为存在诸多不确定的地质因素，很难预料打一口井需要多长时间。这些地质因素包括岩石的可钻性，地层孔隙间的液体压力，深度等等。泥浆漏失，钻井钻头受阻等各种各样的困难和难以预见的挫折都会造成数天延误。

钻井费用的70%～75%适合钻井所需的时间成正比的：支付给石油服务公司的设备租借费，工程监管费（管理公司人事或工程总承包人）。因此，只能合理精确地估计钻井成本的25%～30%的费用。这些成本费用会随着钻井深度（主要是套管的长度）、井口成本等的不同而有所变化。因此，技术人员很难事先确定一个油井开发项目的预算。

只是租借石油钻机的费用就占到钻采全部费用的20%到35%（如上述实例所述）。每天的费用取决于所需动力的大小，而后者是由钻采油井的深度决定的，要是海上钻井，所需的动力就和水深有关。此外，钻机的市场供应也是一个决定因素，这是钻井公司和石油公司之间的需求关系问题。

在21世纪初，陆上钻井的钻机每天的租用费在1.5万～2.5万美元之间，海上钻井时每天的租用费则高达2.5万～15万美元。2004年以后，由于需求增加，海上钻机的日租借费用不断提高，经常超过20万美元。对于钻井承包商而言，陆上钻井设备中涉及到的资本成本会达到1000万～1600万美元，海上自升式钻井平台则是1.2亿～1.8亿美元之间，对于半潜式钻井平台或有深水作业能力的钻井船而言，这笔费用则高达3亿～3.8亿美元。

图4.6表示的是近几年来海上钻机日租借费用暴涨的情况。

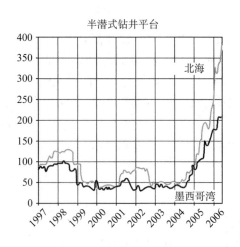
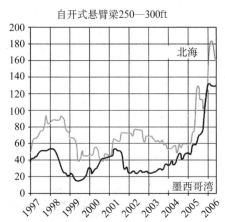

图 4.6　海上钻机的日租借费用（单位：千美元／天）

资料来源：以上数据由 Offshore Rig Locatot 杂志和法国石油研究院（IFP）提供

4.3.2.1　录井参数和地质参数

要想得到岩石物理数据和岩石化学数据就要进行录井[1]，并且从储层中进行岩心取样和油气试采。完成这项工作所需的时间要根据具体情况而定。

对钻井地质结果的监测和解释要用到两种技术，这是专业化石油工程服务公司经常使用的。第一种是泥浆录井技术，也就是说，获取岩样、数据和泥浆线路的相关信息，并且对其做出地面实时处理解释。第二种技术是记录物理参数，能体现出油层特点、压力体系以及渗透进油层间隙的液体的特点。钻井过程中可以利用安装在钻柱上的传感器收集到这些记录数据（这被称作钻井过程中的录井，或随钻测井），或者在钻井后，把末端安装了传感器的电缆放入井筒底部（这被称之为电缆测井）。

通常来说，这两种技术都是必需的，还会产生补充数据。但是从下面的内容我们会看到这两种技术的成本相差很大。

4.3.2.2　地面地质记录

安装在表面的传感器（在泥浆线路、泵或绞盘上）和录井室里的中心数据处理单元相连接，录井室里还有一个小型地质实验室，是用来进行盐酸盐取样和紫外光分析的（图 4.7）。

钻井的成本还包括钻井过程中使用的设备和雇佣的专业人员的费用。这笔费用的大小要看当地的物流供应情况，但主要取决于规定的结果的程度和复杂性。例如，要用火焰离子检测的方法通过气相色谱法测出气体的指数，这要借用成本

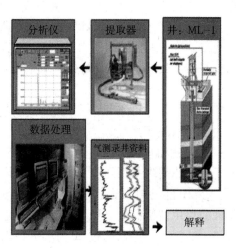

图 4.7　地质编录（地面）

---

[1]录井：记录渗透层的各种电子、声学和放射性特点，这些都是井筒深度的函数，会随着深度的变化而不同。

达几百美元的特殊设备。

在过去 10 年间，录井承包商之间的相互竞争使费用维持在相对较低的水平，通常为每天 1500 ~ 3500 美元。地面地质编录的费用占整口井总成本的 2% ~ 3%。

4.3.2.3　录井

不管实际的录井合同条款是什么内容，石油工程服务公司的有效成本都包括以下两部分：

（1）直接成本：也就是石油工程服务公司列出的所有账单；

（2）间接成本：录井给正在进行钻井施工的工程服务公司造成的窝工费用（钻机、泥浆泵组、固井泵、录井设备等）。

一般说来，录井的时间要占整个钻井过程的 5% ~ 7%。

录井成本的多少取决于操作水平的高低和所钻油井的类型（是勘探井、评价井或开发井），每种不同类型的油井都或多或少地规定了复杂的测量标准。通常以每米的钻探成本来表示，这样可以对不同区域的开发前景进行评估和比较。

每钻探 1m，直接成本就达 100 ~ 120 美元，另外还要附加 50 ~ 80 美元的间接成本。

4.4　开发成本

开发成本包括钻探开发井的成本，生产装置的成本以及运输石油所需的系统的成本。这些投资与项目起初的界定有密切联系。实际上，建造的系统必须和这个阶段的要求相匹配，所以说，在项目授权之前进行的各项评估是非常重要的。这个话题在下面的章节里会做进一步阐述。

4.4.1　项目授权之前的各个重要阶段

对项目进行了研究和评估之后，授权是最终结果，而每个阶段都力求把项目及其相关的投资规模和运营成本界定得更准确些。第一步是探索性研究，以后依次为初步研究和概念研究，最后是初步设计，这是授权项目前的最后一个步骤。整个过程如图 4.8 所示。

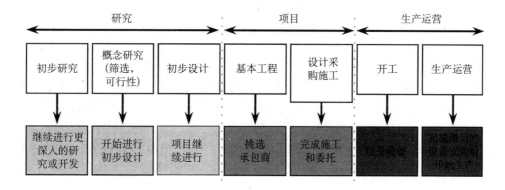

图 4.8　项目周期图

4.4.1.1 探索性研究

探索性研究的目的就是评估研究对象是否具有潜在的商业价值。探索性研究涉及到地质阶段，能够确定潜在的碳氢化合物资源，估测勘探井的成功几率，并且估算勘探过程中的开发成本。研究人员通常会参考3种地质类型，即："小型"、"中型"和"大型"，而且和其他类似的油田进行类比，然后制定开发框架计划，估算涉及到的资本成本和运营成本。利用这些数据可以帮助决定某个开发项目是否要继续进行下去。用这种方法做的类比和推断到底会有多大相关性要看获得的数据资料是否可靠。另外，如果使用新技术，上述类比方法的用途就受到限制了。

4.4.1.2 初步研究

初步研究的目的是为了对勘探结果进行初步的经济估算，以便决定以后应该采取什么措施，即：废弃不用，出售股份，继续圈定，进行长期的试采还是马上进行开发，当然最后这种情况较少见。进行这些研究的目的不一定是用来确定最优开发，而是根据获得的数据和经验确定最恰当的开发理念，把资本成本精确到30%～40%。

4.4.1.3 概念研究

概念研究是确定开发框架过程中最重要的阶段。如果能够准确把握最终想法就能最大可能地降低投资成本，这种说法无论如何强调都不过分。概念研究的目标就是找到这个"最终想法"。而这个过程会涉及到：

（1）全面搜索基础数据；

（2）对各种可能的技术方案（固定平台或浮式平台，地表（也就是安装在平台上的）井口或地下井口，空气冷却或水冷却等）进行详尽的比较。

（3）对实现设计计划的过程中出现的成本和困难进行可靠的比较。

如果可能，估测这个阶段考虑的不同方案有相似的精确度（通常大约在20%～30%）。

4.4.1.4 初步设计

如果可行，在概念研究结束之后和基本工程开始之前要进行初步设计的工作。

初步设计的最基本目标就是使投资方决定是否要继续进行开发，也就是说是否要授权此项目。这是个非常重要的决定。决策者不只需要产量的预测，还需要得到涉及全部运营范围的连贯而合法有效的技术画面。因此，初步设计阶段需要把概念研究中推荐的"最终想法"根据实际情况将其具体化、细节化，这样各种不确定性才能达到可以接受的程度。需要注意的是，尽管初步设计是最后的阶段，但是还有作出重大变动的机会。

初步设计通常要持续2～6个月的时间，通常能把资本成本的估算值精确到20%。为了使项目成功的可能性最大化，通常初步设计会以协议的形式确定下来，协议双方分别是：一方负责项目构想，另一方在将来负责管理本项目和运营商。这项协议阐明了相关参数和多种基本选择，同时把将要进行的优化研究具体化。

总之，有了以上各项研究结果，就能清楚要降低成本还存在不确定性，而且项目自身也存在多种风险，图4.9和表4.1中列出了这些问题。

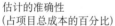

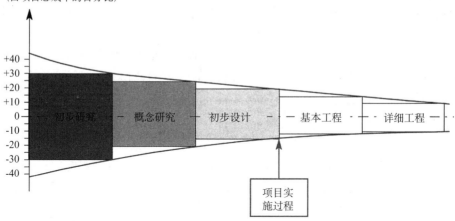

图 4.9　在项目进展过程中降低成本的不确定性

表 4.1　在项目授权之前的不同研究阶段

开发研究	目标	风险评估
可行性研究	进行广泛的可行性研究	认清风险（从性质上）
初步研究	首先对开发项目进行经济评估，收集基础资料数据，没有优化经营理念	认清存在的风险，评估与经济效益相关的不确定程度
概念研究	从多种研究方案（成本，规划，经济，风险）中确定合适的开发理念	与解决方案相关的种种风险分析 →选择理念 明确阐述各种不确定因素的情况下，论证其可行性
初步设计	对以下问题提供足够精确的技术解释和经济学解释： （1）决定是否继续此项目 （2）制定"项目行动计划"	风险分析 →有助于明确发展目标和"项目行动计划"

上述一系列研究要求众多工程师和专家的参与，这也是一部分成本。这部分成本具体是多少并没有硬性规定，但是作为全部预期投资的一部分，所占分配比例如下：

（1）初步研究：占 0.05% ~ 0.1%；

（2）概念研究：占 0.1% ~ 0.2%；

（3）初步设计：占 0.2% ~ 0.5%；

（4）基本工程：占 1% ~ 3%。

应该强调的是，把各项研究成本控制在预算范围之内很重要，同样不能忽视的是各项研究的进展需要遵循严格的时间表。在一项研究结束之后，通常有举行谈判和做出决定的过程，这是在年度计划中已经制定好的而且需要得到多方的批准。

上述各项研究的一个目标也是要产生一个项目的支出流时间表，其中要体现出估计每年支付的投资所占的不同比例，这与第一笔投资的日期和预测项目行动纲领的具体时间表也有关系。

这个时间表，也叫 S 型曲线，在很多方面都具有及其重要的作用。在做决策时，如果把一笔支出推迟到下一年能大大提高项目的经济状况。进一步讲，优化投资时间可能会改善项目构想。

许多参数都能影响 S 型曲线的形状。在绘制曲线时要适当考虑到项目的起始时间，持续时间，规模及性质（陆上／海上项目，管道项目等）。其他相关因素还有：支出费用（研究费用，设备费用，所签约的任务合同的支出），涉及到的国家，合同中规定的支付货币，支付方式（先行支付，按标准日期支付，使用补偿款等）。

作为第一近似值，可以使用图 4.10 中的曲线。

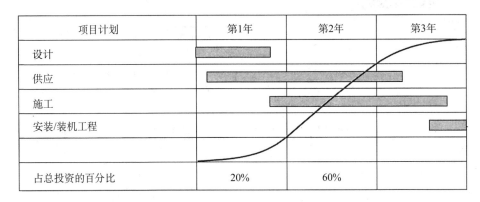

项目计划	第1年	第2年	第3年
设计			
供应			
施工			
安装/装机工程			
占总投资的百分比	20%	60%	

图 4.10   S 型曲线实例

4.4.2   开发钻井

与勘探钻井不同，开发钻井会出现重复操作，因此更容易规定建造周期和控制成本。可以延长实际的钻井时间等待完井，这会根据完井的复杂程度而有所不同。

在任何情况下，钻探开发井的速度通常比钻探勘探井的速度快，这一点从图 4.11 可以看出来。

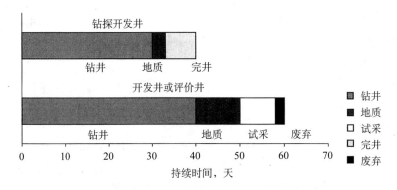

图 4.11   钻井过程中典型的时间分配表

如果在同一个油田连续钻探多个开发井，就有可能对连续几口井的技术参数加以优化，这样就能减少钻井时间。从图 4.12 中就能看出"学习曲线"效应，最近在海上钻探一口开发井所需的时间已经从 1 号井的 26 天减少到 7 号井的 13 天。

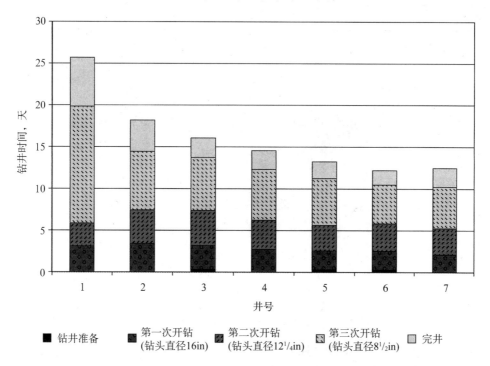

图 4.12　开发钻井的"学习曲线"

表 4.2、表 4.3 以及图 4.13 显示了海上开发钻井成本大幅度下降。

表 4.2　海上开发井成本结构分析

阶段	占总成本的比例，%
消耗品 井口装置、输油气管、钻头和岩心筒、附件、能源、水	34
后勤物流费用 固定价格（卡车、飞机、拆除石油钻机）	8
管理和监管 对项目本身和各项研究的管理、监管安排、地质和储油层	3
租用石油钻机 钻井合同，石油钻机的移机和固定	41
石油工程服务 泥浆、水泥、石油套管、监管、电测井、录井、其他服务、潜水队和 无人遥控潜水器、保险、租用其他设备	14
总成本	100
占总成本的比例，%	100
持续时间，天	55

注：产油井—东南亚—水深 70m，租用 300ft 作业水深等级的自升式钻井平台。

表 4.3　海上开发井成本结构分析（和表 4.2 同属一个项目）

	建立和拆除	钻井	地质	完井	总数
持续时间，天	1	33	5	16	55

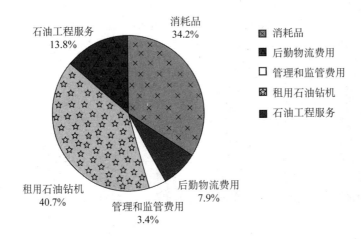

图 4.13　海上开发井成本结构图

有些特殊的情况会严重影响钻探开发井的成本，这可以从下面的实例中体现出来。

尽管绝大多数的勘探井和评价井都是垂直井，如今，50% 的开发井都是斜度井（倾斜度大于 60 度）或水平井。水平井的成本比垂直井高出 20% 到 30%（但是其生产能力是垂直井的 3 倍）。

另一个实例是高温高压井：这种油井需要更加复杂的油井装置和完井设备，因此使用的易耗品成本更高，这样就会使总成本增加 20%。钻探情况非常艰难的勘探井亦是如此。生产腐蚀性溶液的油井使用的完井设备是由特殊的冶金材料制成的，这会使其成本增加 20%。

此外，必须使用海底泵的产油井为了使泵正常运转，要用到多方面的维修。

环境条件的限制同样会影响到钻井成本。为了遵守国家法规，如果需要处理钻井过程中产生的碎石或液体废弃物，也要增加钻井成本。这种附加成本大致在 1% ～ 5% 之间变动。但是使用小口径钻井技术会降低成本，例如在生态敏感区巴黎盆地，这种技术可以使成本降低 10% ～ 15%。

4.4.3　生产设备和运输设备

如果一家公司想把开发钻井过程中使用的所有设备的费用都事无巨细地罗列出来，简直太愚蠢了。我们下面提到的只是常见的陆上和海上项目配置，还要讲到计算设备成本的传统方法，然后会列出一系列用来进行初步评价的单位成本和比率。最后对深海开发项目和液化天然气项目两个具体实例加以详细阐述。

不管是海上钻井还是陆上钻井，其生产、储集、分离、处理及运输原理都是一样的。

根据流出物成分和运输销售的产品规格的差异，其结构和设备也有相应的变化，当然还要估计周围的环境特点。

4.4.3.1 陆上石油开发

在陆地开发石油或天然气钻探油井，不管是隔离井还是丛式井都通过集油管线网络和生产加工设备连接在一起，而生产加工设备又连接着输送管线（图4.14）。下面要讲到生产设备的不同组成部分。

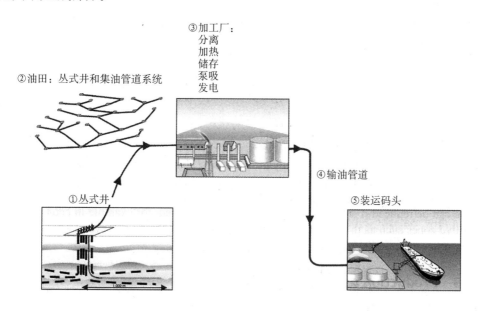

图 4.14　陆上开发结构图

（1）丛式井。

每一处丛式井通常有检测油井产油情况的设备。

（2）集油管线网路。

集油管道通常使用碳钢管道，但是偶尔也用更加精密的合金管道（不锈钢或双炼钢）或复合材料管道。集油管道内外壁都容易受到腐蚀，此外，矿物质（砂石、硫磺）或者碳氢化合物（石蜡、沥青烯）因为分解形成沉积或氢氧化物，使得管道内出现堵封、剥落的情况。所以集油管线网络要有阴极保护措施，或者配备能注入保护性或防护性化学物质的系统，加热和绝缘系统，能刮擦和检测漏缝的系统。

（3）生产加工设备。

来自油井的液体是由气态碳氢化合物和液态碳氢化合物组成，通常是水，有时也会有盐、砂和固体碳氢化合物。这种多相流，有时还存在乳状液和泡沫，必须进行分离。按照传统的做法，经过3个连续阶段，通过压差作用才能完成分离过程，这样，在被废弃之前，就能把流体废物（水和沉积物）和油气分离开来。选用哪种分离处理装置取决于流体的类型、质量以及要达到的规格标准。

（1）分离过程需要用到油气分离器、旋风分离器、水力旋流器、脱盐设备、过滤器、凝聚过滤器和倾析器，有时也用到板式塔。

（2）处理石油的过程主要是除去水、盐和多余的气体，这样才能按照传统方法储存、运输和处理石油。这个过程中最常用的装置就是脱盐设备和稳定器。

（3）气处理是要去除污染物（二氧化碳、硫化氢、水），并用凝缩的方法把重质碳氢化合物分离出来。要经过多个加工过程对重质碳氢化合物进行脱硫、干燥以及冷凝：分子筛，吸收床，化学或物理吸收，用冷却盘管或膨胀—再压缩的方式进行自身冷冻。经过压缩后的气体就可以运输或回注到储层，偶尔也加以储存。

（4）水处理过程需要有处理工厂和把水回注到储层的抽水设施。

（5）采油生产设施也能提供所需的公用工程服务（电力、水及其他作业服务）。

（6）用输油管道把液体输送到港口、工厂等。

4.4.3.2　海上石油开发

海上钻井的井口可能在钻井平台上，也可能在水下。既能用于地面生产也能用于海上生产的设备在海上石油开发中正得到日益广泛的应用。

在固定平台或浮仓这样的生产配套设施上安装了生产所需的设备（尤其是电力方面）以及所有的安全装置。由于载重、安装成本和维修等诸多因素的限制，通常只安装能保证把液体运送到岸上的海上加工设备。液体通常用管道运输，有时如果是石油，则临时储备以后装上油轮。预留的加工能力要保证产品符合供货规格。在生产平台上或专门的生活平台上建有员工宿舍、控制室、办公室以及其他娱乐设施。

海上石油开发有两种常见的类型：固定平台和浮仓。下面就分别对其进行阐述。

（1）使用固定平台的海上石油开发。

油井、处理平台和生活平台之间由走道相互连通，共同构成了一个生产综合体，还可以连接一个火炬平台（图 4.15）。

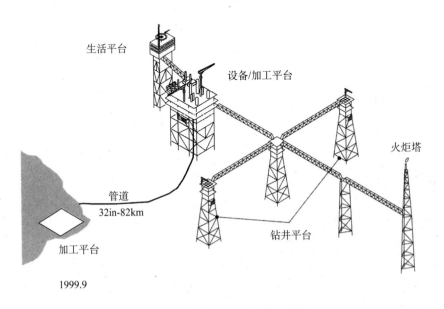

图 4.15　固定平台海上开发示例图

（2）使用浮仓的海上石油开发。

配套的生产设备是浮式生产储油卸油船，油船通过柔性管和水下的井口连接在一起（图 4.16）。

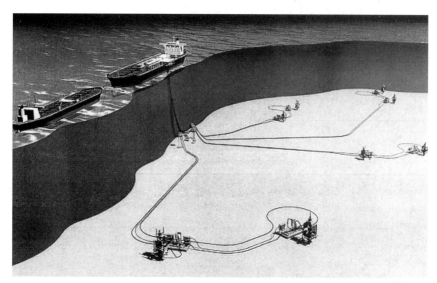

图 4.16　浮式生产储油卸油船海上开发示例图

4.4.3.3　影响开发成本的重要参数

开发油气田的资本成本可能会高达几十亿美元。确认并且估计这些重要参数的价值是非常重要的，因为只有这样才能做到正确地界定项目、评估项目的可行性，因为其中一些参数会对成本产生巨大的影响。

（1）油气田的情况和开发限制条件。

对于陆上石油开发而言，地形特点是决定开发成本的最主要的因素。而在海上石油开发中，海水深度则是最主要的，有常规深度（300m 以内），深水（1500m 以内），超深水（超过 1500m）。

（2）海洋气象条件。

在极端环境下钻采石油和天然气就要安装昂贵的生产设备：钻井平台必须能够经受得住恶劣的天气，比如北海的风暴，墨西哥湾的飓风以及泰国湾的台风。

（3）储层类型。

储层参数能决定钻探油井的数量以及油田采用的是注水还是注气的填充方式。

（4）采集的液体成分、压力和温度。

为了方便运输和销售，加工石油产品的过程受到以下因素的影响：硫化氢、二氧化碳和沥青质的含量、高压或高温、气油比和 API 度等。高压和高温要求的是重型设备，有时还要使用高科技材料制成输油管道和压力容器。例如，工作压力为 50bar 的情况下使用的直径为 10in 的集油管的成本大约为每米 30 美元，但是工作压力为 300bar 时，每米集油管的成本就要高达 150 美元。

4.4.3.4　开发成本汇总表

表 4.4 是评估师作出的典型的成本汇总表，评估对象是一家陆上天然气处理厂。做表

的方法会在后面的内容中讲到。从表中可以看出，尽管技术成本很重要❶，也只是全部评估成本中的一部分。还有一些成本是与开发研究、调查、项目管理和保险等有关。

表4.4 成本结构示例：陆上天然气处理厂

项目信息	
特点	
气流：1000mm·s·ft³/d	
油流：90573bbl/d	
设备重量：2245t	
成本汇总	**比例**
直接成本	
加工设备	42%
公用设施	11%
辅助设备	2%
基础设施	3%
总直接成本	**58%**
间接成本	
技术设备	
建筑相关成本	
运输设备和大宗材料	
总间接成本	**6%**
技术成本	
工程成本	10%
建厂成本	**10%**
基本工程，调查	
项目管理	
委托	
保险	
机动费用	**16%**
总成本	**100%**

4.4.3.5 单位成本与标准比率

表4.5列出的是主要生产和运输设备的各种标准成本数据，这是开发初期的成本花费。

表4.5 生产和运输设备：标准成本和比率（2007年一季度）

主要设备		
碳钢压力容器（小于5t）	15～35	美元/kg
（5～20t）	18～20	美元/kg
（大于20t）	5	美元/kg
不锈钢压力容器的倍数	3.0	

❶技术成本指的是所有间接成本（主要设备，大型项目如管道工程，阀门和配件，电力，仪器使用，预成建材和现场建筑）和直接成本（设备运输，临时安装等）的总和。

大宗材料		
碳钢管道（包括配件）	6～7	美元/kg
不锈钢管道	20～22	美元/kg
双炼钢管道（包括配件）	25～30	美元/kg
结构用钢	1.5	美元/kg
碳钢输油管线	1.5～2.0	美元/kg
运输成本		
上述各项价格的5%～10%		
管线		
设备	20～40	美元/in/m
铺设费用：陆上　沙漠	6	美元/in/m
平原	10～12	美元/in/m
山区	60～80	美元/in/m
海上	10～30	美元/in/m

劳动力成本，美元/h

国家/地区	陆上施工	工程设计管理
法国	42.8～51.3	119～132
英国（1美元=0.5英镑）	58	92
挪威（1美元=5.96挪威克朗）	70	103
远东地区（印度尼西亚）	15～20	30
墨西哥湾	35	80

海船，千美元/d

国家/地区	供应船	载重小于2500t的起重船	载重小于6600t的起重船	铺管船
北海	20	1100	1300	400～1100
中东地区/远东地区	8～10	300	850	500
墨西哥湾	5～10	300	850	400

间接成本

陆上或海上的管线项目	占到技术成本的15%～20%
其他项目	占到技术成本的25%～40%

4.4.4　概算开发成本的方法

　　我们的目的不是给读者讲授成本估算的课程，只是为了使读者了解前面提到的概算人员计算成本时使用的主要方法。在此之前，我们在这里解释几个术语和缩写，非专业人士通常不理解概算人员使用这些术语和缩写的意思。

4.4.4.1 什么是成本概算？

概算是指估计工业项目的成本费用最可能达到的数值，并且在未确定所有投资参数之前就对成本费用做出详尽阐述。

应该记住以下几点：

（1）概算得到的是项目成本的最可能数值，但不是最低值。由于供货商和其他公司之间的竞争比预期的更加激烈，或者是可以由其他供货商来做石油的倾倒工作，这些都会降低实际成本。不过，概算人员不会只考虑有利的方面。

（2）概算提供的只是成本估计的数字，不是精确的预测：计算设备的安装费用不能只参考价格表。有一些数量问题，比如：框架结构的重量，管道的重量，混凝土的体积，电缆的长度等等，上述各项的具体数值在初步研究、概念研究甚至初步设计阶段都还没有确定下来。这不同于承包人投标工程，他必须首先计算工程中所用材料的数量，这样才能根据单位成本或价格表确定工程的投标价格。

4.4.4.2 概算基础

要完成一份完整的概算表，还需要详细说明以下两个方面的内容：

（1）项目的技术界定，技术界定依据的一系列技术文件，概算的局限性和例外情况。

（2）经济学基础，即日期、货币、汇率等。需要注意的是，概算通常使用的是固定价格，不考虑未来的通货膨胀问题。财务部门制订出项目预算之后，其中出现的金额都会被转变成现行的价格。然后其他主管部门会附加融资费用、地方税收、海关关税等，这样才能得到一份完整的项目成本费用表，其中的各项费用都用本国货币表示。

（3）成本计算的准确性主要取决于采用的方法和研究的深度。

4.4.4.3 成本概算表的结构

从广义上讲，成本概算包括直接成本和间接成本，这两种成本涵盖了技术成本、其他多项费用以及机动费用。下面将会对各项内容加以解释。

（1）直接成本。

直接成本的一部分是钻柱、分离器、动力头等主要设备的成本，这些设备都是加工厂和公共设施必须的；直接成本的另一部分是二次设备和散料设备的成本，如：管道，阀门和配件，电缆，检测仪表，包层等。直接成本还包括施工费用，包括了在陆上预先制造配件和海上平台模块的费用和现场施工费用（安装和连接）。

（2）间接成本。

间接成本包括运输设备、材料和各种框架结构的费用以及船舶设备的转移和固定费用。

一般费用，通常所说的 EMS（工程、管理和监督），包括以下内容：

①工程部分，也就是基本工程和详细工程设计部分，还有审计和认证部分，这些通常由外部服务提供商完成。

②项目工程结构的试运行。

③管理和监督项目小组，在项目实施的不同阶段，项目小组灵活调动。

④对施工和安装阶段的工程结构进行投保，子公司产生的海关关税也被计入间接成本。

有时会用到设计采购施工成本这个术语，与之相对应的是基础建设施工合同中规定的费用，也就是，技术成本与负责工程施工的承包商的总成本的和。按照这种合同的安排，如果总承包人的成本，也就是"公司成本"有所变动，也必须增加设计采购施工成本。"公司成本"指的是基础工程、现场勘验、管理、项目监督和保险等方面设计的费用。

（3）机动费用。

对工程项目的技术界定和对周围环境的熟悉程度会直接决定成本预算的精确性。不管处于项目的哪个阶段，概算中都不能没有对机动费用的监管，用于没有被明确或量化的不确定情况。

4.4.4.4　几种主要的成本概算方法

概算成本的方法有很多种，适用的阶段各不相同（图 4.17）。

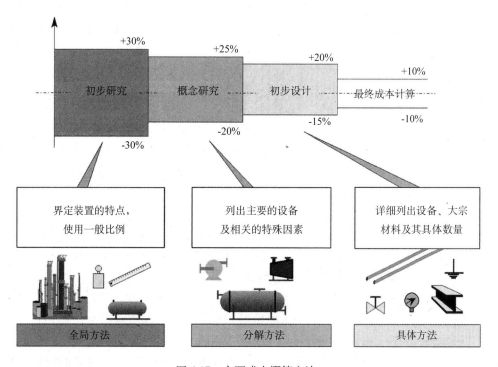

图 4.17　主要成本概算方法

（1）与已知费用加以类比的方法。

从广义上讲，这种方法适用于开发研究或筛选工作。概算成本时，需要参考目前同类型但是不同产能的装置的已知（或更新后的）成本。通常认为两种装置的成本费用之比等于其产能比乘以 0.6（0.6 也被称作"比例系数"）。这种经验方法只是适用于彼此产能相差不悬殊的装置。

（2）因数法。

因数法的应用范围很广，尤其适用于初步研究和概念研究阶段，甚至有时也用于初步设计阶段。因数法是基于这样的经验，即：加工厂的设备或包括辅助设备和建筑物在内的公用设施的直接建设费用和设备主要部件的成本之间存在相当稳定的关系。后者通常用小型计算程序或设备数据库来计算。利用专门适用于某种设备的乘数就可以求出直接建设费用。

这些设备的成本费用还需要把以下各项计算在内：建筑厂址征地的费用，辅助设备或现场外的安装费用（储存设施和卸货设施，灭火和公共设施网络，管道连接，工业建筑物及其他便利设施）和必要的基础设施（公路，电缆，码头或港口等）费用。

最后一点，间接成本、一般费用和预留的机动费用通常都是用百分制来概算的。

（3）具体方法和概算方法。

这种方法是要解析性地概算某个项目。既然在目前的研究阶段还不能确定大宗材料的数量，可以把它们概算成主要设备的一部分。例如，设备某部分支撑结构或管道的重量可以用设备重量乘以一个系数算出来。生产或现场施工的工时也可以用乘以系数的方法计算出来。据估计，制造固定平台底座时，每吨耗时 60 ~ 80h；制造每吨普通钢制管道需300h。最后，参考每小时的人工成本和劳动生产率就可以把这些小时数转换成成本费用。

对项目的一般费用，会进行尽可能详尽的概算。例如，按照设备的构件数量计算安装工时，根据未来合同策略和工程团队的组建情况概算管理监督成本。

4.4.4.5 项目工程的反馈信息

在起步阶段和概念阶段，大多数的概算都要依据设备主要构件的成本，通过因数法得到。因此我们有以下两个要求：

（1）有关设备主要构件的数据库，数据库尽可能完整而且定期更新。

（2）下面与项目有关的信息也是反馈的内容：与设备主要构件相关的二次设备的数量，制造和建筑施工花费的工时以及根据不同领域和结构类型细分的各种成本费用。这样可以对未来的成本费用作出尽可能精确的概算。

在设计采购施工合同中，很难得到这方面的反馈信息，主要有以下几点原因：首先，我们很难获得设备成本数据，特别是二次设备的数据资料，而且通常由承包商购买设备。其次，尽管知道合同的价值总额，但是把这项总金额细分成不同的组成部分并非易事，实际上，承包商对总价格的分配也只是随意的。

4.4.4.6 机动费用

这项费用是为了应对项目支出费用中出现的意外变化，在概算时会预料到可能发生某些支出但是并不肯定（或者说没有确定下来的费用）。实践经验表明，从统计学的角度来讲，会出现这样的问题。这些不确定性包括：对技术规格稍作变动，规则的修改，特殊的建筑问题，供货商的延误，或者是劳动力成本或劳动生产率变化等。

正如前面提到的，机动费用不能用于以下涉款巨大的开支，尽管以下事件出现的可能性很小：

（1）项目技术规格的重大变化；

（2）气候条件异常；

（3）发生灾难性的事件或自然灾害；

（4）政治动荡，不可抗力的情况；

（5）市场异常波动，或是竞争失败；

（6）合同战略或计划的巨大变动等。

4.4.5 实际开发项目

下面提到的是两种不同类型的石油开发项目：深海或超深海海上开发项目和液化天然

气供应系统（整个过程包括液化、运输和再蒸发）。

这两个项目开发实例能使读者更清楚地了解石油工业中项目总成本的庞大，尤其是以桶为单位的石油或用单位热量表示的天然气的技术成本。

4.4.5.1　深海和超深海

大家很关注的一个问题是：现在许多公司对超过 1000m 甚至有时达到 2000m 的水下勘探很感兴趣。

水下技术的发展进步意味着现在能以有竞争性的成本在这个深度开采碳氢化合物。

水下 300 ~ 400m 的采油是大家很熟悉的，这个领域的技术进步使其开采成本大幅度降低。从这个深度开采石油，20 世纪 80 年代，每桶的成本是 13 ~ 15 美元，到 2000 年，则大跌到 5 ~ 7 美元，但是在 2007 年，又涨到了 13 美元。

对水下勘探的结果进行分析后，可以看出开发更深水域的资源在经济上是行得通的。有很多生产理念已经被证明在中等深度的水下是行得通的，这实际上对评估超深度的海上开发项目有所帮助（图 4.18）。

图 4.18　深海钻井构思图

当前石油工业正在致力于深海石油开发（超过 1500m），但是目标却是 3000m 的水下。

（1）成本方法论。

对可能实施的开发项目进行评估需要依据两类主要参数，这些参数能够反映储层的特点及其地理位置。

通过"推测性的"地震勘探调查和对当地地质情况的解释可以得到有关储层的多个参数。利用这些参数就能估计油气田的规模大小，也就是油气田的储量和储层的范围以及油气田的储藏潜力，即储层密度、储层的产量以及产出液体的种类。

第二类参数包括"物理"数据（如：离海岸的距离远近、水深、海底下储层的深度等）

和与环境相关的数据。后一种数据和以下的各种因素有关：海洋情况和气象情况，已经建好的石油基础设施及其应用范围，油气生产的市场前景，地方法规，税收制度等。

这些参数数值能帮助评估人员制定最合适的开发计划。

（2）资本成本估算实例。

通过例证的方法，分析位于水下1500m、规模和位置都不同的两处油气田，估算其投资成本。

①在几内亚湾进行勘探。

进行勘探的地点位于几内亚湾水下1500m处。此处的碳氢化合物呈现几种分布形态，绵延90m²，主要覆盖了海床下900～1700m的区域存在的多油层油藏。估计其石油产量会达到7.5×10^8bbl，油田的寿命会长达20～25年。石油产量会稳定在20×10^4bbl/d。

由于当地石油开发的基础设施不足，而且距离石油销售市场很远，因此需要依赖浮式生产储存卸货装置布置一个网络从海床下采集石油（图4.19）。

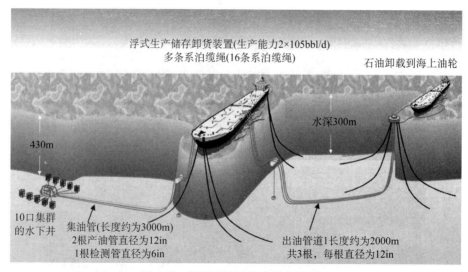

图4.19　深海开发图例（几内亚湾）

由16条系泊缆绳固定的浮式生产储存卸货装置包括一个长300m，宽60m的船体，其储油量达200×10^4bbl。上部甲板的独立平台模块上设有处理厂和其他公用设施。估计其净重能达到2×10^4t。

生产井和采油管汇相连接，同时，集油管线也和采油管汇相连。每根生产线都有两根管道，管道外面裹着金属层包着的泡沫塑料，以达到热绝缘的效果。每两个注水井为一组和注入管汇相连接。3个注水井则由3根独立的管道和浮式生产储存卸货装置相连接。

生产线、注水管线和注气管线由柔韧而且热隔绝效果良好的管道和浮式生产储存卸货装置相连接。每根连接油井和平台模块的生产线、注水和注气管线上都安装着发挥指挥控制作用的线路。

用泵把石油抽到装油浮筒中，装油浮筒被固定在距离浮式生产储存卸货装置2000m的地方。伴生气被重新注入到储层顶部。

为了明确开发计划对每口井可采储量大小的灵敏度，下面研究的是两个产油区，其产油井、注水井和注气井的数量总和分别为 48 口和 63 口。

估计资本成本时参考的是几内亚湾和巴西的石油勘探项目（表 4.6）

表 4.6　几内亚湾的勘探项目：开发投资

水深：1500m　　储量：7.5×10^8bbl

项目	实例 1：48 口井	实例 2：63 口井
采油平台，百万美元	1700	1700
水下设备和控制系统，百万美元	1000	1300
集油管线，百万美元	1700	1900
公司成本[①]，百万美元	600	700
后勤供应，百万美元	500	600
钻井，百万美元	2000	2600
资本成本总和，万美元	7500	8800
资本成本，美元 /boe	9.9	11.7

[①]公司成本包括项目管理和监督、调查研究、前期准备工作及保险等诸多项费用。
[②]墨西哥湾的开发项目。

　　这个勘探区域位于墨西哥湾 1500m 的水下。储层呈带状分布，面积达 22km²。该地带属于多层型，处于海床下 1800 ～ 3000m 的位置。估计其储藏量为 1.8×10^8boe，开采时间长达 15 ～ 20 年。每天的最高产量能保持在 60000bbl 石油，1×10^8ft³ 天然气。15 口油井就能达到这个产量。

　　采用的开发理念中使用的是下面带有很长的转柱的单柱体浮式采油平台（图 4.20），转柱的表面安装有管头，使用现有的设备就可以进行生产。和海底开发的情况不同，这种设计的优点是，同一个生产平台既可以钻井也可以进行生产，而且修井时也不必移动钻机的位置。这个系统同时也克服了把多相液体长距离运输的问题。单柱体浮式采油平台在水面上有一个圆截线平面的漂浮装置，沿着浮选罐还有生产模块和钻井模块。

　　圆柱壳直径为 37m，高度达到 215m，中间有一个边长为 18m 的正方形空腔，空腔内安装有立管。单柱体浮式采油平台由 12 根半拉式悬链缆绳固定。立管的作用是连接海底和平台的井口，船体的空腔内有浮选模块，浮选模块产生的拉力能

图 4.20　画家印象中的单柱体浮式采油平台

稳定立管。立管和单柱体浮式采油平台的龙骨之间有特殊的连接，能使立管的运动不会偏离平台太多。

钻井模块和生产模块，占据了3层甲板，每层甲板长达55m，总的表面积大约是9000m²，把容纳110人的生活区部分包括在内。模块的净重约为9000t。所有的井都提前打到了表层套管的位置。其中的4口井已经钻到了目标油层，这样在安装好设备，完成了各种连接之后就可以尽快地投入生产了。钻探其他油井时，就可以在单柱体浮式采油平台上进行作业。

进行分离后，通过两根独立的管道把各种产品输送到位于浅水区的设备，输气管道直径为10in，长度是60km，而输油管道的直径为16in，长度为70km。

根据表4.7的数据可以估算资本成本。

表4.7 墨西哥湾的勘探项目：开发的资本成本

水深：1500m　储量：1.8×10^8bbl

项目	资本成本
生产平台①，百万美元	900
海底设备及控制系统，百万美元	—
集油气网络，百万美元	—
油气输出系统，百万美元	100
公司成本②，百万美元	180
后勤供应费用，百万美元	120
油气井钻探，百万美元	300
资本成本总额，百万美元	1600
资本成本，美元/boe	8.9

①生产平台包括钻井设备、生产立管和输出立管。
②公司成本包括项目管理和监督、调查研究、前期准备工作以及保险等诸多项费用。

从以上两个深海钻探项目可以看出，因为所处的地区不同，规模不等的油田的单位技术成本也有很大的差异。

4.4.5.2 液化天然气的供应体系

除了天然气的生产工厂和天然气凝析稳定加工厂，液化天然气的供应系统中还有以下多个子系统（图4.21）：液化厂，可以处理加工天然气，冷冻和液化原料气，储存并装载液化气；运输液化天然气的油轮船队，其职责是把天然气从加工工厂运送到卸货（转运）码头（或油库）；到货终点，在到货终点可以对液化天然气进行再气化，到货终点也可能是联合电站。

（1）描述。

下面论述的是液化天然气的供应体系中的每个环节的主要特征。

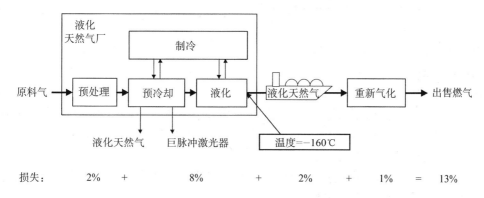

图 4.21　液化天然气的生产过程

①天然气的液化（图 4.22）。

对天然气的污染物含量有严格的限制（二氧化碳的含量介于 50 ～ 100mL/L 之间，硫的含量大约是 3mg/L）。天然气液化过程的上游处理装置比传统的脱液装置要昂贵，在这个阶段处理原料气中的汞，最后在制冷前通过分子筛对气体进行干燥处理。

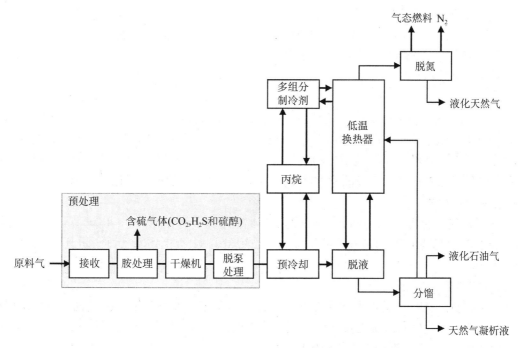

图 4.22　液化天然气工厂简化流程图

通常要经过两个制冷循环才能生产出液化天然气。第一个循环经常会产出纯净的丙烷，这个循环降低原料气的温度（一般会降到 −30 ～ −20℃）和冷冻剂的温度，以备在第二个循环使用。第二个制冷循环使用的是氮和轻质烃的混合物，这样可以冷凝天然气，并且将其温度降低到 −160℃。这些装置都是燃气轮机或蒸汽涡轮驱动的大型压缩机。

在换热器中对天然气进行液化（一套机械装置中只有一个换热器），这种换热器的散热面积很大。一般使用的是直径 4m 的螺旋管式换热器，有的高度会达到 60m。

根据原料气中氮的含量不同，要把液化天然气输送到脱氮装置中，把含氮量降低到可以接受的水平以便于运输（通常规定含氮量为 1%）。被脱氮装置分离出来的含氮量较高的废气则被重新用作气态燃料。

通过分馏装置可以把重烃分离出来，同时，分离装置会产生一种乙烷含量较高的气体，这种气体被重新输送回液态天然气中。此外，从分馏装置产生的液态丙烷／丁烷可以被重新注入到液态天然气中，也可以作为一种单独的产品进行销售，生产出的最终产品具有轻质凝析液的特征但是密度会更大。

接下来，就把被液化的天然气储存到配备有装油泵的常压低温容器中。液化天然气因为蒸发产生的气体由专门的压缩机被重新用作气态燃料。

用低温装卸臂把液态天然气从装载区输送到液态天然气罐中。因为这些运输船只的规模大小和吃水深度（大约为 14m）有所区别，在产品运送过程中必须采取各种防范措施，所以需要有专门的导流堤／码头和相配套的码头设备。大型的液态天然气工厂可能会拥有多处导流堤／码头。例如，印度尼西亚的柏唐液态天然气工厂就有 3 处导流堤／码头。

天然气液化工厂需要有以下设备和条件：冷却循环系统（一般使用海水进行冷却），重沸器安装有加热系统（使用蒸汽、热油或热水），气态燃料，电能、压缩空气和氮气（防止发生化学作用），收集和处理液体流出物的系统，还有天然气火炬和液体燃烧的系统。

可以使用空气进行冷却，但是所有的大型工厂（除了澳大利亚的西北大陆架公司外）都使用海水做冷却剂。

②运输。

液化天然气市场的一个特点就是签订的合同都是长期的，而且通常会有油轮组成的专门船队负责运输液化天然气。船队油轮的规模和数量与每年需要运输的液化天然气的数量和运输距离有密切的关系。最常用的油轮能装载液化天然气 $13.5 \times 10^4 m^3$ 或者 $6.5 \times 10^4 dwt$，如果用能量术语来计算，每艘油轮的载重量为 $3 \times 10^{12} Btu$。载重量多达 $25 \times 10^4 m^3$ 的大型油轮正在建造过程中。

一艘装载液化天然气的油轮的航行速度通常为每小时 18～19n mile。最远的运输距离（从中东到日本）大约是 6300n mile，而最短的（从阿尔及利亚到西班牙）距离只有 350n mile。

③再度气化。

抵达到货终点后，就把液化天然气转移到储存罐中，接下来是气化过程，然后用低温泵进行罐装，最后销售给最终用户。在到货终点的设备里如果液态天然气发生了自然蒸发，生成的气体在罐装之前被重新注入液态天然气中。这个气化过程可以在滴流式蒸发器或淹没式火焰气化室中完成。如果生产的天然气的热量值过高，就在销售的天然气中添加氮气或空气。

（2）生产装置的规模。

为了估算资本成本，了解工厂的生产能力和液化天然气专用火车的装载量是非常重要的。

①工厂的生产能力。

2006 年，全世界有 21 家液化天然气生产厂家，其年生产能力从 $110 \times 10^4 t$（阿尔及利亚的甲烷液化公司, 于 1964 年开始把天然气运到英国) 到 $223 \times 10^4 t$ 不等 (印度尼西亚的柏唐), 而 $110 \times 10^4 t$ 大约相当于 $8 \times 10^8 m^3$。天然气的储量大小和市场规模决定了工厂的生产能力, 因为工厂要加工天然气, 并把产品销售到市场上去。

不过, 阿拉斯加的基奈液化天然气工厂只有一列液化天然气专用火车; 其他的工厂都有多列专用火车。拥有专用火车最多的是柏唐, 多达 8 列。

②液化天然气专用火车的载重量。

新设计的液化天然气专用火车的年运输量已经超过了 $510 \times 10^4 t$ (卡塔尔天然气公司), 火车使用的是更加强大的机械驱动。液化天然气专用火车的规模大小是按照工厂瞄准的目标市场设计的, 当然也考虑到制冷机的最佳产量 (按照初步设计, 每天生产一吨液化天然气需要的制冷机功率为 14kW)。

大功率的工业用燃气涡轮发动机的品种不多, 而且需要选择功率合乎要求的发动机。在挑选涡轮发动机的额定功率时, 一定要记住涡轮发动机的实际功率还要取决于周围空气的温度 (温度每变化一度涡轮发动机的输出功率会有 0.7% 的变化), 因此液化天然气专用火车的装载量和温度有密切的关系。

还应注意, 大多数天然气液化厂都经历过消除瓶颈、扩能改造的阶段, 并且在此后产量比开始 ("设计" 生产能力或者 "额定" 生产能力) 增加了 10% ~ 40% 甚至更多。

③储存能力。

按照通常的做法, 贮藏量不应该少于油轮的储量和工厂满负荷运转情况下数天产量的总和。具体规定几天取决于具体情况, 特别是可以使用的油轮的储量 (比如说, 有时因为天气原因油轮无法使用)。根据初步估计, 应该规定 4 ~ 5 天。

用于盛装液化天然气的气罐数量和体积不但要取决于产量, 还要考虑到单位成本。和小型气罐相比, 大型气罐的单位成本更低。液化天然气的储气罐通常比较大, 在 1999 年, 地面上储气罐的储量就高达 $14.5 \times 10^4 m^3$。

④运输液化天然气的油轮规模。

目前, 运输液化天然气的标准油轮的装载量是 $13.5 \times 10^4 m^3$, 但是对于短途运输而言, 会因为目的港各种条件的限制而选择小型油轮。

(3) 能量损耗。

在液态天然气的供应循环中, 需要估计其平均能量效率, 任何技术经济分析都不能缺少这个参数。

天然气液化工厂需要 10% ~ 12% 的原料气用于工厂自身生产。这个比例具体是多少要取决于多个因素, 比如: 生产前的预处理, 把液化天然气装上油轮上的装置, 能量来源 (燃气涡轮机或蒸汽涡轮机) 以及液化加工过程的固有效率。

在液化天然气的运输过程中会产生蒸发损失, 这部分损失的燃气可以做油轮锅炉的燃料。此外, 油轮返程时, 使用一定量的液化天然气可以防止储存区域温度升高。按照路程远近不等, 可以用于销售的液态天然气的损耗大概在 1% ~ 3%。在重新气化的过程中还要使用大约 1% 的液态天然气。

在液态天然气的整个供应循环中, 全部能量损耗大约占到了原料气的 13% ($\pm 2\%$)。

(4) 技术成本。

在文字材料中最常见到的技术成本的其中一个量值就是某些具体的项目成本（只限于交钥匙工程的成本计算或承包商的成本计算），单位是美元／（t·a）。因为技术界定的不同，这些具体成本费用通常会在500美元／（t·a）到800美元／（t·a）之间变动，而且还与多种环境因素有密切的联系，例如：天然气的成分，劳动力成本，海上和陆上的生产地点准备是否充分，设备是否充足，以及生产地点的远近和后勤供应情况等。技术成本还与签订工程合同时的市场情况有关。要初步估算天然气整个供应过程的成本费用，可以使用表4.8中列出的各种数据。

表4.8　估算液态天然气供应流程成本使用的标准因素

工厂（生产能力 500×10^4 t/a，2列专用火车）	估算成本（单位：百万美元，2007年价格标准）	在总成本中所占比例 %	成本波动空间（单位：百万美元，2007年价格标准）
施工准备	150	6	50～200
加工	250	10	100～400
液化	900	34	
分馏	50	2	
公共设施	450	18	
存储	300	12	
转移	50	2	30～100
港口	100	4	20～500
码头	200	8	
导流堤	50	2	15～50
水供应	50	2	
合计	2550	100	
卸货码头	估算成本（单位：百万美元，2007年价格标准）	在总成本中所占比例 %	成本波动空间（单位：百万美元，2007年价格标准）
存储	300	33	
转移	80	9	50～100
港口	100	11	5～350
码头	50	5	
导流堤	30	3	15～50
蒸馏器	200	22	
共用设施／其他	160	17	
合计	920	100	
液化天然气油轮（容量 1.35×10^5 m³）	单位成本（单位：百万美元，2007年价格标准） 150～200		

　　假设一个液态天然气工程项目每年涉及的行驶距离长达 6000 海里，运载量为 5×10^6 t/a。使用表 4.8 中的数据进行简单的估算，最后可以得出生产成本到岸价❶大概是 3 美元 /10^6Btu，其中包括重新气化的费用但是扣除了原料气的费用。这些费用可以按照图 4.23 加以分析。

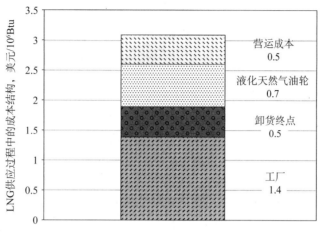

图 4.23　液化天然气供应过程中的成本结构

（单位：美元 /10^6Btu，不包括原料气）

4.5　运营成本

　　运营成本指的是工厂经营过程中的所有花费支出。缩写词 Opex 指的是营运支出，区别于缩略语 Capex 表示的资本支出。但是，有时这两个术语之间的区别并不十分明显，而且与具体的组织或公司以及工厂所处的位置有关。例如，因为法律或财政的缘故，有些公司宁愿租赁而不愿购买设备，因此，这样做就增加了运营成本而降低了资本成本。

　　运营成本中大约有 2/3 涉及到以下 4 个主要项目：运营公司提供的所有支持（约占全部成本的 20%），井下 / 井上施工费用（约占全部成本的 15%），维修和后勤管理费用（各占全部成本的 15% 左右）。

　　以上 4 项成本中，人力成本通常占一大部分，当然这要取决于业务外包的范围，剩余的则是签约，采购和服务的费用。

　　支出费用剩余的 1/3 涉及到的各种项目的花费占到总成本的 1.5% ~ 8%，包括工程验收、安全防范、油井维修及增加新的劳动等。

4.5.1　运营成本的分类

　　运营成本可以根据其运营性质（人力、服务、供货）或者经营目的（生产、维修，安全等）进行分类。

　　如果对生产经营活动按照性质加以分类，通常应该和会计管理保持一致，有些国家对

---

❶到岸价：这个价格包括雇佣的机器的费用、保险以及到达目的港的海洋运输费用。

此有法律规定。这些经营项目具体包括：

（1）人力成本、起居用品、生活费用、交通等；

（2）消费品成本（燃料，能源，润滑剂，化学药品，办公用品，管道、钻柱、接头等技术设备，催化剂，分子筛，包层，实验室供给，零散的安全装置，备用件，居家用品，食品）；

（3）通信费用，各种租赁费，服务和维修合约。

如果把生产经营活动按照目的进行分类，就可以在分析时把成本费用和运营商的目的紧密结合起来。下面就是这样一个实例：

（1）直接成本包括井下（修井）和井口上的生产活动，油气井的维修和井口附件的设备安装，增加新的劳动（不包括资本支出），验收，后勤服务，安全，工地管理；

（2）运输成本是指与传输管道和装卸货港有关的费用；

（3）简接成本，包括技术扶持、管理公司职员和总部职员的费用。

分解成本费用时必须严格准确地履行规章制度，这样在油气田的整个生产期都可以监控成本的变化，可以比较设施的成本，这样就可以估算计划安装的设施的成本。

运营成本会因为条件和环境的不同有很大变化。我们在这里列出的只是大致的数量级：运营成本的变动幅度很大，从 0.5 ~ 6 美元 /boe（1boe=6.119×10^{9}J）不等，这取决于以下的各种因素：

（1）提炼天然气、石油、重质油等的难易程度；

（2）油气田的规模；

（3）不同的地理条件（海上或者陆上等）；

（4）区域不同（沙漠、丛林、北极地区、温带等）。

图 4.24 表示的是如何根据使用目的划分运营成本的两个具体实例，分别是海上油气田和陆上油气田。

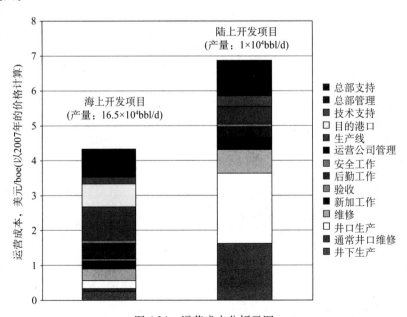

图 4.24　运营成本分析示图

4.5.2　运营成本的控制

为了严格控制运营成本，在起初的概念研究阶段选择开发架构和运营方案时就确定采取严格的方法。在这个阶段，整体优化方案特别是资本支出和运营支出之间的权衡就能实际地确定下来。整体优化是通过各种工程研究（具体详细的安装设计、设备的选择）和准备工作（合同的补充及转包政策、组织后勤工作）才能实现。

应该对运营理念给予特别的重视，因为它对人力成本会产生直接的影响，人力成本在整个油田中占有很大的份量。在计划油田的各种安装设备时，就要使劳动力达到最优化，这一点非常重要。如果认为使用那些陈旧的方法，比如操作人员进行远程监控，可以节省人力成本，这只是不真实的幻觉。这样做会增加生产过程中雇佣的劳动力而减少维修操作，最终会导致财政紧张。不考虑其他额外的支出，仅加工成本一项每年就超过10万美元，也就是说，10年需要花费100万美元，远远超出了雇佣劳动力需要花费的资本成本。

在经营阶段，控制运营成本应该采取如下步骤。

4.5.2.1　成本控制

为了能够很好地控制运营成本，可以把运营成本分成多个不同部分：目录、明细、设备成本、零部件成本和其他多种条目。必须建立一个记录各项支出的系统，这个系统能够自动工作，能把各项数据分解到不同层次目录中。计算出每个层次的成本后才能加以分析和比较。

4.5.2.2　最优化

对支出进行分析，先从最大的项目入手，通过参考现行的各种做法和技术标准，明确哪些方面能够节约开支。在以下几个方面可能可以减少支出：

（1）人力成本（精简组织机构、机械化、自动化、转包合同）；

（2）化工产品的消费（存放、改换供货商、改变加工过程）；

（3）使用备用件（分析参数、进行冶金分析、更换材料、改换供货商）；

（4）储存成本（改变供货和存货政策、标准化）；

（5）检查维修政策。

例如，在一个地方，对24台燃气轮机（每台的单价介于20万～80万美元之间）进行检修的时间间隔受到了质疑。根据这些机器以往的使用情况来看，可以把检修的平均间隔时间延长到3～5年，这样可以把这个地方的总维修费用降低5%。

还必须考虑到，在将来生产会发生动态变化，比如油气储层数量的减少，对辅助回收技术的需求，新发现的储层要进行生产等。还要考虑到经济气候的变化和其他变数，因为后者会在长时间内影响到安装的各种设备（设备的老化和退化及扩展）。

发展前景不佳或者经济形势下滑，会对运营状况的优化起到抑制作用。相反，如果组织结构发生变化或者项目进行大规模的扩建中实现了设备安装的现代化，这样会改进运营状况的优化过程。

4.6 控制成本

对于负责设计和执行项目的团队而言，如何保证设备安装能够安全、可靠、高效地运转是团队面临的主要挑战。此外，如果一个石油项目获得成功，还必须用最低的成本实现其目标。在过去，原油和天然气价格很低廉的年代，成本降低是需要首先考虑的因素。在最近的几年时间里，成本最小化已经成为了开发商长期考虑的一个重要因素。

作为其直接后果，石油工业的技术成本在 20 世纪 90 年代出现了大幅度的下降。从图 4.25 中可以看出，技术成本从 1990 年的 11 美元 /bbl 下降到了 2000 年的 8 美元 /bbl，总技术成本几乎减少了一半。技术成本的减少实质上是影响到了开发成本和运营成本。

从 2000 年开始，这种趋势就发生了改变：技术成本得到不断提高，2006 年已经远远超过了 2000 年的水平。技术成本的增加在设备折旧损耗部分占有尤其大的比例，因而导致了资本支出不断增加。这种变化首先要从经济周期中找到原因，因为在经济发展的某个阶段，钢铁和其他金属材料的价格上涨使得生产成本增加。其次，投资的增加极大地限制了石油服务行业的发展。像抽油装置等开发设备、技术支持以及技术熟练的劳动力的数量都供不应求，会逐渐调整供应形势以适应新的需求，但是这个过程需要几年的时间才能完成。

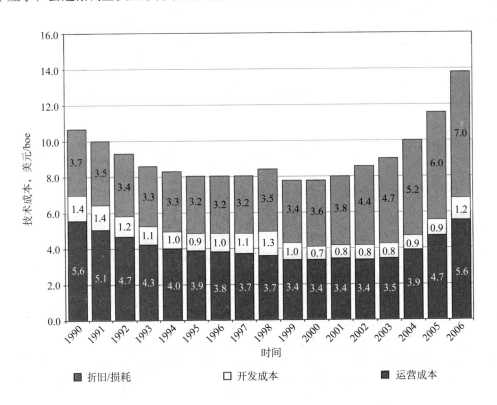

图 4.25 上游石油工业的技术成本

（由道达尔石油公司提供）

4.6.1 技术进步产生的影响

20 世纪 90 年代的石油工业出现过成本降低的阶段，这是因为技术成本减少造成的。技术方面取得的多项进步成果促成了产品成本的降低。

现代信息技术的加工处理能力的提高使地质学领域从中受益，并且取得了巨大的进展。例如，因为全面使用了三维图像技术，就可能减少为寻找有开发价值的碳氢化合物储量而钻探的开发井的数量。三维图像技术能够进行最理想的定位，因而省去了多余的勘探工作带来的麻烦。

钻探工作的进步有助于降低成本：比如，斜井、水平井甚至还有多孔钻井等还有很多，此处不一一列举，这就使得在一个地方（例如钻井平台）进行勘探能够完成的任务增加了，而且从一口井可以到达多处油气产层。这项技术对油井的产量产生了巨大的影响，因为它能减少钻探的油井数量，所以会大幅度地简化相关的连接设施。

另一个引人注意的突破是采集系统的简化，钻井数量减少是其中的一个原因，但是在更大程度上是因为多项传输领域取得了重大进展。因为不必再把液相和气相相互分离开来，这样在有些情况下就可能使管道数量减少一半。此外，还大幅度地减少了分离装置的数量，甚至完全淘汰了分离装置，尤其是在不太需要分离装置的地方，比如井口附近。当然，这些变化带来的影响会因为接收设施的发展被抵消，接收设备已经变得日益复杂。但是，其总体的净效应是非常积极的，其节省下的费用占到项目总成本的 10% ～ 15%。

技术上的进步也使生产设备（发电设施、仪表、管道、转盘等）在安全性、实用性和易用性等方面都有了很大的改善。其他技术方面的进步还有：数字处理控制系统的开发和广泛应用，高性能个人通信网络的出现，非常可靠而强大的轻型燃机的使用，这种燃机是前进中的航空业的技术产物。其他重要的开发应用还包括：变速电力驱动机的成功研制，电子学以及铁路运输方面的技术进步等。

上述各项发展进步对成本的影响很难得以量化，但是这种影响肯定是巨大的。

我们已经谈到了收益递减的现象。但是，以后可能会有更多的进展，有很多机会能够在不同方面节省开支。下面提到的就是这些机会。

4.6.1.1 降低钻井成本

进行深海钻井时，精通钻井技术是非常必要的。深海钻井会遇到 3 个大难题：调整泥浆的重量就是件很棘手的事情，过低的温度会带来与泥浆流变学相关的问题，还有刚性钻井隔水导管，既笨重又容易损坏。我们现在对这些问题已经有了清楚的了解，而且在开发钻井期间能够合理地处理这些问题。现在需要把这些问题简化为常规性的工作，这样就能把开发钻井成本降低到一个可以接受的水平，特别是对于深水钻井（超过 1500m）的情况而言。这方面正在取得进展，毫无疑问，石油行业很快会找到技术上令人满意而且费用不会过高的解决方案。但是无论如何，钻井成本仍然很高（根据水深和钻探深度的不同，每口井在 800 万 ～ 2500 万美元之间）除非取得技术上的突破，比如钻井时不使用立管而用套管。

4.6.1.2 降低地面装置的成本

整个开发项目成本的 90% 都是在界定项目目标时确定下来的，对于这一点，无论如何强调都不过分。概念研究和初步设计阶段是极其重要的，因为在这两个阶段应该确定节省哪些方面的开支（图4.26）。所以要在这些研究阶段投入足够的时间和资源以及最好的技术以保证获得最佳项目定义。要经常质疑传统方法，全面系统地考虑新观点。

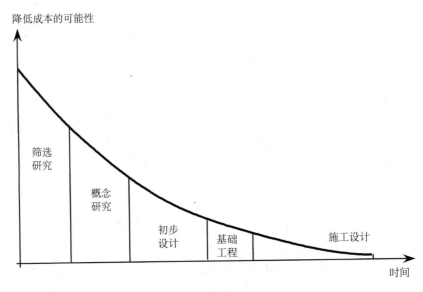

图 4.26　不同研究阶段降低成本的可能性

　　另一种降低资本成本的方法就是简化设备数量并且使其标准化。有时很难做到这一点，因为各个项目彼此之间会有差异。但是如果使用的是完全相同的设备，有时就能降低成本——能减少大约40%的结构费用和25%的构建和监管费用，其中并没有把省去的时间计算在内，一般可以缩短3～5个月的时间。即使安装的设备并不完全相同，也有必要检查是否能够把第一批装置中的某些部件在不加变动的情况下用到第二批装置中。

　　有些公司在降低资本成本时采用的是第三种方法，即和转包商在合同安排上有不同的立足点。这样做的目的是把管理部门和劳动力两部分的技术和能力当作一个整体，实现其在成本、限期甚至生产等多个方面的共同目标。通过这个途径可以组成联盟，有助于制定目标价格，成立利润共享的企业组织。毫无疑问，服务提供商担任了更主要的角色，在项目中成为了合作伙伴而不只是转包商。很多服务提供商经过了重组，在实践中不断成长，凭借自身的技术优势已经发展得非常强大。有些石油公司虽然掌管某些领域，但是已经放弃了其中的具体工作。值得肯定的是，新的工作方式能传播和加速技术进步，而且促成了适应技术进步的工作分工，服务提供商在新的领域积累了专门技术，而石油公司承担的是协调的角色，它完成的复杂任务是聘请到各种有不同专业知识的专家。

　　姑且不谈服务提供商和石油公司之间的鲜明对照，我们很清楚地看到，项目综合体在不断成长发展，而且由于经济压力的原因项目周期在缩短，这就意味着在项目中，越是在初期，其中涉及到的各种学科彼此之间的相互依存性越明显。换句话说，切实有必要使用跨学科的方法，在研究开发领域尤其如此，各项工作的目标都是技术发明，有了技术发明就可以进行商业化运作，才能获得诱人的经济效益。

4.6.1.3 降低运营成本

在设计阶段和运营阶段都有降低运营成本的可能性。

（1）设计阶段。

①使用设备管理的先进技术；

②简化控制系统，重点关注的是必需使用的仪表；

③能够快速而便捷地使用器械和设备；

④尽量减少安装的机械和设备的数量（备用机械的数量和需求规格、可以接受的风险水平以及旁通迂回管道的需求等一致）；

⑤根据可维护性、可靠性、诊断易行性以及质量等条件选择设备。

（2）运营阶段。

①外包所有的或一部分运营功能和管理功能；

②培训工人掌握多种技能；

③优化机器的维修和保养，根据项目的剩余期限规划大型维修的次数；

④只能使用已经被证明有效可行的储层测量标准；

⑤就合同重新进行谈判。

应该指出的是，在研究阶段，因为税收和折现未来现金流的作用，运营成本看起来对项目经济几乎不会产生影响。然而在运营阶段，成本降低则会带来永久性效应，而且会变得日益重要，因为产量下降会导致每桶油的单位成本大幅度上涨。如果这种趋势持续下去，公司就没有乐观的经济效益，即使剩余的储量还很大。因此，从项目开始运作直至其整个运营过程，时刻对运营成本进行密切监管是非常重要的。

4.6.1.4 冒险降低成本

公司试图同时实现两个目标：产量增加而且成本下降。公司为了达到目标会动用一切手段，尽管在某些方面有的方法比较冒险。长期以来，在技术选择方面石油工业有相对保守的名声，它们倾向于使用被他人尝试过、检验过的方法。从广义上看，这样的情况还在持续。不过有一些公司正在日益表现出锐不可当的改革创新能力，特别是如果革新能够带来巨额回报或者原有的技术参数经过改进后就能找到新的油气储量，公司会对这项改革投入更大的精力。改革创新或多或少都会有风险，可能是金融方面的也可能是公司形象方面的。

现在混输泵得到了广泛应用，取代了传统的高价重型压缩机，这就是把长期研究开发获得的创新成果应用于工业生产的一个很恰当的实例。

在过去，风险往往带有地球科学或地理政治学的特性，而且，有时会涉及到大量的技术风险，这样做的目的并不是要在某个特定情况下树立或巩固某个公司的地位或提高其竞争力，比如 20 世纪 70 年代北海油田的开发。

在这方面，时代已经发生了很大的变化。石油公司也和过去有了很大不同，特别是在敢于冒技术风险、并且勇于承担由此产生的财务后果方面，已经提升为东道国有竞争力的机构。这其中有诸多原因。例如，可以肯定的是，技术的提高要求公司不仅能够及时地完成一项任务而且对项目短期或中期的目标很有把握，只有具备这样的能力，公司才能保持竞争力。需要明确的是，签订了协议或合同之后，也就是在实施阶段之前，要积极主动地承担风险，并且管理随后的风险。

换句话说，在过去，开发机遇受到了技术的限制，承担风险的能力不高。而现在的情况恰恰相反，根据不同的性质特点做出商业决策，结果就是需要承担由此引起的技术风险。以后会遇到各种更多更严重的风险，而且会对财务产生影响。

4.6.2 经济周期和合同策略对项目成本的影响

4.6.2.1 经济周期

尽管运营商无法控制外部的经济因素，但是对签订重要合同时的经济活动进行估测能够对可能采用的平均价格水平提供有用的指导。

因为做出决策和完成石油工程项目需要花费很长的时间（3～5年），投资决策是以长期的经济核算为基础的。而且建造钻井平台的成本和原油价格之间并没有直接的关系，钻井平台的成本对原材料的成本（特别是钢铁）、相关公司的订货簿以及是否能够找到大型建造厂等因素更加敏感。

从2003年开始，石油服务行业就进入了经济发展周期中的繁荣发展阶段，面临的是供不应求的市场局面。

随着市场行情的变化，合同中的价格会有20%～30%的变化幅度，这个变化幅度有时甚至能超过100%。签订合同的公司就会想方设法赚取利润以防发生停工。或者也会发生下面这种情况，在过热的经济环境下，石油服务公司可能没有经过任何竞争就签到了合同，因为其竞争对手的订货单已经被排满了。韩国就出现过这种情况，在1997年开始的亚洲金融危机期间，为了保持本国工程建造行业的活力，韩国不考虑成本高低，在1998/1999年把工程造价降低了35%～40%。

应该注意的是，有时在经济发展周期中，如果价格增长，就容易出现劳动力供应短缺的局面，所以会有供货延误和施工推迟的情况出现，而这些又会进一步导致项目成本的增加。

从2004年开始，项目成本已经有了很大幅度的增长。从图4.25中可以看出，在2006年，每桶油的技术成本已经高达13美元，从整体上讲，这主要是由当前的形势造成的：一旦这种过热状态出现了降温，石油服务价格就会逐渐降低。

项目被确定下来后，最终资本成本仍然会受到各种因素和条件的影响，尤其是签订合同采用合同策略，团队的组织形式以及项目监控等几个方面。

4.6.2.2 合同策略

总承包人具备的专业技术和经验对制定适合项目的合同策略有很大的帮助。

一个石油开发项目需要签订很多大型合同，这些合同涉及到多个方面（研究、供货、施工、土木工程和海上工程等）。如何把繁多的工种分配给不同的承包商，这是管理此项目的公司进行综合研究的核心任务，只有分配得当，才能使总的项目成本和工程进度时刻表最为合理。应该注意的是，这个过程会使上涨的石油服务价格和由此给石油公司成本造成的影响之间产生一个滞期。这种合同安排限制了技术成本的增长：因为开发项目持续的时间很长，在过去的5年期间确定下来的项目对其成本仍然有影响。通常把这种在项目开始时就开展的策略研究称作项目执行计划。项目的最终成本在很大程度上取决于这个阶段作出的种种选择。

这一点可以通过两个重要的项目执行计划参数对最终的资本成本的影响体现出来。第一个参数是用哪种方式按照合同支付费用，第二个参数是在项目的不同阶段，要保持承包商之间的竞争。

（1）按照合同支付费用的不同方法。

在项目框架内要签订各种各样的合同，其中都会涉及到如何选择恰当的薪酬条款。传统上讲，制定薪酬条款以下面3个方面为基础：

①时间和物质基础，根据这一点，可以按照承包商花费的时间给他支付薪酬（计日制合同）。

②包进尺钻井合同，按照承包商完成的工作支付薪酬。

③规定了工程的全部价格，其中也包括了承包商的利润（总承包合同）。

不同的薪酬支付方式都有其优缺点。

计日制合同使对组织工作的管理更加具有弹性：项目经理随时都可以按照他的想法调整承包商的施工。但是，这种合同形式下的承包商缺乏动力，他不会用最低的成本尽快完工因为这样做对他没有任何好处。所以容易出现成本费用超出当初的预料而且完工时间拖后的情况。

合同基础要和各项研究阶段保持一致，这也是整个项目的基础部分，所以要求承包商完成的工程（在这个阶段要咨询工程师）仍然会发生很大的变动。这并不是整个项目中费用支出最多的几个阶段，要找到所有必需的资源而且保证即使出现大幅度削减成本的情况工程也不会遭受严重损失，这是非常重要的。利用这个时机可以对即将建造安装的设备进行技术认定，这项工作的好坏关系到是否能够按照预算额度在规定时间内完成项目。另一方面，对于大规模的建筑工程而言，应该避免使用计日制合同，因为一个多达几百万美元的项目如果延期会产生一笔极高的费用支出。

如果签订的是包进尺钻井合同，可以按照合同中补充的单价附录清单，根据承包商完成的工程量（土方数量，安装的管道的吨数等）进行支付。这种支付形式可能适用于工程建设初期，因为在这个阶段工程全貌还没有完全确定下来，而且价格也没有固定。

这种形式的合同只是把一部分金融风险转嫁给了承包商。还可能存在超出预算的风险，这一点和计日制合同相似。

与计日制合同不同的是，总承包合同下的承包商在完成了全部工程安装后（必须符合履约保函的规定）就能得到款项，而不考虑工期的长短和使用材料的多少，只看施工的最后结果。根据石油公司提供的招标书，承包商估算拟建工程的成本费用，并且准备一份固定价格投标书，这个价格要包括对可能遇到的风险的赔偿和赚取的利润。

对石油公司而言，这种模式的优点在于它是对承包商的一个正式委托，要求他以尽可能低的成本及时完成一项工程。因为承包商有承担超支费用的风险，所以这会激励他按照起初的评估施工。

石油公司需要意识到这样的现实：如果使用总承包合同，就必须把相关工程准确、完整、明确地确定下来。合同中没有提到的工程部分的定价应该能反映出这一点，即：只有承包商能接手相关的工作任务。

在设计研究和技术研究已经完成，而且项目定义也已经确定后，在施工阶段应该使用总承包合同。在实际工作中，为了遵守施工进度表，有必要在全部完成界定研究之前签订合同。在这种情况下，管理项目的石油公司要确保项目的工期长短要恰到好处，以保证更好地平衡成本和时间的关系。

在前面我们讲到的是石油公司实施开发项目可以选择使用的不同的合同形式。实际上，石油公司根据具体的现实情况调整、综合和协调各种可能的机会，这样才能收到最好的经济效果。需要特别注意的是，管理项目的石油公司和它的主要转包商之间的不同的合同界面要很清楚、协调搭配。各方之间的责任要非常明确，不能出现交叉重叠和缺口，这一点也需要特别的重视。

（2）保持承包商之间的竞争。

降低项目最终成本的另一个重要的措施就是签订合同时要保持承包商之间的竞争。

承包商之间是否存在真正的竞争以及项目的价格是否由一个承包商垄断，这些因素都会导致执行项目的费用开支有很大差距（变化幅度会高达20%～30%）。如果稍有疏忽，就要由石油公司自己负责，我们可以从下面的实例中看到这一点。

①设计海上平台模块。

在石油行业，为了减少连接不同模块的麻烦，模块被设计得越来越大，越来越重，这个理念本身很好，但是过于极端，因为模块被设计得过大，有必须的生产设备和起重船的承包商只有一家，因此，定价就高得惊人。

②液化天然气工厂。

过去几年，由于技术整合的缘故，石油公司沿用了这样的惯例，都使用申请了专利的液化加工过程，用来建设液化天然气工厂的承包商也差不多。因此在多家承包商之间就形成了类垄断的局面，这样就人为地提升了价格。反过来说，这种情况又减少了经济上可行的新液化天然气工厂的数量。新承包商或者原有的承包商进入市场，还有新的专利加工工艺的出现都会使成本降低。

4.6.2.3　项目团队的组成

通常由项目经理负责管理项目，他的主要任务就是按照项目开始制定的标准，在预算范围内（如果可能的话）尽快（遵守工程进度表）安装完成高质量的工厂设备。

除了这个基本的目标，项目经理还必须确保达到现行的其他标准要求，比如，车间的安全标准，环境的保护，工厂的安全，质量以及可靠性。

项目团队的组成必须考虑到这些不同的限制条件，但是主要是受到采用的合同策略的影响。项目经理的管理工作是指在任何情况下，他都要直接监管主要的项目工作，详细记录成本变化，计划的实施情况，监督冶金、仪表和电力等重要技术领域。

尤其要严格控制成本。使用专门的软件可以做到这一点，这种软件能够完成预算监督，而且可以使和项目有关的不同团体之间相互交流数据，这些团体可以是客户组织或者是公司的财政部门。

采取措施控制项目成本的同时，还要进行一系列的评估审查、内部审计或外部审计等，其目的是使正在施工的设备装置的安全性能和质量达到最佳水平。在给石油开发进行了大量的投资后，各石油公司都在以上各个方面推行严格而有计划的发展模式。

4.7　石油服务行业

石油服务行业，或者更全面地讲，上游的石油、天然气供应和服务行业，很难对此作出明确的定义，因为它包括了很多种不同的生产活动。其中有地球物理方面的活动（获得地震数据并且对其进行加工处理和解释），钻井和相关服务，工程和设计，海底工程（铺设管道）和钻井平台（船坞）的搭建。另外，还有很多工具制造商（地质物理和钻井工具）以及金属构架和机械工程公司。这些公司，无论规模大小，都有一个共同点：他们为石油工业提供一种或多种服务。

4.7.1　历史背景

全球主要的石油服务行业主要来自 4 个国家——美国、英国、挪威和法国。这些国家碳氢化合物资源的不断开发也带动了国内的工业发展。很长时间以来，美国就是世界石油工业的领头羊；美国的石油服务行业也非常强大，其中很多石油服务公司已经发展成为了全球的供应商。

在英国，尽管从 20 世纪 60 年代才开始钻井，然而 1973 年发生的第一次石油危机使得英国的石油开发和生产项目得以盈利，从而带动了石油服务行业的发展，并且迅速成长为具有国际化规模的产业。

挪威的第一批地震剖面图要追溯到 1963 年。当时，挪威政府决心控制本国所处大陆架的石油勘探和生产。挪威的石油服务业经历了 3 个发展阶段：在 20 世纪 70 年代，挪威的石油服务公司与有经验的外国公司进行合作；在 20 世纪 80 年代初期，受到了保护主义的严重制约，而且挪威本土成立了国有石油公司（挪威海德罗公司和挪威国家石油公司），这些都成了挪威石油服务业发展强大的重要条件；从 20 世纪 80 年代末开始，这些公司就试图在国际市场站稳脚跟。但是，白手起家的挪威石油服务公司经常陷入两难境地，需要与外国公司合作同时又想保住自己的国内市场，因为公司可以把后者变成它在国际市场发展业务的跳板。

在法国国内成立的石油服务行业的成长壮大离不开政府的支持，尽管国内市场有限。但是法国的石油服务公司几乎涉足于这个领域的所有活动，而且是北海和几内亚湾一带的石油服务市场的主角，从那里成功地打入了国际市场。

除了上述 4 个主要国家，意大利、韩国、墨西哥、巴西、日本和其他很多国家都拥有影响力很大的石油服务公司。

4.7.2　投资石油勘探和生产：石油服务业的市场

4.7.2.1　投资趋势

上游石油工业的设备和服务市场有以下 3 个组成部分：

（1）第一大部分是石油天然气公司对勘探和生产进行的投资。这部分投资占到了石油服务市场的 3/4。

（2）第二部分（大约占 20%）是对已安装设备的操作和维修保养进行的投资，其中一部分支付给石油服务公司。每年大约给这个市场投资 500 亿美元。

（3）剩余部分是石油服务公司自身对新设备（钻机的搭建和改进，地震勘探船，铺管船或给养船）和数据采集系统（钻井过程中的地震波数据采集和录井）的投资。很难估计其投资的具体数字是多少，每年大约 100 亿～150 亿美元。

在过去的 20 多年，因为出现了一系列影响上游石油工业投资的因素，石油行业也发生了很多变化：石油危机和反危机，科技的重大进步，产量的大幅度提高以及重大的改组调整等。

在 20 世纪 80 年代前 5 年，石油天然气公司在上游的投资相对较多——平均每年 800 亿～900 亿美元——因为原油的价格很高。在 1985—1986 年的反危机以后，投资急剧下滑，一度减少到每年 450 亿～520 亿美元。在 20 世纪 90 年代初期，海湾危机使得投资出现过短暂的反弹，曾经达到每年 790 亿美元，随后 3 年又出现了缩减，到 1994 年降到了每年 710 亿美元（图 4.27、图 4.28）。

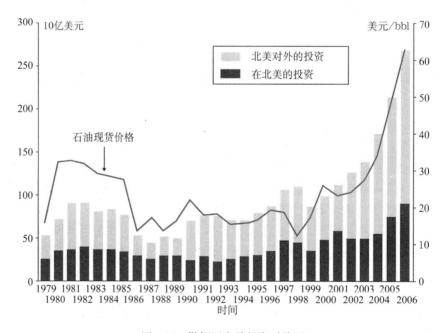

图 4.27　勘探开发总投资时价图

在 1995—1998 年期间，这种趋势有所逆转，大量的资金涌入了石油工业的上游产业。在 1997 年，投资额度突破了 1000 亿美元的记录，这是按照时值美元计算的历史最高纪录。因此，在 1994—1997 年期间，上游石油行业出现了强劲的发展，发展速度高达每年 12%。然而 1999 年，因为原油价格疲软，投资全面缩减，不过在随后的 2000—2001 年，投资又有所增长。在 2004 年、2005 年和 2006 年 3 年内，原油价格上涨，上游的投资在 2006 年猛增到了 2670 亿美元。

20 世纪 80 年代初期，北美的投资出现了缩减，但是此后，石油公司对投资的兴趣却日益高涨，特别是对墨西哥湾的深海油气开发投资。现在，北美的投资占到了世界投资总额的 41%（不包括先前实行中央计划经济的国家），而在 1992 年，这个比例只有 30%。

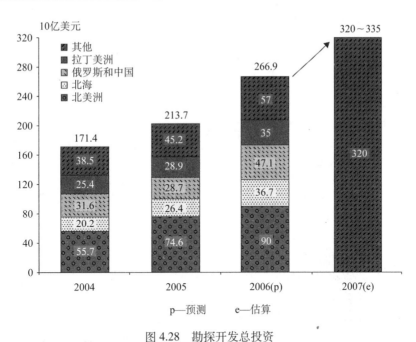

图 4.28　勘探开发总投资

（来源：法国石油研究所和法国石油与发动机学院）

4.7.2.2　石油物探市场

1999—2004 年，石油勘探活动呈现稳步下滑的局面。但是，以活跃的地震勘察队的数量为衡量标准的地质勘探活动（图 4.29）从 2004 年开始进入了一个新的成长阶段。现在，除了中东地区，其他地区的地质勘探活动都取得了显著的进展，而且还会注意到欧洲和拉丁美洲的发展速度更快一些，分别达到了 22% 和 39%。

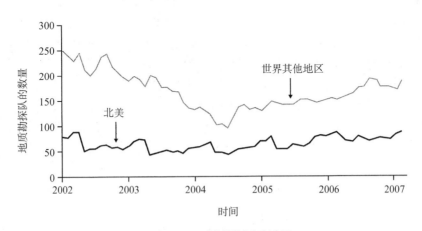

图 4.29　石油勘探活动进展

2005 年，近海地震勘探活动的增长速度（34%）比陆上的增速（10%）要快。近海的地震勘探动用了地方地震勘探队 25% 的力量。这些数字并没有把中国和独联体计算在内。独联体石油勘探工作队的数量是中国和独联体之外世界其他地区的勘探队总量的 10%。根据各方的估算，地方承包商雇佣了 100 多家陆上地震勘探队，但是执行勘探任务的情况并不清楚。

据估计，石油物探市场在 2005 年的投资总额达到了 67 亿美元，比 2006 年增长了 24%。

4.7.2.3　钻井市场

从 1975 年开始，钻井业经历过很大的起伏。在 1975—1981 年期间，由于受到原油价格升高的刺激，钻井市场迅猛发展。

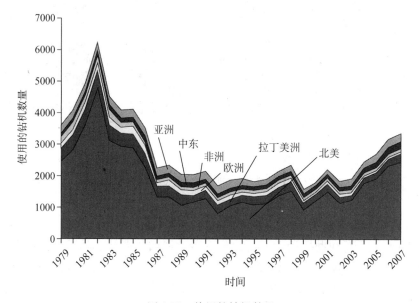

图 4.30　使用的钻机数量

美国钻井市场对几次大型的变动更加敏感，在经历了两次石油危机以后，美国的钻井业在 1979—1981 年（当时使用 4000 台钻机）达到了顶峰。不过，1982—1986 年，钻机业出现了大幅度萎缩，美国的情况尤其如此（当时使用的钻机只有 1800 台）。1987 年后，钻井市场回落到了较低水平，钻机使用量维持在 2000 台。1998—1999 年一直是下滑的态势，但是在 2000 年出现反弹，这主要是美国的钻井活动增多的结果。

石油价格的上涨带动钻井业进入了一个崭新的发展阶段。从 2002 年开始，每年钻探的油井数量以 14% 的速度增长。结果，在 2007 年初，正在使用的钻机数量已经达到了 3350 台。

4.7.3　全球石油服务行业

4.7.3.1　石油服务行业的 3 大巨头

石油服务行业非常集中。3 家主要的服务公司分别是：贝克休斯、哈里伯顿和斯伦贝谢，因为高度的一体化特点（表 4.9），有时把这 3 家公司称作"石油服务业的主角"。据估计，如果把钻井业除外（3 家公司拥有的钻井业市场份额不到 10%），这 3 家公司在石油服务市场所占份额超过 50%。

表 4.9　石油服务行业巨头的市场定位

地质物探			钻井设备和相关服务							工程任务和海上作业					2006 年营业额（单位：10 亿美元）
采集数据	数据加工处理	数据解释	钻井	录井	气测井	随钻测井偏差	钻井液	水泥浇注—增注	钻头	工程任务	建造	安装	铺设管道	水下工程	
哈里伯顿				■	■	■	■	■	■	■	■	■	■	■	22.0
斯伦贝谢	■	■	■	■	■	■	■	■							18.5
贝克休斯	■	■	■	■	■	■	■								8.8

注：资料来源：美国联合能源集团公司—法国石油研究院及年度报告。

　　但是，这 3 家石油服务公司的支配地位并不表明它们在石油服务业的每个种类中都有同等重要的份额。它们在全球市场拥有的总份额变化很大，从气测井市场的 50% 到定向钻井和录井市场的 90% 多不等。

4.7.3.2　地球物探行业

　　石油物探行业也没有摆脱合并的模式。石油物探业的领头羊，西方奇科公司（Western Geco）就是西方地球物理公司（贝克休斯的子公司）和奇科帕拉克拉（隶属于斯伦贝谢公司）合并而成的。占有市场份额较大的公司还有：2006 年 Compagnie Générale de Géophysique（CGG）合并了以下 3 家公司：美国 VeritasDGC，来自中国的新面孔——中国石油集团东方地球物理勘探有限责任公司（简称东方地球物理公司 BGP）以及挪威石油地质服务公司（PGS）。就地震解释而言，3 家石油服务公司巨头中的两家——哈里伯顿（通过 Landmark Graphics）和斯伦贝谢（GeoQuest）就占有大约 85% 的市场份额。而物探设备市场则由两家公司主宰，分别是：美国的 Input/Output 公司和法国 CGG 的子公司塞赛尔公司。

4.7.3.3　钻井和相关设备及服务

　　如果把市场细分，它包括：钻井、录井、气测井、定向钻井、泵作业及设备。

　　和其他石油服务部门不同，强大的专业钻井公司相对比较分散，尽管海上钻井和北美地区的陆上钻井也出现了合并集中的迹象。此外，随着新技术投入使用，深海钻井工程快速增长。

　　钢丝绳录井和定向钻井（定向钻井在最近几年发展非常迅速）依然主要是贝克休斯、哈里伯顿和斯伦贝谢 3 家公司的领地。气录井市场的重要角色是法国地质服务公司和贝克休斯公司。泵是石油服务市场中另一个高度集中的部分，其中哈里伯顿、斯伦贝谢以及规模介于两者之间的 BJ 服务公司就占去了 90% 的市场份额。就钻机而言，很难评价它的市场情况，因为钻机的型号五花八门，供应商也千差万别。

4.7.3.4　工程任务和海上作业

　　这部分市场细分包括海上的工程作业、建造钻井平台、海上施工以及其他工程，还有水下设备等。

与他们在其他石油服务市场的显赫地位相比，美国的供货商在海洋石油工程市场（生产安装）的作用略有逊色。不过，世界两家重要的海洋石油工程公司还是在美国：迈克德莫特国际公司和哈里伯顿公司，它们在墨西哥湾地区很活跃。另一家重要公司是挪威的阿克克瓦纳公司，它的业务主要在北海地区。

上面提到的这 3 家公司在钻井平台建造方面（或者其他建筑，比如驳船和浮式生产储存卸货装置等）也有很强的实力，而且还有很多重要的欧洲公司也有很大的竞争力，特别是 Ponticelli，Eiffel 和 Saipem。海上施工和水下设备市场还包括钻井平台的安装，管道的铺设，远程控制器械和其他水下设备的安装等。控制这个市场的几家公司有：哈里伯顿，国际海洋工程公司，意大利的 Saipem，挪威的 Acergy 和法国的德西尼布公司。

4.7.4 通过收购不断发展

20 世纪 80 年代的反危机导致了石油公司投资的急剧缩减，这给石油服务行业造成了重创。许多公司被迫关门，而其他的公司则采取了整合或多角化的策略。

整合通常有以下两种类型：

（1）横向整合。横向整合是把在石油行业链上同一个层面上的公司整合在一起。这种策略的主要目的就是合并某一市场细分中的生产活动，提高生产力，合理分配生产资料，拓宽财政基础。

（2）垂直整合。垂直整合是为了增加行业某个层次的产品的种类（物探、钻井等）。

多角化指的是公司提供的服务超出了现有的市场细分。采用了多角化的策略后，公司就能够在石油服务链上提供一条龙服务。

在 1985 年和 1986 年发生了反危机以后，石油公司纷纷作出反应，重新定位他们的核心业务，把大量他们认为可以转让而且不会损坏其名声的工程转包了出去。在这种发展形势下，石油服务公司正式开始采取整合和多角化的策略，这个过程主要是通过收购实现的（表 4.10）。这样做的目的就是在采用了新的发展策略后，通过提供一系列的统包服务开辟新市场。

表 4.10 1998—2006 年期间进行的重大公司收购和合并

公司收购				
日期	投标方	目标	价值	主要业务
02/2000	福斯公司	Ingersoll-Fresser-Pumps	7.75 亿美元	泵
03/2000	德西尼布	Coflexip Stena Offshore	6.7 亿美元	水下施工
08/2000	阿克	挪威克瓦纳集团公司	3.4 亿美元	海上施工
09/2000	Transocean Sedco 公司	R & B Falcon	88 亿美元	forage
02/2001	First Reserve Fund 公司和 Odyssey Investment Fund 公司	哈里伯顿（美国德莱赛公司）	15.5 亿美元	
05/2002	Saipem（意大利石油工程服务公司）	布依格海洋工程公司	9.1 亿美元	建筑工程

续表

公司收购				
日期	投标方	目标	价值	主要业务
01/2004	Candover Investment Fund Condover, 摩根大通公司，3L	ABB 石油与天然气部门	9.25 亿美元	上游和下游的建筑工程和施工
09/2005	威德福国际有限公司	Precision Drilling 公司的能源服务和全球合同钻井处	22.5 亿美元	钻井
09/2006	法国地球物理公司	Veritas 公司	31 亿美元	物探：采集和加工处理
04/2006	斯伦贝谢公司	Westengeco 公司（贝克休斯公司 30% 的股份）	24 亿美元	物探服务
03/2006	Saipem（意大利石油工程服务公司）	斯纳姆普罗吉蒂公司	6.8 亿欧元	陆上生产：建筑工程和施工

公司合并				
日期	公司 1	公司 2	价值	主要业务
12/2000	西方地球物理公司	奇科帕克拉	5 亿美元	
05/2001	Pride International	Marine drilling	20 亿美元	海上钻井
05/2002	DSND Subsea	哈里伯顿 KBR	未注明	水下作业

注：由法国石油研究院和 DEE 提供。

通过收购进行横向整合是美国的 Input/Out 公司的做法，这家公司是美国的地震装备生产商，在 1994—1998 年期间收购了至少 7 家设备制造公司。

通过收购进行垂直整合是挪威石油全球服务公司采取的策略。起初，这家公司专门从事海上地震数据的采集工作，后来因为买进了 Simon，Tigress 和 Seres，业务范围扩展到了数据处理和软件设计。

多角化指的是生产石油服务链上不同层面的产品。斯伦贝谢公司就是采取的这种战略，在完成了大量的收购和合并之后，公司在很多市场细分中都有不俗的业绩（文字框 4.1）。

文字框 4.1　斯伦贝谢公司的战略性发展

斯伦贝谢公司于 1984 年购买了道威尔公司（1984 年斯伦贝谢公司拥有 50% 的股份而 1993 年拥有全部股份）和 Sedco 公司，从而巩固了它在钻井、水泥浇注和油气井增产等领域的地位。Sedco 公司当时经营着一支执行半潜式钻井任务的规模庞大的舰队。

1985—1995 年，斯伦贝谢公司的石油物探能力不断加强，首先是在海洋地震领域收购了 Merlin Profilers（1985）和 Geco 公司（1986—1990），然后在陆上地震业务方面，斯伦贝谢公司又购进了 Sonics 公司（1989），Delft Geophysical（1990）以及普拉克拉塞兹其斯（Prakla–Seismos）51% 的股权。后来，又通过购买 GeoQuest 系统公司（1992）和 Interra 信息技术公司的石油部门保证了自己在信息技术和软件领域获得利益。

1993 年，斯伦贝谢公司开始把目光转向与钻井相关的服务行业，分别于 1993 年和 1998 年接管了 Great Land Directional Drilling 和 Camco。

2000 年，斯伦贝谢公司开始采用新的发展策略，创建了从事海上钻井业务的合营公司——Transocean Offshore 公司。在 2000 年，成立了 WestemGeco 公司，它在地震业务方面居于全球领先水平，斯伦贝谢公司为 WestemGeco 的建立发挥了重要的作用。WestemGeco 公司是由 Westem Geophysical 公司（贝克休斯公司的子公司）和奇科帕拉克拉合并而成的，它们是全球最大的专门承包地震勘探工作的公司。斯伦贝谢公司用现金购入这家合营公司 70% 的股份。在 2006 年，斯伦贝谢公司决定收购贝克休斯公司 30% 的股份，价值 24 亿美元。

从 1998 年开始，加快了优化速度。实行收购、合并的公司有：德莱赛—哈里伯顿公司，西方阿特拉斯公司—贝克休斯公司和 Camco–斯伦贝谢公司，完成了收购、合并，变成了统一行业部门中规模最大的公司，而且在很多市场细分中都占有重要的地位。

德莱赛—哈里伯顿公司的合并形成了最重要的石油服务公司，就是现在的哈里伯顿公司。这次合并把不同的部门联合在一起，比如：钻井液、定向钻井、完井工具、海上作业，同时还扩大了经营范围，甚至还能生产钻头，尽管公司还没有涉及石油物探业务。贝克休斯公司和西方阿特拉斯公司合并后，业务范围扩大到了除钻井和抽油业务之外的石油行业的所有服务活动。实际上，在西方阿特拉斯公司把业务偏重于石油物探和测井时，贝克休斯公司能提供钻井方面的服务。最后，斯伦贝谢公司接管了 Camco 后，斯伦贝谢公司在钻头和完井装置生产方面找到了合适的位置。

2000 年后，石油服务行业的巨头们开始重新定位，为了专注于利润最大的市场而放弃了某些业务。因为公司经营规模过大带来的种种不利因素，如：官僚主义、反应迟缓等，采取上述策略也是一个解决办法。

随着石油价格的报价和询价发生了新的变化，各石油服务公司的整合阶段于 2004 年结束。原油价格的升高带来的是对上游投资的增长。随之产生的结果是，石油服务业务更加繁忙，石油服务行业又能获得高额的利润。

第 5 章　法律制度、财政制度和合同制度

5.1　关键问题

5.1.1　碳氢化合物的所有权和国家对自然资源的主权问题

碳氢化合物的所有权涉及到两个问题。首先，不管是否已经探测到，当这些碳氢化合物还深藏于地下还未从地下抽取上来之前，这些碳氢化合物归谁所有？其次，从地下抽上来后，如果所有权拥有方发生了变化，所有权应该在何时何地转移？

一般来讲（美国的陆上油气田除外），地下自然资源（包括碳氢化合物）是国家的财产。国家监管石油的相关业务活动，并且以公众利益监护人的身份进行干预，特别重要的一点是，由国家授权个人或单位从事碳氢化合物的勘探和生产等活动。

5.1.1.1　对碳氢化合物的所有权制度和国家权力

可以把对碳氢化合物的所有权分为 4 种类型。不管是哪种类型，代表公共权力的国家行使最高权力。

（1）财产自然增益的所有权。

在这种制度下，对土地的所有权从地面延伸到地下，根据财产自然增益原则，地下的碳氢化合物属于土地所有者。这种制度适用于美国的私人土地，也就是说，对联邦土地或国有土地并不适用。土地所有人可以把自己的土地租赁给任何人，而前者拥有特许开采权。但是，即使是在这种制度下，个人的所有权也要受到国家的限制，因为国家在整体上保证资源的安全和藏储。

然而，在其他所有国家，土地所有者对地下资源没有所有权，因为这些资源都是国家财产。

（2）通过土地占有获得所有权。

在这种制度下，矿产权属于首先占有土地的人，或者是第一个申请占有土地的人。这种制度在一些"新成立的"国家使用，但是不再适用于对碳氢化合物的所有权。

（3）国家的自由裁量权。

这种制度规定碳氢化合物只有被探明后，才能确定它归谁所有。这时，政府，作为国家财富的保护人，决定何时对碳氢化合物进行勘探和生产，因为这些资源是国家财富的一部分。国家行使它的自由裁量权，把矿产所有权授予（租赁或出让给）某些公司，在这个过程可能要进行有竞争性的投标。这些公司必须遵守法律条款，彼此平等，一视同仁。由国家制定对碳氢化合物的所有权和所有权转移的条款。大多数工业化国家实行这种制度。

（4）国家所有权。

这种规定产生的根源是封建制度。国家所有权规定碳氢化合物资源由国家（最高统治

者）所有，而且是国家财产的一部分。碳氢化合物的勘探和生产都要受到国家和相关公司之间签订的协议或合同的制约。这种制度在中东地区和拉丁美洲各国使用，规定"碳氢化合物资源是不可剥夺、不可侵犯的国家财产"。

国家所有权这种制度会造成国家垄断，石油公司只是承担着风险开发国家财产的承包商。拉丁美洲、墨西哥、巴西和 1989 年前的阿根廷等国使用的石油开发服务合同制度就是很好的证明。

（5）混合制度。

现在大多数国家有关石油的法律制度同时制定了国家的自由裁量权或国家所有权，国家对自然资源拥有主权等原则。

5.1.1.2　地下资源的所有权和国家主权

（1）国家财产和矿床。

国家法律都明确地规定了碳氢化合物的所有权：碳氢化合物是"国家财产"，"皇家资产"，"国家资产"或"属于国家"。偶尔在某些国家的宪法中也有这样的文字。这些术语有时难以解释地非常准确。但是都在尽力说明，就像一个人拥有自己的私人财产一样，国家的所有权包括各种特权，这是所有者对自己财产的权利。

英语国家使用的说法是"Vested in the Crown/State"，很难把它翻译成其他语言。这种措辞更像是在表达一种管理理念，而不是说明所有权的复杂性。

其他国家的法律把包括碳氢化合物在内的矿藏划归国家所有，但是没有详细制定具体内容。不过，矿产资源到底应该算是国家的公共财产（不可剥夺而且不可侵犯）还是国家的私有财产却很难界定。尽管其中还有涉及到共同利益的诸多问题，但是矿藏并不是对所有人都是有利的资产，而且它也不会受到有关私有财产法律的约束。有些作者认为矿产资源是国家资产中很独特的一种类型，可以把它定义为"介于传统意义上的两种国家遗产形式之间的国家财产"，或者说，根据南美法学家的观点，矿产资源应该是国家的"征用权"或"特殊领地"。

（2）国家主权。

国际社会对国家主权的解释在不断进步，这一点在实践中非常重要。从 1952 年开始，联合国大会（第 626 号决议）和当时的联合国贸易与发展人会就多次重申，"根据本国的利益，本着尊重本国经济发展独立性的原则，每个国家都有权处理本国的财富和自然资源，这是所有国家拥有的不可剥夺的权利"（1960）。联合国贸易与发展大会在 1964 年的第一次会议制定的第三总则中重申了 1962 年的 1803 号决议，要求每个国家"为了本国的发展和国民的幸福"，实施对自然资源的主权。

以后做的多项声明更为激进，联合国大会有关原材料的特别会议在 1974 年 5 月 1 日作出的决议中第一次使用了"在国际经济新秩序下国家的永久主权"观念。在 1974 年联合国大会制定的联合国各国经济权利和义务宪章中重申了这一原则：国家永久主权的声明赋予了每个国家实施有效的管理措施、保护本国矿产资源的权利。

这条法则对各国管辖范围以外的海洋区域的矿产资源不适用。联合国规定（1970 年的第 2749–XXV 号决议）这部分地区的矿产资源是"人类的共同继承财产"，由所有主权国共同管理。

每个国家对本国的领土行使主权，如果是沿海国家，则对其大陆架及周围 200mile❶范围的专属经济区形式主权。33 个国家于 1982 年签订的《联合国海洋法公约》规定了这方面的相关法则。但是有时解释这些法则有很大的难度，比如，里海周围新成立了一些国家，它们原本属于前苏联的一部分，自从宣布独立以后，里海的主权问题就一直存在争议。

（3）国有化。

为了整个国家的利益，国家有权利对公司实行国有化或者征用公司，这种权利在联合国决议中被确认为是国家对本国自然资源行使主权的必然结果。有些工业化国家也曾经使用过这种做法。但是联合国的决议还要求把涉及到的公共利益表现出来，而且应该给予公正的优先赔偿。这种把企业国有化的做法，不管国家给予的补偿是否合适，都不利于石油勘探新生力量的出现。

对于国家给予补偿的依据仍然没有定论。依照衡平法，有人主张根据公司的市场价值进行补偿，也就是说，根据碳氢化合物资源和各种设备的估价或会计价值进行补偿，或者是根据已探明油气的储量大小计算出在将来投入生产后获得收益的现在的价值进行补偿。不过，上面提出的这种依据也遭到了质疑，因为碳氢化合物储量是国家的财产。最常采用的标准是专家确定的设备的会计价值，甚至可能进行国际仲裁，不过没有一个国家会接受后面这种做法。

应该注意的是，同样的问题仍然会出现。如果国家因为国有化时机还不成熟，中断了这一进程，而且和其他投资方一起作为公司的合作伙伴，持有公司股份，这在租赁或合同中都会做出明确的规定，以前没出现过这种情况。当然对投资方来说，这种做法比国有化容易接受。

相反，20 世纪 90 年代，很多国家都有对某些资产和政府或政府企业的某些生产活动实行完全私有化或部分私有化的趋势。这件事情通常是通过招标投标的方式运作完成，这样可以选择买主而且在交易中能体现出价值。

进入 21 世纪以来，面对石油价格持续高涨的新形势，有些国家已经决定再次实行部分国有化（俄罗斯、玻利维亚、委内瑞拉）。

5.1.2　油气勘探和生产模式

拥有地下矿产资源的一方对资源进行勘探和生产的方式有两种：直接参与和间接参与。

5.1.2.1　矿产资源的拥有者直接参与

拥有矿产权就可以亲自参与勘探和生产活动：

（1）土地的所有者（美国），不管是个人，还是国家或联邦政府；

（2）如果是国家，它可以凭借自身的地位和权力，把公众机构作为中介（1990 年前的前苏联和东欧国家就是这样做的），或者通过实行全垄断或部分垄断的公司（拉丁美洲、中东地区），如果有必要还可以通过技术扶持合同由相关服务公司协助进行勘探和生产。

5.1.2.2　间接参与

国家不但拥有矿产权，而且还有自由裁量权或特殊地位，它可以根据相关的国家法律

---

❶ 1mile=1609.344m。

和合同法决定由谁来勘探开发油气资源。

国家通常采用两种方式间接参与油气的开发与生产，它们分别是："租让制"（或转让使用权）和"产量分成"。

如果是租让制的方式，国家授予合同持有人开采权：首先获得勘探许可证，如果是勘探商用油气资源，这个勘探许可证通常被称作"特许权"。在一段时间内，持有许可证的一方对某个区域享有独家勘探和生产的权利。此外，在完成了合同规定的任务之后，他有权使用剩余的产品，由国家收取税款。

如果是产量分成的情况，合同持有方没有矿产权许可证，因为在他和政府签订的合同中没有赋予这个权利。矿产权通常归国家石油公司所有，而合同是和代表国家的石油公司签订的。但是合同持有方独家享有为国家提供服务的权利，而且要承担勘探过程中的技术和金融风险。如果找到了油气资源，它享有开发和开采的专有权，而且根据产量的多少给予相应的比例作为报酬（因此就有了"产量分成"这个名字）。其余的产量归国家所有。

不管是上述哪种情况，有的国家还另外规定国家可以以许可证持有方或承包人的合作伙伴的身份直接参与生产活动，根据它的参与程度承担相应的权利和义务。在这样的协议规定下，国家石油公司通常代表国家，而且给予国家很多优惠条件。直到20世纪80年代末，很多国家都在使用这种协议，国家的参与比例达到了50%甚至更高，但是这种做法会变得越来越少甚至完全消失。但是，从2005年开始，有些产油国又重新把参与比例提高到了50%以上（阿尔及利亚，委内瑞拉）。

5.1.3 制度性选择

前面曾经提到在对勘探生产活动确定法律框架时用到两种模式，即：法律和合同。

（1）欧洲、美国、加拿大、澳大利亚和拉丁美洲都使用法律模式。在这种模式下，需要详尽地制定法律条文而且在立法规则中一视同仁。

（2）如果使用合同模式，国家和公司之间的关系本质上是以合同的方式确定下来，但是经常可以进行调整，这种方法在很多发展中国家应用。

实际生产中也有多种变化，有时会把上述两种模式结合起来，尤其是以许可证为基础的制度下，它的合同内容非常详尽。

5.1.4 石油立法的内容

5.1.4.1 立法目的

石油勘探和石油生产的相关法律主要确定如下几个方面：

（1）相关的法律文件适用于碳氢化合物（石油、天然气和相关产品）的勘探、生产和运输，但是不包括炼制和销售流通过程在内，因为它们属于不同性质的工业活动；

（2）石油政策的目标；

（3）国家干预的不同形式，负责石油事物的管理机构的能力，有时还包括国家石油公司的角色；

（4）批准、签订石油合同，颁发许可证的条件；

（5）生产活动的开展和监管；

（6）税收、海关和汇率等法律条文。

在不进行大改动的情况下，石油法律应该能够连续使用几十年的时间，但是如果出现特殊情况，需要进行相应的修订。例如，非产油国的法律应该在短期内鼓励油气勘探，而在中期，如果探明了大规模储量，法律应该能够保护国家财产。现代立法提供的是灵活框架，它们负责制定总的原则，其中的细节问题、采用的具体形式以及经济参数等在实施条例和合同中作出详细的说明。如何在其中找到平衡是个很微妙的问题，这通常是立法机构和执行人员之间主要讨论的问题。

但是，法规以相关国家的宪法为准绳，会有不同程度的灵活性，特别是在税收和合同方面。在有些国家，尤其是像英国、挪威和法国这样的发达国家，税收属于立法机构的管辖范围，这意味着税收的内容已经在法律中有了明确规定，不能讨价还价。在这种法律制度下，石油税费会在财政法中定期修改，而且适用于所有的经营者。

其他国家采取了更为灵活的做法，制订的合同中留出了很大的商讨余地。

5.1.4.2　与其他法律制度的联系

相关国家的普通法律同样也适用于石油经营行业，除非石油法律因为顾及到特殊情况制定了不同的规则。

有些国家制定了矿业法和投资法。因为这种法律的特殊性，石油行业应该有专门的石油法规来约束。矿业法有时也涉及到石油业务，但是这不是最恰当的做法。在过去的 30 年，许多国家都专门制定了石油法律，在处理石油方面的问题时就可以取代矿业法。

5.1.4.3　石油的税费法规

可以设想如下几种情况：

（1）石油法律涉及到的是石油的税费问题，而且，如果需要，还会针对石油的勘探和生产活动的利润税制定专门的制度；

（2）石油法律只是处理某些石油税费问题（矿产税、利润税、特别石油税），其他税费问题用普通的税收法规来处理；

（3）用普通税收法规的某一章解决石油方面的问题。

5.1.4.4　负责石油问题的主管机构

法律必须明确由哪个政府主管机构负责石油方面的业务，尤其是关于石油谈判和签订石油合同的问题。这个机构还要直接或者派代表监督石油作业，防止出现违法行为。

可以把其中的某些权利甚至所有权利都委托给某家国家石油公司。这样做可能产生利益冲突，因为这家石油公司在理论上担任了两个独立的角色：一方面它是国家指派的调解员，但是另一方面，它又是其他石油有限公司的合作伙伴。

为了避免出现这种冲突，有的国家成立了专门的机构充当独立的调解员（巴西、秘鲁、阿尔及利亚）。

5.1.4.5　明确承包人和许可证持有方的权利和义务

要明确承包人和许可证持有方的权利和义务，有两种方法可供选择。第一种是，在法律和实施条例中把权利和义务极其详尽地界定下来。这种方法非常古板，在工业化国家和受到法国模式影响的非洲国家使用。另一种方法是，通过参考主管机构提供的合同样本，制定总的规则，特别是与征税有关的规则。这种方法较为灵活，因为这样可以把法律规定写进了合同中。这种合同样本，不属于法规部分。考虑到以后发现碳氢化合物的可能性以及整个石油行业的特点，可以对合同样本进行修改。

5.1.4.6 实施条例

石油法律确定法律框架。在实施条例中对规章制度的具体细节问题加以清楚的解释，实施条例以法令和规范的形式颁布出来。这个过程涉及到管理程序、石油作业的技术环节、环境因素、工作场所的健康与安全以及生产活动终止时油气井的报废程序等。因为海上钻探业务有着突出的特点，美国、加拿大、英国和挪威对上述问题都有非常详尽的规定。

5.1.5 相关各方的目的

可以把国家和石油公司的主要目标归纳为以下几点：

国家的目的是：

（1）提高与石油有关的不同层次的业务活动水平。

①勘探国家的油气盆地；

②开发、开采已经探明的资源；

③使原来的油气田重新恢复生产，或者使原来因为技术或经济原因尚未进行开发的油气层投入生产。

（2）使国家收益最大化，同时，要尽可能保证投资者从中得到的收益和在勘探过程中他所承担的风险相称。

（3）建立有吸引力的、公平的、稳定的财政和合同制度，并且在长期的使用过程中根据情况变化不断进行，这样才能保证收到令人满意的效果。

（4）在和公司磋商的条件下，管理监控公司的作业进程，但是要保证政府的繁文缛节不会妨碍公司的生产活动。

（5）通过技术和技能转让获得专业技术。

石油公司的目的是：

（1）获得和公司的发展目标相一致的利润收益；

（2）尽可能快地回收投资成本；

（3）获得关于油气储量的信息；

（4）保证储量替代；

（5）使油气勘探和油气产区实现多元化，这样可以控制风险。

国家和石油公司采用什么标准，实现目标的先后次序等还会受到很多因素的影响，而且会随着具体条件的不同而有所变化，比如，国际碳氢化合物市场的发展情况，国家的发展潜力和定位（是否是生产国，是否是出口国等），国家经济中石油的重要性以及公司的特殊策略等。

5.1.6 协调多项目标，共同分担经济租金

很显然，国家和石油公司计划实现的目标并不总是完全一致的。制定的法律制度、财政制度和合同制度要为双方缔造双赢的环境。二者之间的核心问题是如何共同承担经济租金（在第4章就已经讨论过这个概念）。根据前面提到的多项参数，国家和石油公司之间的

分担比例会有所偏差，或多或少地会对其中的一方有利。下面要讨论的是实行经济租金分担的机制以及对其进行评估的工具。

5.1.7　合同类型

明确石油工业上游业务中使用的多种类型的合同是非常重要的。

有关石油勘探或生产的合同涉及到国家（或代表国家的国家石油公司）和证书持有人或者是承包人（也许是几个公司为了某个项目而专门组成的联合体）。现在要深入讨论的就是这种类型的合同。

如果证书持有人或承包人涉及到多个合作伙伴，这些合作方之间的关系通过联合作业协议确定下来。根据各自在其中投入资金的多少，在合作协议中明确彼此之间在决策、生产作业等方面的关系，合作方推选代表签订协议。

5.1.8　石油合同类型细分

表 5.1、表 5.2 和表 5.3 列出的是不同类型的石油勘探和生产合同及其应用范围，分类的依据是：

（1）国家的不同；

（2）油气产量不同；

（3）地理区域不同。

表 5.1　石油勘探和生产合同及其使用国家

合同类型	主要生产国
租让制合同	大多数经济合作与发展组织成员国（澳大利亚、加拿大、美国、英国、挪威等）； 阿布扎比、安哥拉、阿根廷、哥伦比亚、巴西、文莱、加蓬、尼日利亚、俄罗斯等
产量分成合同	安哥拉、阿尔及利亚、阿塞拜疆、中国、刚果、埃及、加蓬、印度尼西亚、哈萨克斯坦、利比亚、马来西亚、尼日利亚、秘鲁、卡特尔、俄罗斯、土库曼斯坦、特立尼达拉岛和多巴哥岛等
风险服务合同	阿尔及利亚、伊朗、卡特尔、委内瑞拉等
国家石油公司或当地石油公司（在已经对外资开放的国家）生产	阿尔及利亚、巴西、伊朗、委内瑞拉、俄罗斯等
国家石油公司垄断生产	沙特阿拉伯、伊拉克、科威特、墨西哥

表 5.2　不同合同下碳氢化合物产量比例构成（1998 年）

合同类型	原油产量比例，%	天然气产量比例，%
租让制合同	38	49
产量分成合同	10	8

续表

合同类型	原油产量比例，%	天然气产量比例，%
风险服务合同	2	1
国家石油公司或当地石油公司 （在已经对外资开放的国家）生产	28	38
国家石油公司垄断生产	22	4

表 5.3　不同类型的合同基础的地理分布

（1）美洲地区。

	租让制合同	产量分成合同	服务合同	完全垄断
出口国	哥伦比亚 特立尼达和多巴哥岛	玻利维亚 秘鲁 特立尼达和多巴哥岛	厄瓜多尔 委内瑞拉	墨西哥
生产国	阿根廷 巴西 巴巴多斯 加拿大 美国	智利 古巴 危地马拉 苏里南		
非生产国	巴哈马 伯利兹 哥斯达黎加 巴拉圭	安提瓜　　　洪都拉斯 阿鲁巴岛　　牙买加 多米尼加共和国　巴拿马 圭亚那　　　波多黎各 海地　　　　萨尔瓦多		

注：欧佩克成员国用斜体表示。

（2）西欧地区。

除了塞浦路斯，希腊和马耳他使用产量分成合同外，西欧其他国家都使用租让制合同。

（3）中欧和东欧地区以及独联体国家。

	租让制及合资公司	产量分成合同	服务合同或完全垄断
出口国	俄罗斯	俄罗斯 *其他独联体共和国：* 阿塞拜疆、哈萨克斯坦、乌兹别克斯坦、土库曼斯坦	目前，大部分油气生产都由国营公司控制
生产国	匈牙利 波兰 斯洛伐克 捷克共和国	阿尔巴尼亚 保加利亚 克罗地亚 罗马尼亚	
非生产国			

注：欧佩克成员国用斜体表示。

（4）亚洲。

	租让制	产量分成合同	服务合同	完全（部分）垄断
出口国	*阿布扎比、迪拜、沙迦（阿拉伯联合酋长国）* 文莱 阿曼 巴布亚新几内亚 越南	巴林　　　阿曼 中国　　*卡塔尔* *印度尼西亚*　叙利亚 *伊拉克*　　也门 马来西亚　越南	*伊朗* *卡塔尔*	*沙特阿拉伯* *伊拉克* *科威特*
生产国	澳大利亚 新西兰 巴基斯坦 泰国 土耳其	孟加拉国 缅甸 印度 菲律宾 泰国		
非生产国	斐济 韩国	柬埔寨　尼泊尔 老挝　斯里兰卡 蒙古		

注：欧佩克成员国用斜体表示。

（5）非洲。

	租让制	产量分成合同	服务合同	完全垄断
出口国	*阿尔及利亚* 安哥拉 喀麦隆 乍得 刚果 加蓬 *利比亚* *尼日利亚* 突尼斯	*阿尔及利亚* 安哥拉 埃及 刚果 加蓬 赤道几内亚 *利比亚* 毛利塔尼亚 *尼日利亚* 苏丹 突尼斯	*尼日利亚*	
生产国		贝宁 象牙海岸 加纳 刚果民主共和国 坦桑尼亚		
非生产国	布基纳法索 尼日尔 中非共和国 几内亚比绍 塞舌尔 马达加斯加 塞拉利昂 马里 摩洛哥 索马里	埃塞俄比亚　莫桑比克 几内亚　塞内加尔 肯尼亚 利比里亚　多哥 　　　　　赞比亚 马达加斯加		

注：欧佩克成员国用斜体表示。

应该注意的是在同一个国家可能存在几种不同的合同制度。从 1998 年的估算可以看出，大部分碳氢化合物仍然是按照租让制的方式进行生产：超过 1/3 的原油和几乎一半的天然气都是这种情况。因为这种合同早在使用产量分成协议之前就已经开始应用，而产量分成协议则是在 20 世纪 60 年代末才开始应用的。

5.2 石油勘探和生产合同的主要条款

5.2.1 合同的整体结构

一份典型的石油勘探和生产合同（就是赋予受益人专有权）通常会多达一百多页，包括下面几个部分：前言、正文部分以及附录。附录也是合同不可分割的一个组成部分。

前言部分是对合同的概述（通常以"Whereas"开头），其目的是为合同中的具体条款限定法律框架（例如，合同中要提到签定本合同时已参考现行的法律规定）和政治框架（例如，提到国家的角色，国家在自然资源开发方面的政策等）。

正文部分列出的法律条款和子条款全部带有编号，并且分成多个章节。正文部分明确了合同的各方、合同签订的目的、合同的有效期、合同各方的权利和义务。概括地讲，合同条款分为 4 种类型：

（1）技术条款、操作条款和管理规定，这些是对不同阶段进行的实际工作的法律规定；

（2）经济、税收、财政和商业条款，它们要解决的问题是合同各方如何分摊利润、如何确定石油成本所占比例，如何定价以及如何处理石油产品等；

（3）法律规定，涉及到合同各方之间的合同关系的应用和修改问题；

（4）杂项规定，解决其他问题。

通常，附录部分包括以下几个方面：

（1）按照地理坐标描述合同规定的区域，要用到地图和相关的地表面积；

（2）会计流程，为合同中涉及到的石油业务提供会计计算方法和程序；

（3）工作承诺；

（4）母公司或银行提供的担保。

下面的章节讲述的是上面几个标题下的主要条款，其中的大部分条款在每份石油合同中都会出现，但是有些条款只出现在某种类型的合同中。

5.2.2 技术、业务和行政方面的规定

5.2.2.1 合同的期限和不同阶段

了解合同的不同阶段是很重要的，因为不同的合同条款适用于不同阶段。首先是勘探阶段，在此期间，合同持有人进行地质和地球物理调查，以确定合同区内有前景的区域进行钻井作业，然后在其中最有前景的区域，也就是那些最有可能存在油气的区域，开始钻井。接下来是开采阶段，即发现的油气具有商业生产价值的阶段。这一阶段包括开发期和生产期。只要完成了合同规定的义务，合同持有人可以在勘探进行或勘探结束的任何时候

撤出。

那些以前不对外国经营商开放的国家，现在开始顺应形势开放其工业。越来越多的合同涉及到的是已经被勘探过或被证明确实储藏有碳氢化合物。这些储量可能还未被开采，因为本地经营者（通常是国家石油公司）没有能力满足技术或资金的需求。或者，他们已经进行了开采并且为之耗尽了大量的人力和物力，需要恢复元气，或者需要强化开采，因为上述同样的原因，还没有开始强化开采。这种情况下，合同应该跳过勘探阶段，直接开始开发阶段。如果不必要进行勘探而且风险较低，国家可能要求在双方通过的财务安排上反映出这一情况。

如果政府授权在现有的深度基础上进行更深层的勘探，那么就要签订对现有油田进一步开采的合同，这样，情况就会更加复杂。

上面提到的种种考虑表明有必要明确界定合同条款以及相关的有效行为，以避免以后出现纠纷或对合同产生误解。

5.2.2.2　勘探阶段

（1）期限。

要确定勘探阶段的期限，必须满足本该相互矛盾的两个标准：

①勘探阶段需要留出足够长的时间，这样合同持有人才能在勘探区内顺利完成各项勘探活动，并且根据获得的结果评估勘探区内的石油或天然气的潜在储量，同时探明存在的碳氢化合物。

②勘探阶段花费的时间要尽量短，防止合同持有人的勘探活动过于缓慢，占用可能给其他公司带来利益的勘探区域。

为了协调这两个标准，通常的做法是规定一个相对长的总勘探期（一般为 5 ~ 10 年），但要把这个总勘探期细分成若干个子阶段。这样，合同持有人就可以有一个初期阶段以及后面可以继续签约的几个阶段。在每一个子阶段结束时，只要完成了前一个阶段应该承担的责任，合同持有人就可以续签下一个子阶段。

在最后一个子阶段结束时，涉及整个勘探区域的合同就到期了，但是如果在勘探区内找到了具有商业开发价值的油气资源，则要延长合同的有效期。不过，通常的做法是，把合同的有效期从届满之日开始再选择性地加以延长（平均是 3 ~ 6 个月的时间），这样可以使合同持有人有时间完成正在进行的勘探工作。

直到 1986 年，总体发展趋势是缩短勘探时间，减小勘探面积。1986 年以后，由于石油环境发生了变化，特别是深海石油开采活动的增加，形势出现了扭转。

合同开始生效之时就是初级勘探期的开始。初级勘探阶段通常是所有勘探子阶段中持续时间最长的一个，为了避免签订合同后发生大面积区域不进行勘探而被搁置起来的现象，通常规定合同持有人必须从合同生效之日起的一定期限内（一般为 3 ~ 6 个月的时间）开始作业。

（2）合同区域及放弃。

许可证或合同区最开始规定的区域是在地图上标定的，上面标示出其边界及参考点的坐标。在创建区块之前通常由国家确定这个区域，而不是由申请人确定，特别是在有国际招标的情况下更需有此规定。有时候，许可证上规定的或者可以得到的区域面积大小还要受到法律的限制。随着具体应用情况的不同，区域面积相差很大。

尽管合同持有人有时还是能够得到大面积的勘探区域，但是当局一般倾向于把面积中等的勘探区（1000～5000km²）分配给合同持有人。如果面积过大，合同持有人有可能只开发其中的一小部分，其余部分将因此被"冻结"，这样就把其他想对该地区投资的公司拒之门外了。因此，国家要采取政策保证勘探方案的连续性，这一点非常重要。

合同持有人一般不能无限期地持有涉及整个勘探区的合同。按照惯例，在提出续订勘探合同期限时，就要将合同区的面积缩减一部分，但是缩小的面积很小。在大多数规定了一个初级勘探期和两个深入勘探期的合同中，第一次和第二次续签都要强制性地放弃初级勘探区面积的25%～50%，如果有特殊情况，可以减小放弃面积或者不放弃。

合同持有人通常可以自由选择要放弃的区域。为了防止合同持有人放弃大量的零碎地块，可以规定对放弃区域的形状和数量加以限制。

（3）勘探工作义务或勘探费用义务。

签订合同以后，对每个勘探子阶段（初级勘探阶段和深入勘探期）都明确规定了最低作业义务计划。如果合同持有人希望续签合同，他就必须完成规定的最低作业义务计划。这个计划通常按照操作类型细分为：地质研究、地震调查和勘探钻井。

往往在勘探初期规定最低地震勘察计划。这个计划限定的是完成二维地震剖面图或三维地震地面图需要覆盖的最小面积。

最低钻探计划指的是钻探油井的最少数量，这一数字将取决于勘探期持续时间的长短以及合同规定的勘探面积的大小。还要规定钻井的最小深度（或应达到的具体目标）。最后，合同需要说明是否也可以把探边井和评价井用来作勘探井。

对合同持有人制定其勘探活动的最低作业计划的目的是满足国家的要求，保证每个合同持有人能够完成足够多的勘探工作，而且对授权勘探区域的潜在油气储量进行了充分的调查研究。

合同通常规定，如果在勘探期的某一个子阶段内，合同持有人超额完成了本阶段规定的最低勘探任务，那么可以把他超额完成的那部分额外工作转到下一个子阶段结算，这样还能减轻下一阶段的任务。

有时，根据勘探工作需要的最低费用来规定合同持有人承担的义务，可以把全部费用看作一个整体也可以按照工种的不同将其细分。

合同需要明确合同持有人是必须要同时达到勘探工作义务和勘探费用义务两个标准，还是只满足其中一个条件就可以，并明确哪个是重点。通常勘探工作义务优先于费用义务，在这种情况下，勘探工作义务的合同中规定的唯一的开支就是因为未完成指定工作需要上缴的罚金。

为了确保合同持有人能够履行投资或勘探义务，国家可以要求石油公司提供财政担保。这种担保可以是银行担保或履约保证金的形式。

该合同持有人可以勘探期届满之前放弃所有或部分勘探区域。合同规定，如果只是放弃其中的一部分面积，那不会减少在本期的义务，而如果放弃全部面积，合同持有人将按照合同的规定缴纳罚金。

（4）对发现油气的评估。

如果合同持有人在勘探时发现了油气，他必须将此事通知主管部门。如果他认为这一发现值得评估，就必须准备评估（或划界）方案以及工程预算方案。为了确保工作的顺利完成，有些国家还成立了专门的评估区。

在完成了相关方案之后，合同持有人应该将评估结果和结论通知主管部门，合同持有人尤其要说明的是他是否认为这个发现有商业价值以及如何按开发计划进行开发。

如果合同持有人得出结论，认为这次发现是经济上处于弱势或非商业性的，在有些合同中规定，合同持有人可以向国家提出修改合同中的某些条款，使其能够进行开发。提出这些修改的同时，必须由合同持有人提供一份经济研究，说明这些修改对整个项目经济的影响。当然，国家可以自由决定接受或拒绝合同持有人修改的建议。如果接受了这些修改，合同持有人还必须说明这次油气发现是有商业价值的，并且执行开发计划。

有些合同规定，如果发现的油气被认为是没有商业价值，而且主管部门想在合同到期之前对其进行开发，那么合同持有人必须将它移交给国家。有些特别条款适用于天然气的发现（见 5.2.5）。

5.2.2.3　开发阶段

（1）说明开发的商业价值，提交开发方案和生产计划。

必须强调的是，判断一处油气田是否具有商业开发价值与合同持有人有重大关系：因为他是承担风险的投资者，他要根据自己的假设和发展战略评估项目的盈利能力。然而，有些国家已经对什么是有商业开发价值的油气发现做了明确的限定，如果符合定义的标准，合同持有人就必须执行开发任务。这种方法考虑的是客观标准，即：探明的油气数量或者某个阶段单井的生产能力。但是，这种方法还没有得到广泛使用。

合同持有人宣布其发现具有商业开发价值以后，就开始着手准备开发方案和生产计划，如果需要，还应提交给主管部门进行批准。提出的计划一旦被批准，合同持有人就必须在短期内开始开发。该发展计划是一份重要文件，因为它涉及到所有的技术和经济问题，如：储量的估算；生产前景，开发进度，油井和生产设备，储存和运输，完成和投入生产的时间表，资本成本和运营成本的估算；进行商业化生产的可行性经济评估；环境和安全问题；生产结束时的弃井方案等。

（2）生产阶段。

开发计划通过以后，拥有勘探权的一方有权独家开发已探明的油气资源。根据协议，生产期的长短各有差异。通常在最初阶段就授权进行生产，一般都是 20 ~ 25 年，如果进一步生产仍然具有经济可行性，可以续签 10 年甚至更长的时间。

授予合同持有人生产许可证就意味着合同持有人有义务按照计划开发指定的某个区域。他应该按照国际上的最佳做法进行生产，争取获得最理想的采收量。

（3）油气产区的面积。

合同持有人宣告发现的油气具有商业开发价值以后，他必须把通过探边获得的待开发区的精确地图提交给主管部门。生产区应该等于油气开发区的面积。在给定的勘探区内，发现了几处有商业开采价值的油气，就应该有几个产油区。

在宣布发现的油气有商业开发价值时就可以确定生产区的面积。经过几年的生产，对产油区的认识会更加全面，有可能扩大生产区的面积。

为了以防万一，合同中应该有这样的规定：允许扩大生产区。这样，即使在实际开发过程中扩大面积，合同中的生产区面积还能和实际开发的面积一致，但是新扩大的部分必须还在合同持有人的开发范围之内。

（4）单元化。

新发现的一处油田有可能跨越几个分属于不同合同持有人的勘探区域，对这样的情况，合同中也要包含一项条款，确保对可采储量进行有序开发（例如，可以任命一个经营者，采取联合开发生产的方式）。

这种条款，又叫做成组化条款，出现在合同持有人和国家之间签订的所有协议中，因为可能会用到这样的条款，所以所有协议中这条规定的内容都一致。

对于油田和天然气田跨越国界的特殊情况，必须通过国际协议进行处理，就像位于英国和挪威之间的北海。如果多个国家之间发生争端，就要通过创建合作开发区的方式加以解决，这种特别开发区受到特别法律协议和财政协议的约束，如：沙特阿拉伯和科威特之间有名的中立开发区，澳大利亚和印度尼西亚之间的帝汶沟开发区，以及尼日利亚与圣多美和普林西比之间的联合开发区。

（5）放弃生产需要承担的义务。

要放弃某处油气田的生产时，需要对经营者的义务做出具体规定。这可能涉及免费向国家转交所有设施或者由经营者自费处置油井和其他设施。合同越来越强调需要把油井报废计划提前上交给主管部门，如果合适的话，合同中还应包括有关的特殊财政条款，需要预留出成本补贴用来支付油气井的报废费用。如果是在海上产油区，这样做要付出昂贵的代价因为相关的法律规定非常严格。

5.2.2.4　开展业务

（1）良好的油田作业。

所有的合同持有人都必须遵守良好的油田工作规范，不管是否有详细的技术法规的制约。这个要求与资源保护（产量最佳化）和安全问题的关系尤其密切。当前，环境保护也成为了一个非常重要的问题，而且还在不断制定新标准，其中包括要求在生态敏感地区进行环境影响评估和持久监测。

（2）年度工作计划和预算。

每年年末，合同持有人必须向政府提交第二年的工作计划和预算安排，这些都是要按业务类别或支出（勘探、评估、开发、生产）类别分别列出的。这些计划是暂定的，随着工作的进展会做必要的修改。只要工程计划的目标没有变化，是允许做修改的。

（3）行政监管。

相关部委内部负责采矿或油气开采的部门代表国家监管石油作业。如果进行重大的石油作业，比如地质勘察或地震调查、钻井、试井或架设生产设备等，合同持有人必须及时通知相关部门，以便该部门能派代表到现场。在作业期间，该部门可以要求合同持有人采取必要措施保障员工身体健康和生产安全。

（4）信息、报告和保密工作。

除了预先提供年度工作计划和预算安排外，合同持有人必须在规定的时间内提交活动报告，详细介绍开展的工作，必要时引用技术数据加以说明。

他还必须向国家提交在生产作业中获得的所有数据以及有关地下土壤的全部信息：地质和地球物理数据，测井记录，分析结果，生产井的测量数据，压力趋势，二次采收的研究报告，估计的现存储量和可采储量。合同持有人还必须提交关于生产本身的数据：油气田的产量、油气的销售数量和运输数量，还有有关买方的数据、目的地、每批货物的价格等。

该合同必须明确规定哪一方对生产期间获得的石油数据拥有所有权：一般而言，这是国家和合同持有人的共同财产。

在协议规定的时间内，国家和合同持有人对获得的所有数据必须保密。协议规定的这个时间指的是从获得数据之日起到勘探期结束，时间长短差别很大，3～5年不等。

最后，合同持有人必须定期提供生产活动和费用支出的报告。这些报告可以使国家监测到当地人在石油部门的就业情况。

（5）培训和雇用当地人员。

要求合同持有人在石油作业中优先雇佣当地人员。就其本质而言，石油作业需要有经验的、高素质的工作人员，并非总能在当地找到。由于这个原因，这个合同条款下另有规定，要求合同持有人培训当地的人员，这就涉及到要为各项计划制定最低限度的年度预算。有些国家也设定就业目标，是指一定素质条件下，本地人员在构成劳动力的百分比。

（6）优先使用当地产品和服务，惠及地方发展。

和优先雇佣当地人员一样，当地的商品和服务也享有同样的优先权。签订合同经常使用国际招标的形式，但是也会考虑到当地的企业。

发展地方也成了越来越强烈的需求。尼日利亚首先使用了"当地含量"的概念，而委内瑞拉则用的是"内源化发展"的概念。

5.2.3 经济、财政、金融和商业条款

5.2.3.1 为石油生产融资

该合同持有人承担为石油生产提供经费的全部责任。勘探费用是通过股权资本的方式获得的。开发成本在很大程度上来自贷款，合同中可能规定贷款在融资中所占的最大比例，其他审批条件，与减税或减免利息相关的条件等。

5.2.3.2 确定国家财政收入

收入的计算方式取决于使用的制度，在章节5.3和章节5.4会讨论这个问题。

5.2.3.3 国家的参与

在1970—1980年这段时间，一些国家制定了新规定，允许国家以合同持有人的合作伙伴的身份直接参与石油作业，根据它参与比例的大小，承担相应的义务，享受权利。这些规定的主要目的是使国家获得石油资源，以增加其净收入（也就是超出了资本成本和运营成本的那部分）和提高开发石油的作业水平，密切国家与石油生产的关系，特别是在加强控制、严格监督和技术转移等方面。

国家的参与通常是一种无形的联系。国家一般是通过本国公司作中介，成为合同中持有一定份额的合作伙伴。合作方之间的关系要通过签订参与协议确定下来。国家可以享有具体的优势，比如国家的"附带权益"，也就是说，在勘探阶段，应该由国家承担的一部分

资本成本转嫁给了其他合作方，而最后国家用所得的产量份额来偿还。

国家参与石油生产的另一个途径是通过合资公司的形式。这种做法并不常见，因为这样做可能会带来实际困难，特别是国家为其资本份额融资的问题，油气储量和生产的所有权问题，以及利润的支付和使用的税基等问题。但是委内瑞拉于 2006 年通过了一个新法律，目的是把现在使用的所有合同都转变成"混血儿"的形式，其中本国石油公司（委内瑞拉国家石油公司）至少持有 51% 的份额。

根据更为详细的规定，因为国家不承担初步勘探的风险，所以国家的参与会产生重大的经济影响。而且国家的参与减少了其他投资者的股份份额，国家所占的比例可以达到50%，在有些国家甚至更高，但是在 20 世纪 90 年代已经普遍下降，在某些情况甚至是零参与。正如前面提到的，然而，在某些主要生产国，还出现了相反的趋势。

5.2.3.4 确定碳氢化合物的价格

由于每一方的收入都与碳氢化合物的价值密切相关，所以其价格的确定至关重要。

（1）原油价格。

①对第三方的实际销售价格。

碳氢化合物的价格是以真实的市场价格为基础确定的，在商定好的发货地涉及到货物所有权的转移。通常使用的价格是装运港船上交货价，在出口港使用的是油轮。销售额是根据到岸价（成本加保险费加运费）价格计算的，所以必须调整 CIF 价格，得到离岸价格。

在同一期间销售同样质量的石油，如果可以计算的话，附属公司之间的销售额应该是以对第三方销售的石油的加权平均价格进行计算。如果在考虑的期限内没有销售给第三方石油，那么确定真实的市场价格时就要考虑到在本国或周围地区同期销售的相似质量的原油的平均价格。因此，要把这个价格交给各方按照制定好的程序进行讨论、审批。有的协议中包含了确定市场价格的详细步骤，如果出现意见不统一的情况，可以求助于专家，这位专家与合同各方都没有联系并且是各方同意聘请的，他的决策对各方都有约束力。

②标牌价格或财政参考价格。

这些是高于实际销售价格的理论价格，是在某些国家，特别是欧佩克成员国，在 1964年开始使用的价格制度。最初在与公司的谈判中使用的都是标牌价格，但是从 1973 年 10月 16 日起，欧佩克成员国决定单方面规定标牌价格。设置这种参考价的目的是避免为确定实际销售价格而引发争论，而且标牌价是计算国家收入（产地使用费、税收）时使用的的财政参考价格。

现在，和市场价格脱钩的标牌价格已经被淘汰了。

（2）天然气价格。

和原油不同，天然气没有一个真正的国际市场价格，因为它的价格主要取决于出售天然气的地理位置以及交通运输基础设施和市场的结合情况。

因此，合同中考虑的价格是销售给第三方的实际价格，如果第三方是政府或附属公司，则由双方协商确定价格。有时会参考燃料油等替代燃料的价格来定价。制定长期天然气销售合同价格要用到复杂的公式，计算依据是原油和石油产品的一篮子指数价格。

5.2.3.5 营销

根据合同的不同类型，合同持有人负责销售提炼出的所有产品或属于其份额的产品，并有责任卖到最好的价格。经常有这样的规定，即国内市场应是本国产品的第一市场。在这种情况下，销售价格就是市场价格或折扣价格，但是折扣价格还有一个隐蔽税的问题。

5.2.3.6 审计和账户

在合同的有效期内，合同持有人必须按照合同中附加的会计程序设立单独的帐户。制定这些程序必须符合相关国家的规则，但是为了满足特定的石油机制的需要，也可能稍有变动，例如折旧程序、亏损结转期的长度以及对石油成本的限定等。

合同书中不需要很多与合同持有人的账户有关的条款，这方面的工作可以参考会计程序的要求，其中清楚地解释了和所有会计实际操作相关的内容。会计程序规定账户使用的货币单位（通常用美元），货币兑换规则和政府对账户的审计权利。

5.2.3.7 海关制度

由于其特殊的性质，石油业务享有某些海关特权或行政配套服务，石油行业有权利进口货物和输入服务，而且通常不需要缴纳进口关税。最终会被重新出口的进口设备往往只被认为临时进口。合同持有人还有权在优先供应国内市场的前提下，自由选择出口产品，通常免除任何关税或出口税费。

5.2.3.8 税收优惠

考虑到石油勘探和石油生产的税收制度的特点，合同持有人及其分包商普遍享有一定的税收优惠，例如免征销售税（特别是对提供的劳务免征增值税）。合同持有人的红利分成和从其他国家筹集到的贷款可以免税。

在其他方面，除了石油法规中的规定，持有人必须遵守普通的税收制度。确定合同持有人在一次性业务中的利润时，对服务公司和外国供应商使用的征税的确很麻烦。通常的做法是从营业额中扣除一定的比例做为来源代扣税。

5.2.3.9 外汇管制

合同持有人也要遵守外汇管制的相关规定。不过，为了方便石油作业，这些管制措施往往不太严格。这样可以允许：

（1）在其他国家可以自由开通和使用银行账户；

（2）向在其他国家工作的分包商和员工支付部分报酬；

（3）在其他国家获得的销售收入不受任何限制（也就是，不必要把收入先转回到本国），除了需要支付一些在本国必要的花费，比如经营成本、税费等；

（4）可以在东道国兑换和购买外国货币。

过去，一些出口国强迫公司把它在国内获得的利润的一部分在石油或其他部门进行再投资。通常的情况是，这样的国家本身就是油气生产国，国内的地方税收法律对再投资提供优惠，往往在一个已经是一个已经进行油气生产的国家会对油气开发再投资方面实施税赋优惠，例如对新投入的勘探费用立即免税，或允许奖励。

5.2.4 法律规定

5.2.4.1 协议各方

由一位或几位部长代表国家或政府签订协议，部长负责石油事务或管理国家石油公司。就某家公司（或者是集团中的多家公司）而言，该协议通常是由石油公司根据当地法律成立的子公司来签署，母公司将保证签约公司严格履行合同义务。

在有些国家，当新发现油气资源时，会成立有国家参股的合资公司，这种公司的主要任务是负责管理各项业务，但不干预销售，也不参与利润分配。

5.2.4.2 分配和转让

只要符合该项条款的有关规定，合同持有人有权利把在自己在合同规定范围内的所有或部分利益转让或转移给其他人。

5.2.4.3 不可抗力

如果发生不可抗力的情况（不可抗力指的是合同各方无法预见而且无法控制的事件或行为，比如：自然灾害、国家内乱、颠覆活动、战争等），缔约各方可以暂时免除受到影响的义务。一旦恢复正常运作，可以根据延误情况调整合同期限。

5.2.4.4 争端的解决和国际仲裁

进行过和解的尝试之后，如果仍然有严重的分歧，就要通过仲裁加以解决。但是对于业务性和技术性的争端，最好是由技术专家解决，因为仲裁的过程需要很长时间。其他情况下可以考虑诉诸国家法院或国际仲裁。发展中国家和外国投资者之间的纠纷通常按照国际组织的既定程序提交国际仲裁。

5.2.4.5 适用的法律

适用的法律通常是东道国的法律。有时，东道国的立法可能不够完善。合同规定，如果出现这种情况，可以使用其他司法管辖区中更完善的法律规定，例如：加拿大的阿尔伯特省的法律（石油合同中经常提到可以参考它的法律条文）。

5.2.4.6 责任

不管是工作疏忽还是严重渎职，合同持有人都必须无条件地对石油作业中出现的所有损失（包括对环境的破坏）负责，并且必须因此给政府和第三方以补偿。如果合同持有方是多家公司组成的集团，它们必须共同承担连带责任，而不是独立责任。合同持有人还有投保的义务。

5.2.4.7 合同的撤销和合同持有人的撤销权

如果因为合同持有人严重违约，而且在被正式警告后依旧没有采取任何行动，这种情况下，可以撤销合同，处以罚金，并且剥夺其采矿权（勘探许可证或租约）。对有些违法合同的情况会规定具体的处罚。如果对罚款数额有异议，可以参考相关解决争端的法律条文。

5.2.4.8 石油协定生效日期

不同国家使用不同的方法使协议生效。协议开始生效的方式有以下几种：

（1）从签订协议之时开始生效（石油法律规定由国家领导人或部长签订的协议属于这种情况）；

（2）按照石油法律的要求，在适当的官方公报上公布消息，宣布已经签订合同（合同的内容可以公布也可以不公布）或者已经移交了采矿权；

（3）通过法律手段得到政府批准后；

（4）协议在法律上被正式批准后生效。也有这样的情况：如果协议是由部长或国家石油公司签订的，可能出现与现存法律偏离之处，甚至有些国家根本没有石油法律。

5.2.5　天然气条款

天然气可以伴随原油共生（伴生气），与原油一起从地下被采出，也可能以纯干气或纯湿气的形式（非伴生气）生产出来。

天然气的生产具有以下特点：需要相当多的而且昂贵的基础设施，不能储存，运输和配送都有特殊要求，需要长期而稳定的市场。因此合同中制定了特殊的条款，以方便气田的开发和生产。

对于商业油田伴生气的生产而言，通常的程序如下：

（1）天然气首先满足生产的需要（作为能源重新注入井中，可以提高采收率）；

（2）如果天然气不能用于生产或者销售，通知主管部门并且经过批准后，可以直接燃烧；

（3）国家有权无偿使用本来打算白白燃烧掉的天然气。

凡是新发现的天然气（非伴生气）通常是用以下措施进行开发和开采：

（1）发现了有商业价值的气田后，可以推迟宣布这一消息，因为必须对新气田的开发和产品销售前景进行相关的工程研究和初步可行性研究，并且将研究报告提交主管部门，这些研究报告中要说明新气田的商业潜力，宣布新气田的期限可以延长3～5年；

（2）只要是在这段延长期内，主管部门或合同持有人在任何时候都可以做出决定开发该气田，合同的另一方如果愿意也可以参加；

（3）为了降低商业门槛，应该在经济和财政方面采取激励措施。有了这些措施后，一些小规模天然气项目愿意为当地的发电站供应天然气，有助于发展中国家地方发电站的发展。

对于伴生气而言，采取这些措施的目的是确保天然气只在协议明确限定的条件下燃烧，而且这些气体根本没有销路。

对于非伴生天然气而言，采取这些措施旨在延长勘探期，从而使合同持有人有更多的时间评估新气田的商业潜力，找到潜在的市场。

5.3　特许制度

5.3.1　一般框架

按照有关特许权的规定，对于每一处商业化油气田，国家都要授予合同持有人独家勘探权（颁发勘探许可证）和独家开发生产权（签订租约或租让制合同）。

根据特许权制度制定的合同需要包括上述规定。这也许会涉及到实际的石油协议，或者只是用到了和授予勘探许可证或租约相关的一般情况和特殊情况，但是这些都是在当前石油法律框架规定的范围内，同时还有一系列与许可证相关的特殊条件。

租让制合同在以下3个方面和其他合同有所区别：已生产油气的所有权，生产设施的所有权以及增加国家收入的项目。我们在下面的内容中讨论这3个方面。

还应该记住，即使采用了章节5.1.3提到的立法办法，特许权还要包括法律合同，万一石油法律以后有所更改，这样能为合同持有人提供保障。

5.3.2 主要特点

5.3.2.1 生产所有权

油气资源被抽取到地面上之前，它是国家的财产。一般来讲，国家是土壤和矿物资源的所有者，不管使用哪种类型的合同，大多数国家都是这么规定的（见 5.1.1）。但是，租让制规定，合同持有人对所生产的油气拥有所有权，从油气被提取到井口开始，合同持有人就须用实物（石油和天然气）或现金支付矿区使用费。

5.3.2.2 生产装置的所有权

如果使用租让制合同，合同持有人在租约到期前对生产设备拥有所有权。通常情况下，租约到期后，合同持有人在没有任何报酬的情况下把固定设施归还给国家。如果国家认为这些设备经济实用，它可以自行选择使用。相反，如果国家认为这些设备派不上什么用场，它可以要求合同持有人自己承担费用撤走所有的设备。如果合同持有人在同一个国家的其他油气田作业，他有权重复使用这些设备。

5.3.2.3 国家的收入项目

在租让制下，国家通过税收获得收入。主要收入类型如下：

(1) 红利（签约定金或生产奖金）；

(2) 地面使用费；

(3) 矿区生产使用费；

(4) 利润税；

(5) 有时还有超额利润税。

不同国家的石油法律都在不同程度上承认特许权的契约性，这样如果石油法律以后有所变更，租让制合同也能为合同持有人提供保护。因此，在大多数国家，即使没有实际的合同，从颁发许可证的那天开始，就已经把某些规章条目（矿区使用费、超额利润税）确定下来了，但是征收利润税依据的是普通税收法律，因此会经常有变动。例如，20 世纪 90年代，在英国、挪威和荷兰，就曾多次削减税率，石油行业也因此受益。然而，英国后来使用了专门的石油税制，把石油行业的整体税率上调到了 50%。

5.3.2.4 签约定金

有些特许权协议规定，在签署合同或办理勘探许可证的那天，合同持有人需要支付"定金"。这笔费用可以一次或分多次支付给国家，具体数额根据合同类型有所区别，但是能达到几百万甚至数亿美元。这是合同持有人的主要财政义务，尤其是在生产开始前就支付这笔资金，因此这会对项目的盈利能力产生重大影响。但是从国家自身的角度来看，这是非常有吸引力的一笔大收入。

有些国家不要求直接支付签约定金，而是依据投标程序颁发勘探许可证获得定金。但是，最终的合同持有人按照这个程序支付的金额类似于签约定金。在美国联邦区颁发许可证就是采取这样的程序。

自 1986 年以来，使用支付签约定金的国家越来越少了，实际上这种做法在很大程度上正在逐渐消失，只有少数国家还在使用，通常是原来不准国际石油公司介入，但是现在敞开国门的那些国家，委内瑞拉就属于这种情况，1998 年，在对勘探区进行的第一轮投标中，委内瑞拉就从中获得了很高的奖金，此次投标由巴西、尼日利亚与圣多美和普林西比合作开发区（JDZ）、利比亚等参加。

5.3.2.5　勘探区地面使用费

合同持有人需要每年向政府或其他专门组织缴纳勘探许可证批准的那部分面积的地面使用费。在每个勘探子阶段这笔费用是固定不变的。但是一个子阶段结束后续签合同时，通常根据合同持有人被迫放弃的面积，按相应的比例上调地面使用费。比如说，如果在第一次续签合同时，合同持有人的最小被迫放弃面积达到了50%，那么在接下来的子阶段，其单位面积的地面使用费将翻一番。这种费用有时随年度索引而有所变化。

一般来讲，这笔费用不算高（通常每平方公里每年的地面使用费是 1 ～ 10 美元），不会对合同持有人造成很大的压力，除非勘探许可证规定的面积非常大。

5.3.2.6　生产定金

当油气田的产量达到一定数量时，合同持有人需要支付给政府一个或多个款项，这就是生产定金。在规定期限内，当产量第一次达到某个数量时（通常使用的计算单位是 bbl/d），应支付生产奖金，合同中规定了需要支付的数额。合同中也可以规定支付"发现定金"。

生产定金不是一个固定不变的数字，随着该国潜在石油储量的多少有所变化。和签约定金一样，生产定金意味着合同持有人要缴纳几百万甚至几千万美元的资金。

为了获得税收，国家使用签约定金和生产定金的方法不尽相同。有些国家认为可以减免这些定金，而其他国家则认为不可减免，从而提高了合同持有人的净成本。

5.3.2.7　开采地面使用费

合同持有人开采商业化油气田，需要每年向国家缴纳地面使用费，费用金额与租借合同规定的油区面积成正比。这笔费用和勘探阶段支付的地面使用费相似。不过因为生产阶段涉及到的区域面积远远小于勘探面积，因此开采地面使用费的单价要高得多。

5.3.2.8　生产阶段的矿区使用费

（1）定义。

矿区使用费是产值乘一个百分数得到的，有合同持有人以现金或实物的形式支付给国家。实际上，它是按生产价值的一定比例缴纳的税款，也就是与营业额挂钩的税款，和利润无关。

矿区使用费的多少不只是和使用的百分比数值有关，还取决于其他很多参数，都必须作出详细说明。

（2）矿区使用费。

原油和天然气产区的使用费是不同的，后者较低。

为了确保缴纳的矿区使用费体现不同油气田的特点，有时在合同中制定一个滑动标准，按照产量的多少规定矿区使用费的数额。通常有以下多种选择：

①根据日产量或年产量（每口井，每处油气藏的产量）的多少规定可变比例。为了防止在产量发生微小变化时计算出的矿区使用费出现突然变化，所以规定的这个比例只是针对增加的产量而不是总产量；

②根据从开始生产以来的总产量制定可变比例；

③这个可变比例还可以根据经济标准制定，比如累计现金流量和累计投资之比——R。

（3）实行围栏政策或者合并。

有些情况下，合同持有人用同一份勘探许可证签订多个租让制合同开采特许权，这时，有两种计算产量的方法：

①如果是相互独立的租让制合同，合同持有人为每份合同分别支付使用费，而且这些费用分开计算；

②如果是联系在一起的多个租让制合同，合同持有人根据所有租让制合同下的总产量计算使用费，并且一次付清。

如果可以随着产量的增加提高计算矿区使用费的比例，那么从费用计算的角度来看，整合所有的租让制合同对国家更有吸引力，但是合同持有人受到的影响要大得多。

（4）付款程序与频率。

矿区使用费是以现金还是实物的形式支付得由国家来决定，可以按季或按月付款。如果用现金支付，矿区使用费的数额还要取决于产值、选择的地点以及付款周期。

（5）计算地点。

有3种地点可供选择：在井口、从油气田发货的地方、在出口地或者在东道国内能买来消费的地方。

（6）产值。

计算产值的依据是：

①标牌价格或者国家官方规定的价格，以前曾经用过这种办法，但是现在很少用了；

②实际的市场价格。

（7）税务处理。

矿区使用费对合同持有人的影响将取决于其税务处理方法，是直接抵减所得税（这是以前的做法，现在很少用了），还是从合同持有人的应纳税利润中扣除。

（8）最近的发展趋势。

矿区使用费和利润无关，由于技术成本在上涨而石油价格却在下跌，矿区使用费已经越来越成为投资者的沉重负担。20世纪90年代，为了鼓励新的投资，曾经出现过减少甚至免除矿区使用费的趋势。以前计算矿区使用费使用的百分比通常为20%，现在更有可能是在0～12%之间。

5.3.2.9 直接利润税

（1）利润的综合。

合同持有人需要为其在该国获得的利润直接纳税。如果合同持有人还从事运输、提炼或液化天然气的业务时，通常把勘探和生产阶段的利润分开计算。

同样，矿区使用费也是这种情况。可以把合同持有人在该国进行勘探和生产活动所获得的利润整合在一起计算，也可以把每个租让制合同分开计算（后一种情况叫做围栅栏）。把尽可能多的生产活动整合在一起计算对合同持有人来说在财政上是有利的，因为这样可以在另一个许可证下获得的收入抵消他在一个许可证下的勘探成本。

（2）税收基础：收入和收费。

合同持有人的预计收益取决于所有碳氢化合物的销售收入和其他方面的收入（例如，租借设备给第三方产生的租金、销售硫等石油生产的副产品等）。

在成本方面，需要非常精确地界定可减免费用，如：经营成本、折旧费、财务费用、具体规定及其他允许减免的费用。某些费用需要和同一个集团在国外的经营公司分摊，例如，总部的费用由其所有石油生产子公司分摊。这些费用可能包括技术援助费用和参与石油运营的非定居人员的费用。

目前普遍采用的是直线折旧法，根据资产类型不同，折旧期限在 4 ～ 20 年不等。其他可能折旧方法还包括双倍余额递减法或以单位产量为基础的折旧。合同附加的会计程序中有列表详细限定了每种设备的类别和折旧方法。

一些国家允许合同持有人通过减税的方法抵消其全部有效投资，如给予投资补贴或减免 20% 甚至 50% 的税费等。

其他有关事项包括：

①为增加新条款制定的规则，例如涉及到废弃补贴或资源耗竭补贴；

②能够递延损失的能力，这种情况可能持续几年甚至无限长的时间。

（3）付款程序和周期。

和普通税法的规定不同，有法律条文明确规定石油税费缴纳的具体日期，这样国家就能及时获得石油生产带来的收益。举例来说，合同持有人须根据临时数据提前定期分次缴纳税费，并且记录每次的账户余额，直到付清全部税款。

（4）税率。

税率可以由一般税收法律确定，特定利率也可以用于石油生产业务。历史上，这项税率通常超过 50%，而且可能达到 85%。20 世纪 90 年代，这项税率曾经降到了 30% ～ 40%。前面提到过，这一趋势在一些国家已经发生了逆转，英国重新将其上调至 50%。有些国家一直以来都在征收附加税，即超出正常税费的那部分税款。

5.3.3 其他石油利润税

1973—1979 年，经历了石油价格的上涨之后，可以明显地看出，涉及生产特许费和利润税的传统租让制已经不能满足上游石油工业新经济情况下的要求。在两次石油价格危机之后，为了增加国家的石油收入，还算令人满意的各种方法应运而生，这些方法充分考虑到了石油的价格变化和（或）油田的诸多特点（见 5.6.1.4）。

相反，1981 年以后石油价格出现了下跌，为了鼓励投资，对石油公司使用的税收制度进行了修改，使其具有更大的灵活性和更完善的结构。在章节 5.6 中将会对此加以阐述。

自 21 世纪初期以来，有些国家（美国的阿拉斯加州、厄瓜多尔、阿尔及利亚）又重新开始征收附加税（图 5.1）。

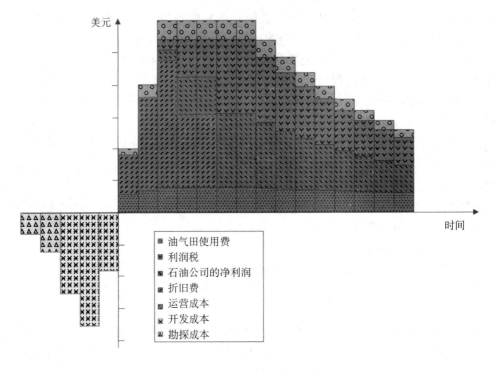

图 5.1　租让制协议下石油收入分解图

5.4　产量分成合同

5.4.1　整体框架

产量分成合同的法律框架是由印度尼西亚在 1966 年制定的，当时这个合同是在印尼的国家石油公司和美国一家独立石油公司之间签订的。后来秘鲁于 1971 年也订立了类似的合同。

此后，很多国家都参考这种做法，有些是石油出口国，比如：印度尼西亚和埃及已经签订了 100 多个这样的合同，还有马来西亚、叙利亚、阿曼、安哥拉、加蓬、利比亚、卡塔尔、中国、阿尔及利亚和突尼斯。甚至几乎不出口石油或没有石油的国家也使用产量分成合同，如坦桑尼亚、象牙海岸、毛里塔尼亚、肯尼亚、埃塞俄比亚、扎伊尔和牙买加。几个东欧国家和独联体国家也使用这种合同（见 5.1.8）。

这种合同在发展中国家和转型经济体中的成功之处在于它具备几个有创意的特点。例如，令人感兴趣的是它体现的合同关系（石油公司没有矿产资源的所有权）的性质和"产量分成"的概念。另外值得注意的是，国家拥有更大的控制权，在理论上可以监管石油公司的生产活动，而石油公司只是国家的服务供应商或承包商。

但是，实际上我们看到不管使用的是新式的租让制合同还是产品分成合同，理论上国家行使的控制权不相上下。在这两种合同中都是由石油公司承担财务风险，而且都在国家的监管之下负责运营和生产。在运行设备和管理经济情况方面，一些租让制合同甚至比产量分成合同的限制条件更加严格。

5.4.2　主要组成部分

5.4.2.1　原则

在法制方面，以下两条原则巩固了国家在产量分成合同中担任的角色：

（1）国家有对所有矿物资源拥有所有权，因此也对所有的矿物产量享有所有权。这样就在法律上规定了国家对油气开采和生产的垄断。石油公司只是服务供应商或承包商而已。

（2）虽然国家或国家石油公司会利用石油公司的技术和财政资源（石油公司贷款或预筹资金），但是大部分的产量仍然归国家或国家石油公司所有。承包商只能获得产量中的一小部分，以支付其成本和服务费用。需要指出的是，出现在公司的年度报告中的正是这部分产量而不是总储量。

因此，使用这种合同制度的原则基础是，拥有矿产权的国家或国家石油公司与石油公司（或集团）之间的产量分配。石油公司只是经营者，提供资金和进行生产作业，只有开发了商业化的油气田后才能得到实物报酬。

5.4.2.2　成本回收：成本油

以何种方式回收成本，不同国家有不同的做法，如果在同一个国家还要看合同的类型以及合同的签署日期而定。我们在这里只讨论一般原则。

在产品分成合同中，承包商有权留出合同区年产量的一部分，但是不能太多，用来回收成本。留出的这部分被称为成本油。尚未偿还的那部分余额递延到第二年，按照同样的原则回收。在和可回收成本比较之前，成本油以原油的市场价格进行定价。

原油成本的最高价格被称作极限成本，在不同的国家和合同中都有不同的规定，一般是超出 30% ~ 60%，也有可能高达 100%。极限成本的价格会对该项目的经济情况产生深远的影响。这个数值越高，承建商回收成本的速度就越快，而且他可以获得更好的投资回报。

然而，回收成本的规则已逐渐变得越来越复杂，这可以从有些合同中新增添的条文规定中看出来：

（1）投资补贴（印度尼西亚规定 17%，安哥拉规定在 33.3% ~ 40% 之间）：印度尼西亚的承包商可以回收其资本成本的 117%（而不是 100%），这样做是为了弥补通货膨胀给他带来的影响（实践中，成本回收的依据是未按指数调整的名义值）。

（2）把回收开发成本的期限延长：这和 4 ~ 5 年的（安哥拉）直线折旧制度或双倍余额递减折旧（印度尼西亚）是一样的道理。

（3）可回收石油的成本更确切的限定。

①是否包括奖金、利息和财务费用；

②优先回收某些类别的成本（勘探成本、开发成本、生产成本、其他成本）；

③共同承担的费用和单个成员的费用；

④回收一个集团内部不同公司共同承担的成本和每个公司单独承担的成本；

⑤如果开发几处连续发现的油气资源，如何分别计算在不同开发区的成本。

产量分成合同一般不要求支付生产特许费，但是如果支付生产特许费，要在扣除了抵价特许费的产量后，用剩余产量计算成本油的数量。

5.4.2.3 产量分成（利润油分成）

扣除成本油后剩余的那部分石油被称为利润油。在过去 35 年的时间里，国家与承包商之间分配利润油的方式发生了很大的变化。

最初，产量是按照协商后合同中规定的固定比例进行分配的，与油气资源的特点无关。在印度尼西亚，政府和承包商之间的石油产量分配比例原来是 65% 和 35%，在 1976 年改成了 85% 和 15%，但是天然气的分配比例仍保持在 65% 和 35%。这些都是支付了利润税之后的实际比例。

后来开始使用分级滑动标准，这是根据年产量的多少制定的。例如，低产量油气田的分级分成比例是双方各占 50%，而高产量油气田的分成比例是 85% 和 15%。1979 年，安哥拉依据每个油田的累计产量制定了分级标准。这些比值和油气资源的特点以及油气田周围的环境（陆地、浅海或深海）都有密切的关系。

有些国家采取的是允许原油价格变动的调整机制（设有价格上限）。如果价格超过了规定的上限价位，政府仍然可以分享超过价格上限的那部分，分享比例有所不同，有时甚至高达 100%（采取这样做法的国家有安哥拉、马来西亚、秘鲁和 1978 年前的印度尼西亚）。

1983 年许多国家引进了新的产量分成机制，它不是以日产量或累计产量为基础，而是以在给定时间承包商的收益率（或衡量盈利能力的其他标准）为依据。使用这种机制的国家有：赤道几内亚、利比里亚（根据收益率分成）、印度、利比亚、突尼斯、象牙海岸和阿塞拜疆（根据 R 分成，这样似乎更加合理，章节 5.6 有 R 的定义）。

不同的国家和合同类型规定的利润油分成有相当大的差别。其中反映的是对石油潜在储量和成本的不同预期，后者与油气资源的特点和所处的具体位置有直接的关系。

因为产量分成合同允许根据油气潜在储量的变化对其合同条款做调整，这就是产量分成合同存在的优势（图 5.2），相比而言，租让制合同在谈判中缺乏灵活性。

5.4.2.4 利润税

要比较不同类型的产量分成合同，就须考虑征收利润税的不同方式。1976 年前使用的产量分成合同是在税后计算利润油的分摊比例，这样，承包商就不需要缴纳显性利润税。他所缴纳的是除税净额，而这一项已经被包括在政府的份额中。但是承包商会收到一份纳税申报单，要求他填写在自己国家应该缴纳的税金，这时他就可以把自己的这部分份额从中扣除，从而避免了被双重征税。

1976 年，美国国税局不再允许向国家支付名义性的税款抵税。在众多美国公司的要求下，修改了原来那种简单模式的产量分成合同。其中一项就是在确定利润税时，增加了一套独立的程序，使用的是东道国的商业公司和实业公司的通用纳税规则。但是欧洲的公司不使用这些程序。

这样，制定合同时协商的利润油分摊比例就需要在税前计算出来。如果税率是 50%，那么这项措施会产生如下的影响：假如国家和承包商之间在税后的利润油分配比为 70% 和 30%，那么国家得到的 70% 被认为包括了代表承包商利润税的那 30%，因为承包商得到的 30% 是免税的。相应地，如果税前计算出来的国家和承包商之间的利润油分摊比是 40% 和

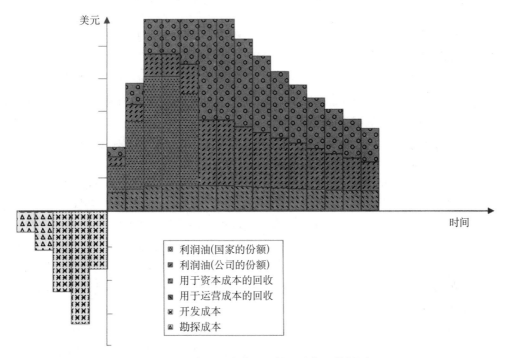

图 5.2　产量分成合同下的石油收入分解图

60%，承包商必须为他 60% 的份额缴纳税款，也就是 30%，这样他的净收益就等于利润油的 30%。国家的份额则变成了 40% 加 30%，即 70%。这种粗略的计算是假定用于纳税的折旧费和石油成本回收中使用的折旧费完全相等，但是有些合同不是这样规定的。因此两种类型的分成合同在给国家支付税收的时间规定上也存在很多区别。

在上面的例子中，如果税率为 50%，税前利润油的分配比例应该是 40%（国家）和 60%（承包商），而税后的比例为 70%（国家）和 30%（承包商），实际上两种方法类似。

美国国税局随后采取了更加灵活的态度，所以美国的公司可以任意选择一种。

5.4.2.5　产量的可用性

与租让制截然不同的是，在产量分成合同中，承包人可以获得一定的产量，即成本油加上他分摊到的利润油部分。此外，国家有权取走它的利润油部分并且在市场上销售。如果有国家石油公司参与，这是一个优势。

5.5　其他合同形式

服务合同是由产油国的国家石油公司制定的，允许石油公司代表产油国的国家石油公司进行石油勘探，开发和（或）生产。

服务合同主要在中东地区和拉丁美洲使用，但是使用范围不大。根据石油公司承担风险的不同，服务合同可以划分为两种类型：

（1）风险服务合同（或代理合同），在项目投产后，承包商只能回收其投资成本。

（2）技术援助合同或合作合同，承包商不需要承担任何风险，完成工作后就可以获得酬金。

不同的服务合同的条款和条件差别很大，下面概述的是其主要条款。

（1）风险服务合同。

风险服务合同的使用有着悠久的历史，是生产国和石油公司之间在勘探和生产方面制定的合同。实现了石油工业国有化或者国家石油公司拥有垄断权的国家最早使用这种合同，这些国家有：阿根廷、巴西、印度尼西亚、伊拉克和伊朗。

这种形式的合同在海湾地区的欧佩克国家有望重新获得生机，因为这些国家想提高生产能力，所以它们想从石油公司那里获得技术知识和财政资源。

如果签订了服务合同，承包商就能代表国家石油公司在自己承担风险和费用的情况下勘探油气资源，承包商在此期间支付的成本费用都会得到偿还而且根据勘探情况获得现金报酬。所有的产量都归国家石油公司，不过承包商能够按照商定好的条件购买部分产品。

承包商在国家石油公司的控制下进行运营作业，国家石油公司在开采或投产时可能就变成了运营商。国家石油公司拥有勘探钻井装置，而外国公司有权使用这种基础设施。

风险服务合同和产量分成合同的根本区别在于承包商得到的报酬是现金而不是实物。因此，承包商没有权利销售抽取出的石油。

（2）回购合同。

伊朗根据本国的具体情况首先采用了回购合同。伊朗宪法不允许以租让的形式出让石油开发权。但是伊朗在 1987 年通过的石油法案在这方面有所松动，该法案允许伊朗国家石油公司、国营公司、地方或国外的公司或个人之间签订合同。此后，美国康诺克石油公司于 1995 年就开发伊朗的斯尔里 A 和斯尔里 E 油田，与伊朗签订了第一份开发协议。后来，美国政府取消了此项协议，由道达尔石油公司接收而且于 1995 年 7 月签订了一份新协议。

风险服务合同规定投资者负责全部基建费用，负责回收生产过程中的成本费用，但是可以获得固定报酬，在合同签订之前进行协商，而且不受价格波动的影响。

合同的有效期只局限于两个阶段：回收成本前的开发阶段和获得报酬的阶段。合同总的有效期为 4～6 年。总发展计划写在了合同的附加部分，其中明确规定了工程进度时间表，开发项目及工程价值总额等事项。整个工程受到联合管理委员会的监管，委员会由合同各方分别派出的 3 名代表组成。工程项目开始时，伊朗国家石油公司就成了经营者，一部分费用支出分拨给地方的转包商。

这些合同都给投资者规定了很多特定的限制条件：合同是短期的，在整个开发阶段都有相当大的灵活性，开发活动必须严格按照开发计划的要求进行。转交给承包商的份额相对较少，而且也不鼓励承包商参与过多的油气开发。此外，所得收益和投资成本在签订合同时就已经做了明确规定，这种做法会产生风险，必须加以管理。

由于这些合同只是最近才开始使用，在将来随着这方面经验的积累，会对合同进行相应的修改。

（3）零风险技术援助合同或合作合同。

在这种类型的合同中，承包商不承担任何风险而且不直接参与项目的融资。承包商因为提供服务而收取服务费。这笔服务费的金额和最后的结果有着或多或少的密切关系。技术援助合同涉及到的主要内容是提高油气田的产量，有时则关系到开发行为。资金全部由国家或国家石油公司提供。

技术援助合同实例：

①合同的内容是帮助提高石油的产量，对方国家的石油工业已经在20世纪70年代完成了国有化进程，如沙特阿拉伯、科威特、卡塔尔和委内瑞拉。

②合同中提供技术的一方是前苏联和东欧国家，他们在20世纪80年代末之前向发展中国家提供援助，如：古巴、印度、巴基斯坦、也门和埃塞俄比亚。

③合作协定用于代表国家石油公司开发新油田的情况，比如在阿布扎比、印度和贝宁。

应该注意的是，技术援助合同规定承包商有权利购买部分生产的石油。承包商要遵守东道国的税收法律（利润税）。

5.6　分担经济租金对勘探生产活动的影响

5.6.1　灵活性和投资激励

5.6.1.1　油气勘探生产项目的具体特点

石油勘探/生产协定规定了签约双方在某处地理带开发碳氢化合物资源的过程中需要承担的义务。

合同中的很多条款与被勘探地区并没有任何关系。例如：标准法律条文、与陆上和海上钻探有关的事项以及记账方法等。

另一方面，有些条款则考虑到了待勘探地带的特点：勘探风险、碳氢化合物类型、具体位置、现有的基础设施、成本水平等。这些条款要考虑到签订合同时的国际石油市场，也要顾及到日后石油生产过程中不断发展的市场。条款涉及到以下几个方面：

（1）勘探项目持续的时间长短，许可证的限用区域以及弃井条件；

（2）最低限度勘探工作量或勘探费用义务；

（3）国家和合同持有方分担经济租金多少的依据；

（4）安排生产的各种情况。

这些问题是谈判中关注的重点。签订合同或许可协议的时间由石油公司决定。

就某个区域或特定的市场条件制定的财政条款和合同条款不能在不做任何改动的情况下简单地挪用到其他地方。一份合同，更广泛地讲是分成协定要和所处的大环境协调一致，而且留有余地以便以后发生预料之中或未预料到的种种变化。

采用激励机制，鼓励在特殊地区的投资，比如：未曾勘探过的盆地、深海地区、陆上偏远地带、北极、雨林或者沙漠。激励措施还可能促进天然气田的开发和开采。

5.6.1.2　传统的合同和税收制度缺乏灵活性

这里说的传统的合同和税收制度是指特许费、利润税固定不变的租让制和利润分配比例固定不变的产量分成合同。

无论使用哪种合同，石油公司的收益和国家的收入会有很大差别，首先是因为钻探的油田不同，而油田的地质特点（位置、储量的多少油、气井的产能）直接影响到成本的高低；其次是碳氢化合物的价格并不稳定。油气藏的商业价值对这类参数都非常敏感。

简单的经济模拟显示，传统的固定费用合同会导致财会放大效应。收益不是太高的项目会被放在聚光灯下百般挑剔，而较好的项目的吸引力则被夸大了。对于探明油气储量很小的地区，单位技术成本往往很高，而且认为其预期回报会很低。相反，如果是大储量的油气田，其单位技术成本会很低，而预期回报好像很高，如果储量超过一定数值，预期回报甚至会特别高。这种情况会导致国家和实际经营者之间的利润分配不平衡，只能在将来举行谈判找到更合理的分配办法。

生产国已经意识到了需要修改合同制度和财政制度来合理地解决这些问题。大多数国家已经逐渐调整他们的财政制度，使其具有更大的灵活性，推行有创造性但同时也是更加复杂的制度。实际执行过程中、计算方法以及审计方面都会遇到很多困难，这些都是无法预见的，但正是这些问题迫使对新合同进行修改。多种不同的机制将会在下面讨论。

5.6.1.3 弹性制度实现的目标

从经济方面来讲，税收规则和分担经济租金涉及到的参数需要解决两种截然相反的情况。

首先，要能够改善储量较小的油气田的经济状况，这种油气田的数量不少。如果做到了这一点，就能够鼓励很多石油公司进行勘探和开发。这需要国家承担部分风险并且放弃一部分短期收益。长期利润会抵消短期的损失，但是，无论如何，遭受短期损失是肯定的。权衡长期收益和短期损失对一个国家来讲是很重要的政治选择。

其次，就是要防止公司掠取过多的利润，也就是说，不能超出它应该得到的额度范围。这种情况下，需要增加国家的收益。但是同时，这种机制要保障投资商得到和承担风险成比例的健康的盈利，否则就会打消投资商的积极性。

1973—1981 年，原油价格不断攀升，大多数国家，不管是工业化国家还是发展中国家，都有朝第二种情况靠拢的趋势。在这段时间，开始了对石油征收超额利润税，这是以普通税费或利润油分成比例为基础征收的附加税，这样做对国家有利。但是从此以后，情况有所转变。我们在前面的章节已经提到过，此后出现了两个新的变化：1981—1986 年油价稳步下滑，后来直到 1998 年末，油价出现了大幅度的波动但是都是围绕着一个相对公平的价格上下波动；另一种变化是，原来不对国际石油公司开放的国家开始逐渐提供越来越多的机会，特别是从 1990 年开始的独联体国家和东欧地区，还有拉丁美洲国家和中东地区。

这段时期，国家和投资商双方也出现了平稳的过渡：投资商逐渐开始接受了这样的准则——如果获得了额外多的利润，国家要得到较高的份额。相反，东道国也逐渐作出让步，降低他们的利润份额，这样才能鼓励投资商涉足利润不高的项目，或者当石油价格下跌时对投资商加以补偿。

从 21 世纪初以来，持续偏高的石油价格带来了丰厚的额外收益，于是越来越多的生产国又开始要求获得更多利润份额，为了达到这一目的，甚至增添新的合同条款和财政条款。

5.6.1.4　增加租让制的灵活性

（1）生产特许费的累进税率。

用不断增长的税费代替固定税费能够反映出：

①年产量；

②不同的地理位置（陆上、浅海、深海）；

③探明储量的时间（原来已经探测到的石油、新发现的石油）；

④碳氢化合物的种类（原油、天然气）；

⑤项目的实际收益（例如每年都重新计算的盈利比率，突尼斯在 1985 年开始推行这种制度，其他国家很少使用）。

我们在章节 5.3.2.8 中强调过生产特许费有相当大的经济影响力，因为是针对营业额征收的税费，即使采用累进的计算方法。于是有些国家采用了激进的做法，决定在一定的情况下，免除所有的特许费，例如，在挪威年产量达不到一定标准的油田以及在 1986 年 1 月 1 日那天或以后已经宣布商业化的油田，不管其产量多少都免除特许费。之所以采取这种的措施是因为大家对原油价格未来的走势并不乐观，同时，挪威想通过鼓励开发储量较小的油田和老油田周边的卫星油田，恢复本国的石油勘探开发业务。

（2）投资激励。

投资激励可以采用投资抵税，提高折旧费或者其他各种能减少公司税费的方法。例如，为了少交税费，有的地区把勘探行业和生产行业合并在一起。这样，持有许可证的一方在某个油田的勘探成本就可以用他在其他油田的收益来抵消。这就相当于得到了国家的间接补助，而且税费越高，这种做法的价值就越大。

（3）累进利润税。

使用这种税收制的国家很少。1985 年突尼斯开始推行累进利润税制度。根据这种制度的规定，根据每年重新计算的盈利比率决定那些场合使用累进利润税，例如特许费。这种税收制度很复杂，因为它的核算标准与现有的特许费标准不同，而且，对石油和天然气的计算方法也有差异。

另一种可能的激励手段是在投入生产的第一年，允许免交利润税。

（4）国家的参与程度的累进法计算。

国家的参与程度也可以用累进法计算出来，用到的参数和上面提到的计算特许费使用的参数相同。

（5）超额利润税。

在章节 5.3.2.10 提到过，许多国家在 20 世纪 80 年代都打着不同的幌子推行了这种制度：挪威征收的"特殊税费"，英国征收的"石油收益税"，美国征收的"暴利税"以及法国征收的"异常税"。欧佩克国家征收的很高的利润税也看作是超额利润税——在有些国家高达 85%。

各种税收制对纳税方的收益产生了很大影响，但是从使用经验来看，要真正实现目标仅仅靠这些方法还远远不够。实际上计算这些税费的标准要么是石油价格超出参考底价（征收暴利税的情况下）的部分，要么是纯粹的会计方法计算出来的伪利润标准（征收石油所得税的情况下），而不是以相关业务的真正经济利润为标准。

基于上述种种考虑，有些国家已经开始推行使用"资源税"，直接从开发和生产项目的实际利润计算出来。使用"资源税"制度的国家有：巴比亚新几内亚（1976），马达加斯加（1981），索马里（1984），几内亚比绍（1984），塞内加尔（1986），澳大利亚（1988）和纳米比亚（1991）。

当石油价格回落到远低于 20 世纪 80 年代的价格水平后，已经停止征收上面提到的种种税费。不过，随着石油价格的上涨，以后可能会重新使用。

正如前面提到过的，有些国家和地区（英国、阿拉斯加、厄瓜多尔、阿尔及利亚）已经又开始征收超额利润税了。

5.6.1.5 提高产量分成合同弹性的方法

因为产量分成合同的制定原则各不相同，与修改租让制合同的条款相比，修改产量分成合同的条款更容易些。可以通过调整成本补偿机制和设置一个利润油分成比例滑动标准两种方法达到修改产量分成合同的目的，因为其中涉及到的参数都是谈判的结果而不是法律中明文规定的。

（1）调整成本补偿机制。

这项工作涉及以下几个方面：

①设置可变动的极限成本；

②修改回收投资的时间期限；

③推行投资信用或提高折旧费等方法，类似与前面特许费制度涉及到的内容。

（2）修改利润油分成比例。

固定的利润油分成比例过于呆板，只适用于实际作业费用相当稳定的油气田。用前面提到的同一个概念，可以给这个参数设置一个滑动标准，它会随着年产量或油田累计产量的增加而增大。如果能在产量和承包商的潜在收益之间建立重要的联系，就有必要对这种机制加以改进，但是不能保证一定会建成这种联系。这种制度没有直接把油价的变化考虑在内。

如果上涨的石油价格超过了一定的限度，设置价格上限能增加国家的份额。这个限度会随着物价的上涨而变化：安哥拉和马来西亚的部分合同中就是使用了这种方法。

还有很多不同类型的机制，要求在承包商的所得份额和他的业务获得的实际利润之间建立联系。这样的机制有：

①征收超额利润税（在特许费中提到过），由承包商按照他在利润油中所占的份额用现金支付这笔税费。决定份额大小的原则和传统的产量分成合同中规定的原则相同（在坦桑尼亚和特立尼达拉岛使用）。

②可以把利润油分成比例变成实际盈利率的函数。早先产出的全部石油几乎全部归承包商所有，只留出一小部分给国家。后来国家所占的份额逐渐增多，这和前面在特许费中提到的情况类似。采用这种方法并没有取得成功，因为把具体的计算分析付诸应用困难重重。

③把利润油分成比例变成盈利比率的函数，即"R 因子"，它等于承包商的累计净收益和累计投资之比。这些数值每年都要重新计算，而且是从合同实施的第一年开始累计。根据合同中规定的标准，承包商在利润油中所占的份额随着 R 的增加而减小。和前面提到的

方法不同，尽管需要明确规定计算过程和审计程序，具体实施的难度大大降低。因此这种方法获得了成功的应用，而且在如下国家推广使用：印度（1986），埃及（1987），象牙海岸（1990），阿尔及利亚（1991），利比亚（1991），尼加拉瓜（1998），秘鲁（1998）和喀麦隆（2000）。

5.6.2 不同制度的比较

比较有关分担经济租金的不同制度是一件很棘手的事情，会遇到很多困难。尤其麻烦的是，作为其核心部分的经济核算是独立的，不能和国家或地区的其他作业活动联合在一起。此外，不同国家使用的技术条件有所差异。最后一点，因为合同都是高度保密的，很难收集到数据；而从间接渠道得到的数据又没有可信度。

尽管有前面提到的种种限制条件，仍然可以根据政府收取的总比例这一简单的标准把全世界不同的经济租金机制按照相对苛刻程度（从投资者的观点）进行排序。在这里，"政府"这个词是广义的，包括任何一个参加石油作业的国家石油公司。此比例是通过模拟整个勘探和开发过程中的投入和产出计算出来的。不要把它和政府收取的边际比例混为一谈，后者是在所有投资成本都被抵消或回收后计算出来的，比例更高。

如果百分数很大，说明对国家有利，对投资方不利。很明显，一种制度是否苛刻取决于这个国家潜在石油储量的多少。只要一个国家有很大的石油储量，或者看好的前景，即使非常苛刻的制度也不能阻止投资方参与油气项目。另一方面，产量很低或者不产油气的国家，产量下滑的国家，还有找不到新的油气储量的国家，它们在当前极具竞争力的环境下都没有任何选择，只能通过提供有吸引力的条件引进外资。

为了解释这一点，按照国家在收益中所占份额比例的大小把不同背景的许多国家划分为以下几类。这种划分方法并不精确，如果进行更加详尽的分析，还会有所变化。

（1）国家所得份额在30%～50%之间的国家有：阿根廷、美国（墨西哥湾、阿拉斯加）、冰岛、新西兰和英国；

（2）国家所得份额在50%～75%之间的国家有：安哥拉（深海地区）、澳大利亚、喀麦隆、哥伦比亚、埃及、厄瓜多尔、法国、加蓬、印度、摩洛哥、挪威、泰国和特立尼达岛；

（3）国家所得份额超过75%的国家有：安哥拉（卡宾达）、文莱、中国、埃及、印度尼西亚、利比亚、马来西亚、叙利亚、委内瑞拉、越南和也门。

有些国家同时属于不同的类别，因为他们在不同地区采用了不同的规定。属于第一类的国家大多是工业化国家，它们既是生产国也是消费国，而且国家经济并不十分依赖石油的上游业务。第三类国家都是生产国，而且在很多情况下是出口国，这些国家的经济高度依赖石油工业。第二类包括的国家最多，这些国家的石油产量属于中等，在国家不同的发展阶段实施的石油政策也有区别。

为了吸引投资国家之间的竞争日趋激烈，纷纷提供优惠条件。其中的一个表现就是许多国家对本国的法律、税收制度和合同协议定期进行修改。比如喀麦隆和摩洛哥，这两个国家在2000年就对他们的各种制度做了重大的修改。摩洛哥实施了多种税收激励措施，希望能够把从事深海作业的作业队吸引到摩洛哥的海岸来。喀麦隆对本国的制度进行了彻底的改革，并且采取激励措施吸引作业队在本国重新勘探，扭转油气产量不断下滑的趋势。

相反，近年来有潜在储量优势的生产国却在修改规则，想提高国家所占的份额。

5.6.3　前景展望

为了能对上游石油开发活动作出全面的评估，除了要了解技术问题和石油开采潜力外，对立法、财政以及合同框架的掌握也是很重要的。这些方面在石油生产国和投资者的关系中处于核心地位，在决定经济租金的分配方面扮演着重要角色。评估的目的就是使双方利益实现最大化。

根据被国际社会一致接受的简单原则和很多国家普遍采用的机制，本章概述了多种调控方法和经济手段。

在一系列技术、经济和政治因素的影响下，很多国家的多种规定都已经发生了变化。在过去的 20 年中，全球的勘探和生产竞争日益激烈。一些曾经不向国际投资者开放或者由于技术原因投资者无法介入的新区域已经开放，因此可以选择投资的国家大幅度增加。由于预算的限制，石油公司变得更加精打细算，而且由于公司的合并和收购，石油公司的数量在减少。大公司提出了与独立的小公司不同的投资回报标准。

在实际的油气生产国和潜在的油气生产国之间的竞争有不断加重的趋势，这将使税收制度和合同将变得更加灵活多变。在更富有挑战性的环境下进行勘探和生产时，这种趋势尤其明显。需要保证储备和更新储备的石油公司之间也存在竞争。同时，有多年发展历史的产油国也希望从持续上涨的油价中获得好处，因此他们提出了新的合同条例和财政规定以提高在全球石油市场中所占的份额。然而并不是所有国家的情况都相同或者在国际社会占有同等重要的地位。希望那些有着巨大潜力的国家——沙特阿拉伯、伊朗、伊拉克、科威特和墨西哥，能够对全球的工业敞开大门。

第6章　勘探开发决策

石油行业是资金极度密集的行业，而且投资决策至关重要。本章主要涉及资本开支项目的评价。我们的目的不是为读者提供项目评估的速查手册，而是在温习一些基本原则的基础上，讨论若干石油上游行业的特色问题。

我们首先会引入战略分析的概念，帮助读者了解项目评估面临的主要约束。随后简要处理与短期决策相关的问题，然后介绍资本回报率的估计方法。我们先用确定性方法来分析项目，在最后一节中，会重点讨论不确定条件下的风险分析与决策问题。

6.1　战略分析与公司目标的界定

许多小公司的战略纯粹是出于高级管理人员的直觉。然而，绝大多数的大石油公司，会采取系统的流程来决定自己的战略定位，明确评估大型投资项目时所需的背景。在这个过程中，会使用大量成熟的概念与工具，例如波特的分析框架、波士顿矩阵等。本节中，我们会展示行业上游常用的方法，然后简要讨论石油公司是如何组建他们的战略部门以及如何进行战略思考。

6.1.1　理解公司运营的环境

为了定义战略选择，必须对公司运营的环境有清楚的理解。战略规划部门的一项任务就是持续地追踪并分析石油市场中原油价格的波动、市场参与者、政治风险等问题。我们已经在第一章中分析过这些问题，因此不再赘述。在情景分析中，需要判断中长期的远景。很多年前，壳牌公司的战略决策就已经声名赫赫。如果无法组合出一个综合性的情景，为了确保公司各部门在各自的项目分析中保持一致性，规定一些假设条件作为参考则是非常必要的。

那些与技术进步相关的假设是最重要的。对于技术进步的预测是很困难的，然而它们对于我们的某些抉择具有重要的影响。开发某个天然气田的决定不可避免地会涉及对未来的天然气需求和市场发展趋势进行预测，但它同时也依赖于对技术进步而导致的液化及运输成本下降的预期。与此类似，准备开发奥里诺科油带的超重油的公司不仅是在赌传统石油最终会变得稀缺，毫无疑问他们也在期望未来开发技术的进步，从而能够提高这些资源的采收率并且降低开发成本。

6.1.2　优势与劣势

只有在结合外部环境对大量的项目进行比较后才能发现公司的机会所在。公司自身及其竞争对手的"优势与劣势"都需要分析。针对每一个独立的项目，分析所有影响竞争力的因素：技术、资金、人力资源、组织构架与政治环境。分析竞争对手时，一定要分析他们的意图。有些意图很容易就能看清，有些则必须仔细甄别他们的行为才能弄清。申请专利的数量表明了对技术的专注程度，购买、出售或者改变持股比例可能意味着公司新的发展方向，重新关注核心业务或者地域的多元化。公司在路演过程中的演示也是信息的来源。

苏格拉底说："认识自己"。客观看待自己的优势与劣势是很难的。在一个国家证明了自己价值的团队在另一个国家或环境下却未必如此。虽然困难，但是很明显，严肃地评价自己的公司是至关重要的。

6.1.3　项目组合

在勘探开发活动中，一个区块的寿命毫无疑问比市场份额更值得关注。在构建平衡的项目组合时，公司应参考波士顿矩阵，只是此时需要保证区块类型或项目类型的均衡，而不是产品类型的均衡。为了确保公司的长期发展，组合中应包括一些在现有条件下经济性不佳，但可能会因为将来技术、市场、监管等条件的变化而提高盈利能力的项目。深海项目可以被视为"明星"，某些高风险的国家应该被打上"问号"或者被视为"瘦狗"，而"肥牛"项目则是众所周知的：那些能够支持公司参与一些探索性的项目，而不会给公司带来财务危险的项目。

为了充分利用未来的发展机会，有时投资的项目不能只限于勘探开发项目。在一个产油国内购买炼油厂甚至成品油分销网络，一旦该国向国际石油公司开放自己的上游行业时，公司即可以将其作为进军上游行业的起点。毫无疑问，对染指上游的渴望可以解释为何众多公司希望参与 2000 年和 2001 年墨西哥和沙特阿拉伯分别宣布的天然气项目。

希望项目组合达到平衡也是基于风险的考虑，期待能够通过分散化来降低项目组合的总体风险。这也是石油公司会在投资项目中相互合作的原因。一般来说，可以假设不同项目的技术 / 地质风险，或更一般化的说法，与储量规模相关的风险，是不相关的。通过增加组合内项目的数量，我们可以降低组合的整体风险。

然而，值得指出的是，增加组合中项目的数量基本不能降低与油价波动相关的风险，因为几乎所有的石油项目（除了基于石油服务合同的项目）的价值都对油价波动敏感。但是不同地区的项目的敏感性差异巨大，取决于当地的财税体制的缓冲效应。

竞争对手互相分担资本开支是石油工业上游的特色，在其他行业不常见。

6.1.4　联盟

尽管在大多数大型项目中，石油公司进行合作的主要原因是为了降低风险，政治动机也不应忽视。某些特定的合伙人有时可以提供"保单"，对项目的成功会起到至关重要的作用。道达尔公司在伊朗选择的合伙人可能不仅仅出于经济的考虑，也是为了降低政治风险。一般说来，与兼并活动不同，战略联盟提供了获取新经验的途径，而且有助于获得进入新的作业区块或国家的门票。近几年，最常见的是跨国石油公司与产油国的国家石油公司组成的联盟。

6.1.5　战略部门：组织形式与功能

不同公司战略部门的组织形式各有特色，我们只给出一些观察到的现象。

快速反应是成功必备的素质。由于经济或者政治的原因，石油的上游行业中大部分的投资机会都是稍纵即逝的。无论是运营公司还是集团层面的战略部门都必须随时准备进行快速决策。大多数的"战略性"项目都位于新的地质带或者作业区。

战略部门通常要做中期计划，注意不应该认为计划会影响灵活性。集团的计划是通过将各下级部门或运营单元准备的计划汇总整合而成的。制定规划的过程为总部和集团其他单位提供了交流的渠道。后者会加入某些领域的委员会，有些则会提出其他可能的选项。

项目分析工具和决策准则是由战略部门会同财务部门一起决定的，其中包括：折现率、风险分析技术、项目简况、资金紧缺时的分配原则等。为了确保总体一致性，会有一套或多套与这些准则相关的宏观假设以及应用方法。

项目评价中的一个关键工具是贴现率，因此公司如何确定贴现率极为重要。这个值不能靠机械地利用资本成本来确定，因为资本成本这个概念从未有非常准确的定义。使用相对较高的贴现率会导致项目评估中的"撇脂"现象。这样可以降低项目实际收益率不足的概率，但可能会错过一些好机会，使得竞争对手有机可乘。另外，如果将贴现率定为与资本成本数据一致的最小值，更有助于公司的发展，增加市场份额。壳牌石油公司采取了这类战略，因此近年来的发展速度超过了埃克森公司。但从另一个方面来看，埃克森公司的资本回报率更高，在投资项目无法提供满意的回报时，公司宁愿回购自己的股票。

在设定自己的贴现率时，同时也表明了自己的战略取向。不仅单一公司如此，集团内部的各部门也是如此。石油公司经常对于不同类别的项目采取不同的贴现率，即使同属勘探开发部门的项目也可能使用不同的贴现率。这可能是由于融资方法不同，也可能是因为风险等级不同，但也有可能是公司的战略决策。设定较高的贴现率可以消减投资预算，设定相对较低的贴现率是为了将其他间接收益纳入考虑范围。例如，当某些石油公司整合时，会对下游项目设定较低的贴现率以推动炼油板块和分销网络的发展。这些项目本身的利润率以及充当上游产品的出口所起到的作用都充分证明了这种做法的正确性。更进一步，调整贴现率可以作为石油公司平衡项目组合的一种手段。

6.2 经济评价（确定性条件下）和短期决策

在讨论如何评估投资项目之前，我们将在本节中回顾一下短期决策的分析原则。在生产阶段的决策通常只有短期影响（例如一年），因此通常并不需要复杂的方法。做这种决策可能需要进行风险分析和概率的计算，我们将在章节6.4中进行讨论。本节我们将进行确定性条件下的决策，假设某一决策的后果是可知的，或者我们使用一个或多个特定的情景来代表未来。

这种情况下，通常来说，经济性分析就局限于比较不同选择下的收入与支出。通常我们将不同生产方案调整为一种生产方案的"边际方案"。实际上，我们总是有意或无意地使用了"边际分析法"。我们以过去年份某油田聚合物二次采油方案作例子。问题的关键是要决定注入聚合物的量。表6.1给出了原油产量与注入量的函数关系以及相应的成本。从中可以看到注入的过程中边际收益递减，而边际成本递增。

在注入量达到73000m³之后，原油产量不再增加。

表 6.1　聚合物注入

注入量，$10^3 m^3$	25	32	40	49	60	70	73
原油产量，$10^3 bbl$	27.7	33.8	40.0	47.5	55.7	61.0	62.0
成本，千美元/年	383	500	585	660	745	840	880
C_M，美元/bbl	13.8	14.8	14.6	13.9	12.9	13.8	14.2
C_m，美元/bbl		19.2	13.7	10	10.4	17.9	40

根据这些数据，可以得出二次采油总成本，平均成本和边际成本与增产原油量之间的关系，具体见图 6.1。

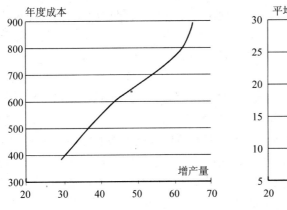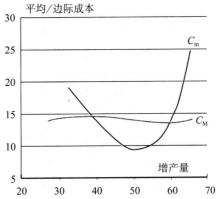

图 6.1　增产原油量与成本的关系

边际成本：

$$C_m = \frac{\mathrm{d}C}{\mathrm{d}Q}$$

平均成本：

$$C_M = \frac{C}{Q}$$

假设原油井口价格 P 为 15 美元/bbl。如果 P 与产量无关，那么边际分析非常简单：当注入量较低时，边际成本小于销售价格，这意味着值得增加注入量，进而增加产量。只要边际成本小于销售价格 P，就可以一直增加注入量。当 $C_m = P$ 时，达到最优产量。

只有当产生利润，换种说法就是平均成本小于销售价格时，才进行注入。根据理论[1]，当 $C_m = C_M$ 时，平均成本 C_M 最小（文字框 6.1）。

---

[1] 这个性质的数学形式很简单，只依赖边际推理：当边际成本小于平均成本，即 $C_m < C_M$，产量的微小增长将导致平均成本的下降。反之，当 $C_m > C_M$ 时，平均成本会上升。

如果原油井口成本是 15 美元 /bbl，最优的增产量接近每天 57000bbl，需要的注入量大约为 62000m³。增产原油的平均成本约为 13 美元 /bbl，小于销售价格，因此注入是有利可图的。然而，值得指出的是，这个成本已经接近销售价格，因此在决策时还需考虑其他因素，例如储量开采中的不确定性、获取关于注入的经验等。

文字框 6.1　边际分析

对于制造单一产品的生产装置，最优的产量的平均成本通常不是最小的。

一段时间里，对于给定的一系列设备，当边际成本（最后一单位产品的成本）等于边际收益（最后一单位产品带来的收益）时，可以实现利润最大化（假设边际收益和边际成本函数都是连续可微的，且边际成本是增函数）。

如果销售价格与产量无关，当边际成本等于销售价格时，产量是最优的。对利润函数 $P_r=PQ-C$ 取导数，并令导数等于零，可以很容易地从数学上证明这一点。

从图 6.1 可以很清楚地看出类似微观经济学教科书中常见的 U 型曲线。在炼油和化工行业，很少会出现这种情况。只要在工厂的设计产能之内，他们的成本 C 都是由固定成本和与处理量相关的变动成本两项构成的。

6.3　开发中的决策以及关键回报率的计算

从石油工业上游的决策顺序来说，勘探决策应该在开发决策之前。但是前者是基于概率与风险分析技术的，在我们无法量化决策可能创造（或毁灭）的价值之前，我们是无法做出决策的。在某些特定的假设之下，进行"确定性"的定量计算就是本节的主题。在章节 6.4 中，我们将利用概率方法来考虑不确定性带来的影响。

在初步介绍贴现率之后，我们将提出评估投资项目的方法。基本的原则请见文中的文字框。

6.3.1　贴现率与资本成本

6.3.1.1　资本成本

在确定性情况下，评估投资项目主要是比较不同日期收到和支付的现金流，这种技术被称为折现现金流法。其要点是对不同日期的现金流乘上不同的现值系数，使他们之间具有可比性（文字框 6.2）。贴现率通常被定义为平均资本成本。石油上游行业中最常使用的方法是加权平均资本成本法。负债的成本采取的是税后名义值，即 $(1-t)d$，其中 d 是根据当前债券价格计算出来的税前负债成本，t 是税率。由于在计算所得税时，利息通常是可以从税前利润中扣除的，因此支付 1 英镑的利息可以减少 t 英镑的税。

文字框 6.2　折现现金流

如果我们认为未来不存在不确定性，而且有一个完美的资本市场（即任何经济组织或个人都可以以同一利率 i 借入或贷出资金），那么零时刻数目为 S_0 的钱就与第 n 年数目为

$S_0(1+i)^n$ 的钱完全等价，因为这两者之间可以互相转换。基于此，第 n 年的 S_n 折算到零时刻的现值（或折现值）为：

$$\frac{S_n}{(1+i)^n}$$

实际上，真实的市场与此有所区别。公司有多种融资来源，如留存收益，发行股票，从银行贷款等。于是贴现率应该是所有资本的成本，即加权平均资本成本。这是在假设各种融资来源的比例保持不变的前提下进行融资的边际成本。贴现率可以看成是财务部门愿意向项目实施部门提供资金的价格。

应该指出的是，上面的理论并不要求资金借入和贷出的利率必须相等。实际上，如果一个公司在特定时刻有可用资金，通常不会将其以市场利率贷出，而是会降低公司对以成本 i 进行融资的规模。这与将资金以 i 为收益率进行投资是同样的效果。

至于权益资本成本，最常用的模型是基于文字框 6.3 中金融理论的资本资产定价模型。埃尔夫·阿奎坦公司在 1998 年修正自己的贴现率时采用了这种方法，参数 β 是通过计量经济学方法获得的。各种研究都表明石油工业的 β 小于 1，大约在 0.9 左右。如果石油公司涉及多个领域，不同领域的 β 值差异显著。传统石油行业的下游行业，如制药和化妆品行业的 β 在 0.4 ~ 0.5 之间。

文字框 6.3　资本资产定价模型

此模型将权益资本成本等同于股东预期回报率，这个回报率等于无风险投资回报率与风险溢价之和。风险溢价则只与影响股票市场总体的系统性风险有关。一般认为，与单个公司相关的非系统性或特异性风险可以通过组合多元化的方式降低，甚至消除。

基于模型，风险溢价的表达式为：

$$\beta\ (r_M - r_0)$$

式中　r_M——所有股票的平均收益率（市场收益率）；

　　　r_0——无风险投资回报率；

　　　β——公司股票收益率与市场收益率的协方差与市场收益率方差之比，可以通过股票市场的统计数据得出。

6.3.1.2　不同贴现率

如章节 6.1 所示，石油公司经常对于不同部门、有时对于不同的地质区块使用不同的贴现率。抛开战略原因，这些不同通常是因为需要考虑到风险。代表股东们所承担的系统风险的 β 系数，会因为投资活动的不同而变化。真实负债率也是如此，合适的负债率是投资风险的函数，通常勘探项目不会采取负债融资，绝大多数的开发项目会部分采取负债融资，负债规模要超过权益融资规模，这会降低平均资本成本。有时，特定风险溢价也会用与前述类似的方式纳入资本成本的计算过程中，要注意这是在权益资本成本已经考虑了系统风险溢价的前提下。下一节将会简要分析实务做法。

6.3.2 构建现金流量表，经营活动现金流，一般做法

经济评价需要明确未来年份的净现金流，即现金流入减去现金流出。

现金流的定义是相对于不实施该项目的情况，如果实施该项目产生的现金流。只有那些与决策项目相关的未来现金流才能予以考虑。现金流不仅是一个会计概念，通常意味着现金真实的流动，当然也有少数例外，如决策项目结束时设备的残值。现金流与利润（或损失）在会计上的差别主要来自折旧的处理方法。折旧不涉及现金的流入或流出，只是由于在计算税前利润时可以将其扣除，会影响公司缴纳的税，从而对现金流有间接影响。

预测现金流时既可以使用名义现金流也可以使用实际现金流。预测名义现金流时，第 n 年的现金收入与支出都采用当时的值。预测实际现金流时，是将当时的现金流进行转换，保证转换后的货币单位购买力相对基准年份不变。如果将第零年设置为基准年，并且假设恒定的年度通货膨胀率 d，那么相对于零年的实际现金流 $\overline{F_k}$，与名义现金流 F_k 的关系如下所示：

$$\overline{F_k} = \frac{F_k}{(1+d)^k}$$

尽管用实际现金流或者名义现金流进行计算都是可行的，但美国公司通常喜欢使用名义现金流，这样可以确保经济评估时的货币单位与会计和税务文件上使用的货币单位一致。

下面我们要将研究对象集中在"经营活动现金流"，这里面不包括任何与负债相关的现金流，因为我们的目的是计算资本的总体回报率。

6.3.3 投资项目的评估准则：净现值法与回报率

6.3.3.1 净现值法或折现现金流法

净现值是经济评估中一个非常基本的概念，用于衡量一个投资项目能够创造的价值。净现值也是在第 0 年项目的执行部门可以从财务部门借入资本的最大值。项目中所产生的收入偿还这笔钱，并可以抵偿投资的资本成本，此过程中的收益率等于贴现率。

文字框 6.4　净现值

净现值是所有与项目相关的现金流 F_k 的现值的总和。

$$\text{NPV} = \sum_{k=0}^{N} \frac{F_k}{(1+i)^k} = \sum_{k=0}^{N} \frac{\overline{F_k}}{(1+\bar{i})^k}$$

公式　F_k——名义现金流；

$\overline{F_k}$——相对零年的实际现金流；

i——名义贴现率；

$\bar{i}$——实际贴现率，$1+i = (1+\bar{i})(1+d)$。

净现值准则：如果一个独立项目的净现值大于零，则此项目可行。在一系列互斥项目

中做出选择时，选净现值最大的项目。

6.3.3.2　内部收益率

一个项目的内部收益率是使得这个项目的净现值等于零的贴现率。当这个值唯一时，特别是对于"简单"项目，即一个负现金流后面跟着一系列正现金流时，这个参数等于这个项目的现金流可以保证投入的资本不会亏损的最大贴现率（图6.2）。

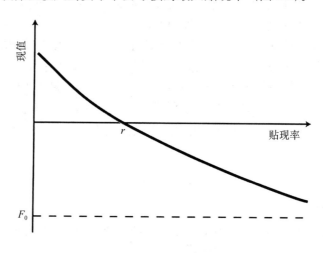

图6.2　图示内部收益率

考察项目的内部收益率是否超过了要求的贴现率与考察项目的净现值是否为正，两者是等价的。但当从两个互斥的项目 A 和 B 之间选择时，具有最高收益率的项目并不一定具有最高的净现值。具有较高资本成本的项目 B，只有当项目 B 相对项目 A 的增长收益率大于所需的贴现率时，项目 B 才是可行的。

如果在项目研究期间内，通货膨胀率 d 保持稳定，那么名义收益率、实际收益率的关系如下所示：

$$1+r=\left(1+\bar{r}\right)\left(1+d\right)$$

6.3.3.3　前期生产，多种回报率

当研究一个储量的发展时，比较不同的替代品（例如与它关联的井的数量和位置）是一个合适的选择。这些变体中的一个也许可能是配置早期生产系统的选择。这种情况通常会导致多种回报率，一种在其他地方不常看到的现象。

只有随着时间的推移，预测净现金流量有了一些变化的标志时，多种回报率才会发生。然而，当我们寻找的是一个加速生产的项目时，情况将变成下面那样。资金的消耗（负现金流）在前几年会导致加速的生产（正现金流），在后几年将会导致损失（负现金流）。

当把现金流量计划表中的现金流贴现后形成的净现值画下来后，可能会有两个为 0 的点，标志着两个内部回报率（图6.3）。在这两个点之间，涉及早期生产的项目净现值将会是正的。显然，当以内部回报率作为项目选择标准时，这个重要的事项要被考虑。

6.3.4　当量成本

当研究一个项目时，碳氢化合物的价格将会导致不确定性。确定可以保证项目盈利的最低的销售价格是很有用的，换句话说，就是计算生产的当量成本。

决定当量成本允许含税，当计算税后当量成本和总利润有关系时，特别是这个项目账户可以和其他活动合并时，根据简易办法重新计算不含税的值，因为已知的免税优惠都和每个可抵扣的项目联系起来。

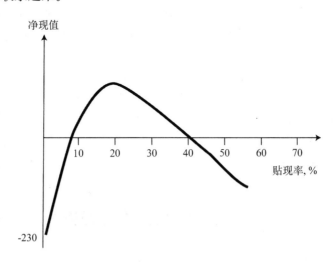

图 6.3　多重回报率

由于实行"围栏策略"，勘探开发过程中有些项目会出现一些可以结转的亏损，当然并不总是这样。只有当税前利润在抵销结转亏损后仍然大于零时，这些亏损才能起到节税的作用，这取决于原油价格。为了精确计算当量成本，必须反复计算，直到找到使净现值等于零的原油销售价格。

当主要的不确定因素涉及原油价格时，这个价格和当量成本的差别为原油价格可接受的变动程度提供了线索，这比净现值或者内部回报率和贴现率的差别更具有意义（文字框 6.5）。

文字框 6.5　当量成本

年度或者单位当量成本是指一个项目所有相关成本的年度或单位等价成本。它包括经营成本以及投资等价成本。我们这里只考虑当量成本不随时间改变的情况，此时假设年收入或者原油销售价格稳定。计算年度当量成本时就是找出一个现值等于所有资本投入和运营成本的现值的普通年金，此年金的年度成本就是年度当量成本。单位当量成本，或称平均折现成本，是所有支出的现值之和除以产量的现值之和。

当且仅当年度（或单位）当量成本小于年度收入（或者产品销售价格）时，一个项目才会有正的净现值。

单位（或者年度）当量成本等于导致净现值为零的销售价格（或年收入），计算中要考虑到税收的影响。

6.3.5 融资组合及剩余权益法

当早期的研究涉及投资项目时特别是对于合作伙伴之间的探讨，计算通常运用上面定义的现金流，没有涉及到这个项目的贷款因素。这种计算方法被称之为加权资本成本方法。财务部门融资的内部成本已经包含在贴现率中。这些融资决定可以和投资决策分开进行。对于小的项目，这个综合法（加权资金平均成本法）通常是唯一被采用的方法：假设项目的融资是普通资金。对于大的项目，当这个公司的所有项目的资产负债率 α 是严格固定的，加权资金平均成本法同样适用。在这种情况下，如果一个特殊项目的资产负债率超过了 α，其他项目的债务组成需要被降低到一个低一些的水平上。保持资金的来源和应用的独立是合适的。

对于大型的生产项目，关于债务的一些灵活的方法通常被采用。当研究达到了足够先进的阶段，债务融资安排可能要关注一下它们的影响。在这个方面，大多数公司主张通过计算股权的回报来计算资金的总体回报（文字框 6.6）。当一个项目的融资不会对公司其他投资的资产负债率产生影响的情况下，这事实上将会成为一个主要的决定标准。当项目的融资是根据相同的整体投资组合时，加权资金平均成本法和权益剩余法将会产生相同的决策❶。

文字框 6.6 标准 WACC 方法与剩余权益法

标准加权资金平均成本法

（也称税后加权平均资金成本法，ATWACC 法，总体收益）

现金流是运营现金流，即不包括与负债相关的现金流。贴现率定义为税后加权平均融资成本。

标准加权资金平均成本法是从项目执行部门的角度出发的。

剩余权益法（股东收益率法）

另一方面，计算股东收益率是从股东的角度出发的。与负债相关的现金流以及由此带来的税盾也要纳入计算过程中。使用的贴现率也是适合股东的权益收益率。

如果公司所得税率 t 稳定，资本的总体回报率 r_0 与权益收益率 r_e（均为名义值）的关系为

$$r_0 = \alpha'(1-t)b + (1-\alpha')r_e$$

式中　b——负债利率（名义值）；

　　　α'——资本中负债的比例；

　　　r_e——股东收益率。

当项目负债率在项目周期内保持稳定时，这个关系精确成立，若非如此则是近似成立。原因很简单：资本的总体回报率就是负债成本和权益收益率的加权平均。

---

❶考虑文字框 6.6 中的公式，假设其精确成立，并且 $\alpha' = \alpha$，同时考虑贴现率公式 $i = \alpha(1-t)b + (1-\alpha)k_e$，很容易得出：当且仅当 $r_0 > i$，才有 $r_e > k_e$。

6.3.6 继续参与评估项目

当研究是为了决定是否要继续进行一个给定的项目并且当该项目融资和所有投资的融资在同一个部门的时候，就有许多不同的评估方法——资金总体回报，股权回报，还有阿迪蒂方法——所有都会趋向于相同的决策。换句话说，所有不同方法的净现值都趋向于相同的迹象。但是它们不会产生相同的估价并且有很大的区别。对一个大型项目进行估价突然频繁地出现在上游的石油行业中，当开发涉及到大财团时，以及公司准备购买一个项目而寻找关于投资组合的最佳回报，或者在开发和开采的任何阶段当剥夺他们利益的时候，投资者不仅仅需要知道项目的净收益，而且想要知道项目任何一年的价值。根据资金总体回报的原则，项目在未来任何一年的价值 k 是未来现金流的价值贴现到那一年的和：

$$V_k = \sum_{n=k+1}^{N} \frac{F_n}{(1+i)^{n-k}}$$

特殊情况下，当一个投资 I 是在第 0 年决策时，第 0 年末的项目的价值是：

$$V_0 = \sum_{n=1}^{N} \frac{F_n}{(1+i)^n} = I + \text{NPV}$$

投资前，项目的价值就是净现值（NPV）。

但是如果剩余权益理论提供了一个完全不一样的价值，公司该怎么决定它愿意为这个项目的利益所付的最大价格，或者说他愿意卖出这个项目的最小价格？

为了结局这个问题，我们将要调用可能会出现在理论中，对这个问题很有用的一个结论：两种方法算出的净现值当初始贷款金额为 αI_0 而不是等于 α（I_0+NPV）——假设项目的资产负债率在整个期间保持稳定。

为了清楚的解释这个观点，我们观察一个公司借款的能力不决定于投资的资本成本，而是决定于公司贷款服务的能力。也就是说，期望的收入。假如有一个第三方和我们所考虑的公司有相同的期望回报和财务结构，因此有着相同的贴现率。他准备支付的最大的总和与这个项目的净现值相等。如果我们增加这个项目的资本成本，那么总的购置成本为 I+NPV，α 表示可以从负债中筹资到的部分。这个公司自己只能借到 αI，所以他的杠杆获利小于想象出来的第三方，因此他的权益回报也更低。

事实上，哪一个是正确的价值呢？答案和这个项目怎样融资有关。如果考虑到这个项目的特殊风险债务有限制，如果债务对其他项目的资产负债率没有影响，那么股权的净现值方法应该是合适的。另一方面，如果和这个项目有关的一个较小的贷款都会导致借款的资本成本的增加，整个投资是为了服从某个相关比率的目标，则意味着加权资金平均成本法用相关贴现率应该被应用：资产负债率保持稳定的假设，与项目的价值有关。因此，它是资金总体 NPV 的相关指标。

6.3.7 另一种方法计算项目的回报率：阿迪蒂法

6.3.7.1 问题的性质

上文提到的标准加权资金平均成本法运用的贴现率为税后加权平均资本成本。但是在上游石油产业中，确定债务的税后资本成本会有问题。

问题就是有些涉及勘探和生产的企业不总是盈利，例如他们在新的区域开始经营。在这种情况下，他们无法从与其他活动相联系的利润中扣除会计亏损。这种损失可能会持续在未来的很多年。因此，一些国家的"环形篱笆"勘探许可证的做法，可以防止合并，即使是在一个给定的国家。税收体制经常非常复杂，不同的许可证经常会改变。税率可能根据产品的产率制定等。所有这些意味着一些单一的参数表示出石油收入的税款是不可能的。因此通常通过简单的计算得出债务的税后资本成本是不可能的。这使得标准加权资金平均成本法在评价项目时不是一个合适的方法。即使假设税后加权平均资本成本可以被计算，公司也必须用多种不同的贴现率当石油税的处理被考虑。

此外，权益回报率是一个对融资非常敏感的参数，经常仅仅被用于最后的研究阶段。这些种种的考虑，是使石油产业广泛应用的另外一种方法，叫做阿迪蒂—利维法。

6.3.7.2 阿迪蒂—利维法

这种方法运用的贴现率是税前加权平均资本成本。这个参数比税后的资本成本易于计算，并且它的价值和税收体制无关。因此，这种方法允许限制贴现率的数量，可能仅仅是单一贴现率，考虑到税前的资本成本不同地理区域的区别很小。

因此，考虑的现金流将包括与贷款利息有关的免税额，但是不包括贷款计提或者偿还，或者利息支付。换句话说，利息的抵扣在决定贴现率时不考虑，但是计算每年现金流时应该考虑，通过运用当年的税率。

实际上，应纳税的利润和由此每年的纳税额可以通过扣除项目运营收入的利息计算得出。在现金流的预测中，所有税制的细节都在会计账户中反映。

除了缴纳税费，现金流所需要考虑的也是税后现金流。

采用这种观点的有投资者、股票持有者和出借人。A–L 现金流有效地包含了每个人收到或支付的款项的总和，同时资本成本反映了各种资金的提供者所要求的平均最小回报率。

A–L 现金流因此等于：增加了免税额的经营现金流和权益现金流和债务现金流的总和。

A–L 理论通常和标准加权资金平均成本法产生相同的预测结果，当时对于这个项目提出的融资建议和对公司整体的融资建议是一致的时候，A–L 理论和权益回报率方法也相同[1]。换句话说，关于不同的方法有一个总的观点：在各种各样的投资者和股东之间，部门对投资负责。

---

[1] 更准确地说，当项目的资产负债率 α' 在整个项目期内恒定，而且等于公司为此类项目规定的负债率时，这种一致性是能够确保的。具体证明与资本回报率和股东权益回报率的一致性类似。A–L 回报率 r_s 是税前负债成本 b（债权人获得的回报率）和产权收益率（股东获得的回报率）：

$$r_s = \alpha' b + (1 - \alpha') r_e$$

当融资计划中不能确保恒定的负债率时，此公式不再绝对正确，只是近似成立。A–L 贴现率 s 是税前负债成本和权益成本 k_e 的加权平均：

$$s = \alpha b + (1 - \alpha) k_e$$

对于满足给定假设（$\alpha' = \alpha$）的项目，当且仅当 $r_e > k_e$ 时，才有 $r_s > s$。

A-L 理论被广泛的应用于上游石油行业中。但是，对于它的应用应该小心仔细。它的缺陷专家都明白，但是，它们很难使决策分散。为用户仅仅提供一个贴现率的值是不够的。第一步必须是检查，在决定贴现率中所做的财务假设与在计算融资成本和相应的节税中所做的假设是否相配。事实上，这种方法在以前的版本中，只用来研究当债务融资构成与公司最开始设定的资产负债率一致时的，项目的决策。然而，即使在上面那种情况下，非专家还是会遇到很多问题，包括：

（1）债务利率的敏感性：债务的利率越高，在其他条件不变的情况下，项目的内部回报率越高。这一点对于没有经验的、想要一直用一个贴现率的分析家来说，可能会觉得很吃惊。

（2）贷款的期限：它可能显著地少于项目的进行时间。在这种情况下，在整个研究期间，有恒定的资产负债率这一个假设显然不满足，这可能会导致项目的盈利被大量的低估。

（3）项目的经济价值：考虑项目的资本比率等于公司规定的负债率，$B_0 = \alpha I_0$。在这种情况下以传统方法和以 A-L 理论计算出的 NPV 有着相同的符号，但大小不同[1]。如果是为了决定继续或放弃某个项目，那么 3 个方法得出的结论相同。但是如果是为了确定一个公司可以接受的价格或者项目中出售的利益，这就是应该提供参考价值的项目的经济价值。事实上，两种不同的方法会导致不同的结果，在章节 6.3.5 也提到了此内容。

6.3.8　一种新方法：一般税后加权平均资本成本法

在我们写此书时，道达尔集团正在研究一种新方法的适用性。Babusiaux 和 Pierru（2001）对该方法进行了详细介绍。它是经典资本报酬率方法的一般化，适用于项目产生的利润面临的税率与计算折现率时所用的税率不同的情况。我们将基于一系列简化的假设来展示这种方法。

6.3.8.1　一般税后加权平均资本成本法

考虑一个公司，其母国所得税税率为 t（在下一小节中我们将会继续使用这个假设）。

该公司希望应用标准 WACC 法来评估某部门的投资项目，并使用基于税后和名义价值的平均资本成本作为折现率（采用一般符号）：

$$i = \alpha\ (1-t)\ b + (1-\alpha)\ k_e$$

我们假设所有同类项目都保持固定的负债率，即 α，我们将在下文中称其为参考负债率。

公司目前正在研究一个海外投资项目，该项目面临不同的税制，也就是说其收入面临一个或多个不同于 t 的税率。我们将局限于没有为税收而设立的合并科目及其他常见于石油行业上游的类似问题[2]的情况下。进一步，我们假设该项目可以部分负债融资，且债务的利息可从项目的应税收入中扣除。

假设该项目的负债融资为 L'。无论该负债的金额和公司设定的负债率是多少，该负债可以看做公司总部直接负债融资 L 的替代品。L 的金额和 L' 相等，其偿还条款以及偿还

---

[1] 这种情况下，不同方法获得的 NPV 值见 Babusiaux（1990）。
[2] 在当地所得税率比合并利润的东道国所得税率低时。

方式也和 L' 相同。尽管该假设仅具有理论上的意义，但它可以看成是保证 L 和 L' 每年产生相同的负债率（前面提到的项目估值采用固定负债率的假设）的条件。

该方法的原理很简单：税后利息成本的差异被归于项目上。如果母国和东道国的利率相同，将利息计于东道国而不是母国所产生的免税差异将属于此项目。

备注：

（1）我们提出的步骤是 Babusiaux（1990）提出的分析项目盈利性步骤的一般化，用于处理借贷利率得到补贴的情况。

（2）事实上，将该方法用于石油工业上游行业的特殊合同条款并不存在特别的困难。例如，对于产品分成合同，财务费用可以以成本油的形式回收，成本油会等量地减少应由政府和公司分享的利润油。

6.3.8.2 参考税率和最优债务配置

在上面的部分我们考虑了一个税率与公司整体税率不同的项目。事实上，跨国石油公司面临大量的不同税制。那么，税率 t 该如何决定呢？理论上，公司应当按税后成本高低依次进行负债（这将会导致例如允许某些子公司比其他子公司负债率更高的情况）。这样，债务的税后边际成本即为最后一笔负债的成本。这最后一笔负债就被当做参照物，用于定义即将被目标项目的负债额 L' 所替代的负债 λ，同时也用于确定扣除准确的利息费用后的收入所适用的税率。如果能从公司总部得到这笔边际负债的资本成本，将会用于计算负债给这个项目带来的收益。

6.3.8.3 该方法的优点

在章节 6.3.7 我们强调了使用阿迪蒂的方法将带来的一些问题。而广义税后加权资本成本法将不具备这些问题，它很简单：

（1）一旦决定了折现率，公式就同公司同类项目的负债率相独立。

（2）在大多数石油上游工业以外的行业，项目适用的税制同公司整体面临的税制并无差别。在这种情况下，该方法就等同于经典方法。因此，该方法设定了一个统一的标准，石油公司的所有活动均可采纳该标准。该传统标准相较阿迪蒂—利维的方法更简单，更被广泛使用。

（3）初步研究项目的盈利性，尤其是同联盟伙伴合作的项目时，常常假设不能有负债。换言之，其研究是建立在预期营运现金流的基础上的，而且事后对财务结果的评价常建立在投入资本的回报率（ROCE）的基础上。评估时使用的会计收入并不包括利息支出和与之相关的节税效应，因此，ROCE 和税后资本成本相似。类似地，经济增加值法将一年中的经济增加值定义为年度会计收入（不含融资额）减去投入资本的成本，计算后者需要一个税后平均资本成本。在这两种不同的情况下，明确或隐含的正确方法更应该参考经典资本成本方法而不是阿迪蒂—利维方法。税后加权平均资本成本法的优点之一就在于它有着相似的基础。

6.3.8.4 理论发展

Pierru 和 Babusiaux（2000）总结了税后加权平均资本成本法的理论发展。尽管本书不探讨细节，仍然将展示该方法的核心公式，因为它再次说明了该方法的合理性，并提供了新的见解和指导。

我们在本部分仅考虑部分债务融资的项目，债务金额由参考负债率 α 决定。该负债率由项目的经济价值（见6.3.7）决定，并假设保持不变。

特殊地，第0年借入的资本为 $B_0 = \alpha\ (I_0+NPV)$。在这些假设下，Axel Pierru[1]证明了一个既有理论意义又具有实践意义的定理。他证明了用税后加权平均资本成本法计算得到的项目的净现值，更一般地，项目每年的经济价值，等于将营运现金流按平均税后项目融资资本成本折现得到的数值，该性质很直观。

该定理有一个推论：项目的 NPV 同公司母国的税率 t 不相关。因此，税率 t 可以采用任意值。每一种传统方法（标准 WACC 法，阿迪蒂—利维法，剩余权益法）都相当于取了一个特殊的 t 值，这也简单地证明了他们的一致性[2]。

6.3.9　处理不确定性的第一步：敏感性分析

敏感性分析通常是经济评价所不可或缺的。它回答了当现金流计算中假定的一些不同因素变化时，项目的盈利性如何变化，例如，在开发油气藏时，这些因素包括：资本成本、原油/气的价格、可采储量的规模、税制等。

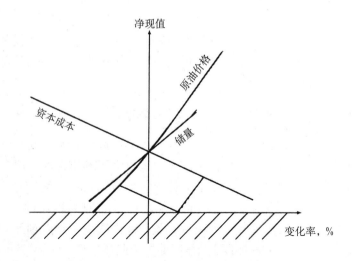

图 6-4　展示敏感性分析结果的蜘蛛网

在呈现敏感性分析的结果时，蜘蛛图解比含数值的表格更具表达力。

蜘蛛图的 x 轴代表项目对其敏感的不同因素，它们常用相对于基准情景的变动值表示。y 轴代表评价项目的指标：净现值、回报率或当量成本。在每次分析中，只有一个因素变动，其他因素维持在它们的基本值，保持不变，由此绘出因素变动对指标的影响曲线。

图 6.4 是一个投资项目敏感性分析的一个例子。所选用的项目评价标准是 NPV。变化因素有原油价格、可采储量和资本成本。

该图的主要目的在于直观地展现结果，并找出项目盈利性最敏感的因素。敏感性分析

[1]见 Pierru 和 Babusiaux（2000）。

[2]也见 Pierru 和 Feuillet—Midrier（2002）

也用于同时分析多个独立因素。例如，对于两个独立因素的变动，可以像图 6.4 中那样用线段分别表示这两个因素可能的变化，给出蜘蛛图，或者更精确地把这两个向量结合在一起来研究其变动对评价指标的影响。

只要参数是独立的，就可以用相同的程序来衡量任何参数在同一时间内的变化。在一般的案例中，曲线的形状没有必要一定是直线，因此，构造的"平行四边形"也是曲线形状的。要注意，当选择的评价标准是回报率时，这种方法只能作粗略计算，但是它能提供数量级的估计。

这张图使我们更容易区分净现值为正的好情境和没有吸引力的情境，图 6.4 中的阴影部分代表的情境对于项目来说是"禁区"。例如，如果考虑到投资预算可能会超支 x%，这张图很快就能算出是其他参数（如销售价格）如何变化会导致负的净现值。

在油田开发项目中，项目的盈利性通常对石油天然气的价格特别敏感。就像我们之前看到的，当量成本是决定一个项目是否有经济价值的临界价格。这个评价标准本身就体现了对价格的敏感性，同时也特别适合于其他参数的敏感性分析。

即使不能量化发生的概率，如果主观判断认为那些不利于企业的情境不太能发生，潜在的损失不构成公司的重大风险，这个投资项目就会被采纳。敏感性分析通常用于证明在向公司高层管理者提交投资建议书之前已经充分考虑了各种不确定性。

然而，敏感性分析也经常被用来分析有利有弊的计划，利润和亏损都可能发生，此时很难做出相关决策。对于一个具有一定规模的计划，敏感性分析会估计每种可能的结果出现的概率。这个方法将在章节 6.4 继续讨论。

6.3.10 一个经验评判标准：回收期（财务风险暴露期）

回收期或者补偿期是石油工业中的一种经验评判准则，特别是在面临商业风险、大的政治风险以及技术风险（短期内出现技术进步）等重大不确定性时。回收期有多种定义方法，可以把开始开发的时间作为回收期的起始点，也可以从费用发生开始计算（在后面的例子中，我们提到的财务风险暴露期是以此为起始）。回收期可以通过贴现现金流或非贴现现金流来定义。不管怎么定义，当一个项目的盈利能力取决于难以预测的未来某个时间期限之后的现金流时，这种评判标准都可以很好地拒绝此类项目。

这种方法的缺陷较为主观。忽略一个项目在期望回收期限之后产生的收益，即假设其为零，这种假设通常是不现实的。石油工业中（通常也包括整个能源领域）很多项目都会持续很长时间。

尽管有着这样缺陷的回收期法是一个辅助性的评判标准，但仍被很多决策者青睐。累积支出的最长财务风险暴露期是他们特别关注的另一个指标。

6.4 勘探的决策：概率论基础

6.4.1 "勘探"数据表

当需要做一个关于开发的决策时，就需要引入概率的概念了。在作关于勘探的决策过程中，概率的运用则是不可或缺的，特别是在绘制勘探钻进的图表时。决策者不仅要在发现油气时处理储量的不确定性，在此之前还要考虑能否发现油层的问题。一旦初步的地质和地球物理研究完成，钻井的决策大体上将在"勘探"数据表的基础上做出。公司要求地质学家做概率估计勘探成功的概率以及和储量相关的概率，以便给出净现值的概率分布函数。

6.4.2 期望价值

6.4.2.1 定义

用于汇总未来的可能性所产生的影响的主要评估标准是净现值的期望，例如对可能的净现值加权平均，权重为其出现的概率。企业若能够做大量的重复实验时，净现值的平均值将趋于这个期望值。

实际上，不需要多次重复同一个实验。根据大数定律，当企业实施足够多的相似并相互独立的项目时，同样可以使用期望值这种评价标准，因此它成为了评价所有"小"项目的基本方法。

注意：可以计算收入、贴现的成本或者年度当量成本的期望值，但通常不能以概率为权重来计算期望回报率。

让我们来看一个简化的例子。勘探区块 A 可采储量可能达 $250 \times 10^6 bbl$，此时勘探的 NPV 为 3.2 亿美元，发现这个规模的油田的可能性为 10%；还有 5% 的可能性发现更大的油田，此时 NPV 为 4 亿美元；发现较小的油田的概率为 5%，此时的 NPV 为 2 亿美元；另外，出现干井的概率为 80%，钻井支出估计为 5000 万美元。因此，NPV 的期望值就是所有可能的 NPV 用其发生的概率进行加权平均的价值，即：

$$-50+ (0.10 \times 320) + (0.05 \times 400) + (0.05 \times 200) =1200 万美元$$

6.4.2.2 概率分布函数的估计

无论我们只是想计算出来期望值，还是对方差等其他特征感兴趣，我们都需要估计与净现值相关的概率分布函数。但是净现值是一系列特定变量的函数，分析这些参数的概率分布函数更容易。

就资本成本而言，我们可以通过历史数据来估计其概率分布函数。值得注意的是，这类函数通常是不对称的，如图 6.5 所示。资本成本远低于工程部门的估计值的概率几乎为零，而大幅高出估计值的可能性却不为零，因此平均值显著高于最可能的值（众数）。当人们进行估计时，也通常隐含着取向众数。

至于销售价格和生产规模，通常会用到主观概率。经常会找一种近似分布来代表它们的概率分布函数。均匀分布表示在一系列数值中难以找出出现可能性最大的

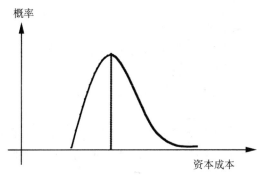

图 6.5 资本成本

值。相反，当可以估计最可能的值（众数）时，三角分布则更加适用。对数正态分布函数也很常用。

在油气田开发过程中，对盈利性至关重要的变量是储量以及油气井的产量。后者取决于一系列的被认为随机的变量：储层面积、油层厚度、岩石的孔隙度以及渗透性、流体的黏度等。这些基本变量能够被地质学家以及地球物理学家估计并用概率函数描述。通常在决定开发之前，已经估计出了可采储量的最低值，接下来问题就简化为给出储量的概率分布函数。

无论目标是确定储量还是净现值（或当量成本）的概率分布函数，都需要从假设的基本变量的概率分布导出。

6.4.2.3 模拟

最常见的模拟方法是蒙特卡洛法❶，这需要计算机程序支持。给每个随机变量设定恰当的分布函数，随机取每个随机变量的样本值，然后计算出相应的可能的净现值（或者是储量，根据情况的不同）。重复这个过程很多次（几百次），就产生了一个净现值的样本。然后则可以对样本进行统计运算：绘制直方图，计算均值，标准差等。如果样本足够大，理论上可以推导出 NPV 的概率分布函数。特别地，样本均值即是期望值的估计。这个方法从20 世纪 60 年代开始就在石油工业中广泛应用。

模拟方法的一个缺点在于它的操作过程像一个"黑盒子"。评价指标的概率分布函数由不同变量的概率数据导出。但是，不同于敏感性分析，单个因素的影响都并非显而易见。在实践中，不同变量的不确定性存在不同的形式。例如，在油气田开发项目中，物理和技术变量建立在公司大量的案例研究以及专家经验的基础上。另一方面，收集经济变量（原油价格，税收制度）的概率数据更难，也更具主观性。这是为什么模拟主要用于可采储量的评估。它可以反映技术方面不确定性的影响，而那些有关原油价格的不确定性更适合用情境分析。

通常情况下，估计未来的油价本身就具有更多的主观性。类似的，在我们前面所讨论的敏感性分析中，模拟方法也可用于确定当量成本。这就把销售价格上的不确定性与其他影响净现值的不确定性区分开了。

最后，为了不想使用计算量很大的模拟法，可以使用近似公式去确定一个项目净现值的期望和方差。

6.4.2.4 运用近似公式

在这部分中，与对数正态分布相关的公式非常简单。

项目中涉及的大多数变量都是非负的，而且它们通常呈不对称分布。这促使 R.Chatteton 和 J.M. Bourdaire[1985] 提出用对数正态分布函数代替每个变量的分布，下界为零，重要的参数有众数、"最小值"和"最大值"。最小值和最大值分别对应概率分布函数中的 5% 和 95% 分位数。

这个方法特别适用于上文提到的将石油可采储量看做物理参数的变量，并寻找其概率分布函数的情况。计算储量的公式通常基于多个变量的乘积，因此我们可以将中心极限定

---

❶这些方法由 D.B.Hertz（1964）的推广而流行，因此有时也被称为赫兹方法。

理应用于储量的对数值，而且实际观测到的有关油藏规模的数据确实很好地符合了对数正态分布。

当变量符合对数正态分布时，众数、最小值、最大值都可以用多个变量的乘积来计算。此时，计算均值和方差的近似公式即是：

$$m = \frac{1}{3} \text{（最小值 + 众数 + 最大值）}$$

$$\sigma \approx \frac{1}{3} \text{（最大值 − 最小值）}$$

6.4.3　序列决策与条件值

6.4.3.1　决策树

目前为止，我们考虑了单期的投资决策。有些时候我们需要做一系列的决策，后面的决策是前面的决策的随机结果的函数。

举个例子，第一个决策可能是决定是否钻探井。如果成功了，后面的决策就是开发与否，失败了后面的决策将是继续勘探与否，总之后面的决策是取决于第一个钻井结果的。

因此，分析时必须考虑后续的连环决策。

为了解决这个问题，我们可以构建一个决策树，如图 6.6 所示。决策树通常从左开始向右看，有时也从上到下进行。图中的连线或者代表可能的决策（实线），或者代表决策后的随机结果（虚线）。节点既表示事件的状态也表示获得的信息。对应于决策的节点用方框表示，而跟随机事件有关的可能性的节点则用圆圈表示。

图 6.6 展示了整个勘探开发过程中的复杂选择。A 区块代表可以较早开发的区块，B 区块代表着附近一个较小的结构。地质学家认为如果 A 处有油，那么在 B 处找到油的概率为 30%（10% 可能性是小油田，20% 可能性是中等规模油田），若 A 处打出干井，那么在 B 处有油的概率是 15%（5% 的可能性是小油田，10% 的可能性是中等规模油田）。

图 6.6 没有展示决策树的下半部分，对应于区块 A 成功时的关于区块 B 的决策。下半部分中节点 H 之后的部分与上半部分中 G 点之后的决策树相似。应当注意的是，与其重复在图中表现这一部分，不如简单地将 G 点直接连接到 I、J、K 点，这样我们可以将问题转化为一个随机动态规划问题。

为了确定这项决策的 NPV 的期望值，我们的计算应从未来开始倒推到当期，因此在图 6.6 中我们从右向左进行。

项目的每个节点都会根据后续收入的期望值计算出一个价值（"价值"、"分数"或"潜力"）。评估从最后的节点开始（M 和 N）。例如从 M 点来看，价值为从开发小型油田所获得的期望收益值，概率在决策树旁的括号里。期望值为：

$$E_M = 0.2 \times 450 + 0.8 \times 650 = 610$$

决定了最后一阶段的节点价值之后，我们进行前一个阶段的节点估值，例如 J 点和 K 点。最后一阶段的结果是随机过程，前一级是决策过程。决策当然是对应于最高的期望值。节点 J "放弃"的期望价值为零，而开发的话，需要投资 500，期望价值为 610−500=110。

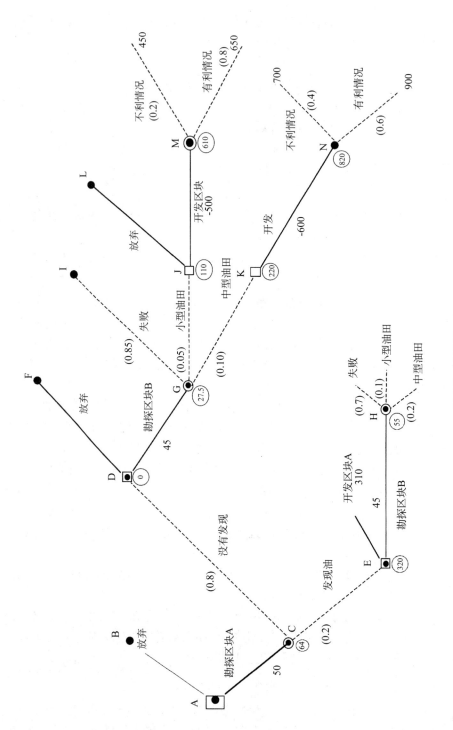

图 6.6 决策树

以同样的方法计算，从后往前一直到最开始的节点 A。

在实践过程中，可能的决策次数会很多，可能的结果数目也会很多。决策树的规模会迅速升级，这就限制了这个理论的实际应用。即使不进行实际计算，决策树仍然是一种有效的观念，尽管可能只是在精神层面上，可以保证决策时不忽略后续行动的影响。

6.4.3.2　灵活性和期权平价理论

一旦发现了油田，通常很快会做出开发的决策。然而在某些项目中，开发决策会延后，并且仅会在特定的有利情形出现时才会决定，例如：原油价格上涨，技术发展使得开采率提高，税制变化等。相关参数可被看做随机事件或随机变量。

开采许可证的价值可以用上述决策树的方法估计；这也使得企业可以制定最优策略以及开发计划以使企业获得最高 NPV 期望值。

从 20 世纪 80 年代开始，学者们就实物期权进行了大量研究，并出版了一些成果。

期权（文字框 6.7）是或有资产，它的价值取决于权利的执行。未开发油藏的投资机会可以类比为一个买入期权。继续进行开发就类似于行使期权。需要的资本就对应于买入期权的行权价格。油田开发后的价值（原油价格的函数，可以假设为随机过程）就对应于基础资产的价值。期权到期日则对应于有限期的区块租赁合约的到期日。

文字框 6.7　期权价值

买入期权赋予了它的持有者在一个特定的日期或者一段特定的时间段内以约定的价格（行权价格）购买一项资产的权利。期权股指的标准方法是 B-S 模型。

假设基础资产的市场价格变动服从正态分布，则欧式买入期权（即执行日期为一个固定时间的买入期权）的价值为：

$$SN(d_1) - Xe^{-r_0 t} N(d_2)$$

其中：

$$d_1 = \frac{\log \dfrac{S}{X} + \left(r_0 + \dfrac{1}{2}\sigma^2\right)t}{\sigma\sqrt{t}}$$

$$d_2 = d_1 - \sigma\sqrt{t}$$

式中　S——基础股票的价格；

X——行权价格；

t——期权的有效期；

r_0——无风险利率；

σ——股票收益率的标准差（波动性）；

$N(d)$——标准正态分布变量小于或等于 d 的概率。

当一个决策可以随着未来随机事件的发生而改变时，期权估值是一个结合灵活性和不确定性的非常有用的工具。理论上，除了油田开发以外，石油工业上游的很多情况符合这些条件：探矿权的取得，特殊合同条款等。

期权理论能够很好地适用于资产市场价值的评估，并且不需要知道贴现率。需要强调的是，期权估价模型假设基础资产有一个高流通性的市场，并且不存在套利机会。石油价格可能满足这些条件，但石油开发项目的价值并不严格符合。

此类资产的价值由两部分组成：内在价值和时间价值。内在价值是期权当前立刻行权的价值，并且可以用传统的 NPV 理论计算。时间价值对应于净现值增长的潜力，在期权被行权时这部分价值消失。

期权的价值受到很多因素的影响：基础资产的价值、基础资产的风险、行权价格、到期时间以及无风险资产收益率。基础资产的价值波动越大，期权的价值越高。因此，在其他条件不变的情况下，一个未开发的油田的价值随着石油价格的不确定性增加而增加。通过保留北海某个气田一直不开发，天然气公司可以通过改变当地的竞争格局，使油价更加不稳定，最终使这些天然气公司手中的探矿权及采矿权升值。

尽管基于实物期权理论的工具还不存在，至少尚未在石油工业中盛行，但偶尔参考这些方法，即使只是定性的，也可以让决策者意识到影响特定资产价值的选择和参数与期权有相似的特征。

6.4.4　应用 NPV 期望值的局限性

6.4.4.1　风险规避

只有在公司能够实行足够多的独立且相似的项目，从而可应用大数定律时，使用期望值是合理的，而对于某个需要大规模投入资金的主要项目，如某些海上开发项目，则不再适用。

让我们回顾一下章节 6.4.2 勘探决策的例子。该勘探项目的成本为 5 千万美元。发现中等规模油气田的概率为 10%。由此得到的 NPV 为 3.2 亿美元（不含勘探成本）。发现大规模油气田的概率为 5%，对应 NPV 为 4 亿美元，发现小规模油气田的概率为 5%，对应 NPV 为 2 亿美元。

因此，NPV 的期望值为：

$$-50 + (0.10 \times 320) + (0.05 \times 400) + (0.05 \times 200) = 1200 \text{ 万美元}$$

现在我们考虑另一个勘探机会，该勘探区域更加难以进入，更加非常规。勘探成本更高，为 1.6 亿美元，但可能发现的油气田规模也更大。不同勘探结果的概率值及收入现值（不含勘探成本）如表 6.8 所示。

表 6.8　可能勘探结果的特征

勘探结果	概率值，%	净现值，亿美元
小规模	5	1
大规模	10	10
超大规模	5	15

因此，NPV 的期望值为：

$$-160 + （0.05×100）+ （0.10×1000）+ （0.05×1500）=2000 万美元$$

假定这两个勘探项目仅在勘探成本和收入上有上述区别，决策将在两者之间做出。对大公司而言，这两个项目均属小型项目，因此第二个项目将优于第一个，因为它的收入期望值更高。但另一方面，对于小型独立公司而言，该决策则并非最优。它必须考虑到第二个项目亏损的可能性更高，可能损失的上限也更高。换言之，第二个项目属于高风险项目。一般来讲，公司都会规避风险。

在探讨上面提出的问题的答案之前，我们先来看另一个例子。我们来看两个 NPV 为连续随机变量的开发项目。假设这两个项目 NPV 期望值相等。一个风险规避者将选择 NPV 方差较小的项目，即图 6.7 中的项目 A。图 6.7 展示了这两个项目的概率分布函数。

通常用折现收入的标准差❶（或方差）来表征风险。

若两个项目的收入期望值相等，风险规避者将选择标准差更小的项目。但若其中一个项目同时具有更高的预期收入与风险，决策者将根据两种不同的标准进行决策。

在进行接受或拒绝项目的决策时，也会产生类似的问题。收入折现值的期望值为正是不够的，还必须保证不具有过高的风险。

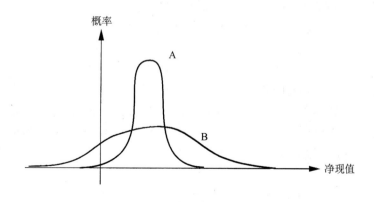

图 6.7　项目比较

在实践中，这两种标准（期望值和方差）都被普遍采用，但这两种标准的权衡没有统一的结果。如前所述，在石油生产行业中，常常采用模拟的方法。该方法下，可采储量的期望值和方差，以及开发项目的 NPV 的期望值和方差都是可以计算的。

由于我们也可以得到分布函数，因此无需仅仅依赖期望值或者方差。我们能够根据分布函数计算出各种情况的概率值，例如项目亏损的概率。

通常情况下，决策可根据上述信息做出，也可能辅以其他战略性考量。进行战略性评估时无需为每个因素赋以权重，尤其是对期望值和方差（均值和风险）。

针对风险的处理，有着不同的方法。其中一种是期望值 / 方差评价法，所用到的权重

---

❶一个随机变量的标准差是该变量相对其均值的偏离值的平方和的平方根。该指标常用于度量变量的分散程度。方差等于标准差的平方。

来自决策理论。在展示这个方法之前我们先来了解一种被公司广泛使用的方法，该方法将风险溢价纳入折现率之内。

6.4.4.2 折现率和风险溢价

在章节 6.3.1.1 我们提到了资本资产定价模型。该方法中涉及了包含风险溢价的权益成本的计算。许多公司接受了这种理论，在实务中将风险溢价纳入折现率内。对于这种实践，有几点需要引起注意。

首先，CAPM 计算的风险溢价只包括系统风险。为了在运用时考虑到项目的个体风险，就必须计算出和每个项目相关的 β 值。但无论如何，该模型仅仅旨在使可分散其投资的股东效用最大化。在这种前提下，不同给定资产的特有风险对股东而言是无差异的。但这一点对于持有未充分分散投资的股东而言并不成立，尤其对于那些持有大部分资产的股东（例如家族企业），更不用说企业负责人，他们显然不会忽视特有风险。当公司参照资本资产定价模型时，它通常用于确定公司整体层面的资本成本，而不是项目层面。特有风险的因素将或多或少地增加该资本成本，下文将对该方法做简要分析。

我们在资本成本的基础上再加上一个安全边际量，称为"特有风险溢价"，来计算折现率。我们用"特有"这个词是因为系统风险已被涵盖在资本成本的定义中，而实践中使用的溢价却是实际的定义，不区分特有风险与系统风险。

折现率的增加将降低未来现金流的现值，越是远期的现金流，现值降低得越多。一些学者认为这是由于未来现金流入的价值取决于一些不确定性，时间越久，现金流的不确定性就越大。但事实并非总是如此，例如当我们为超深海上油田开发添置先进设备时，资本成本主要由前几年负担，因而比长期收入的不确定性更大。

这种方法的一个主要的固有问题在于定义风险溢价时的随意性。仅在非常特殊的情况下，高风险溢价才是合理的。正如 R.Charreton 和 J.M.Bourdaire（1985）提到的，使用风险溢价相当于使用一些特定的概率系数。设 i_0 为不包含任何特有风险溢价的折现率，p_r 为特有风险溢价，则第 n 年的现金流 F_n 的折现值为：

$$\frac{F_n}{\left(1+i_0\right)^n\left(1+p_r\right)^n}$$

假设风险溢价为 10%，则 5 年期的折现系数约为 0.6。这等同于假设给定现金流有 60% 的可能实现，而另外 40% 的可能下该现金流将为 0（例如勘探完成而一无所获）。这是一个非常高的假定风险。

当采用这种方法时，由于公司内不同部门的经营风险不同，因此将采用不同的安全边际量。即使同一个部门内采用了相同的特有风险溢价时，仍然有问题，因为事实上即使是同一个部门内部，不同项目也具有不同的风险。因此若要严格运用该方法，会导致不一致的决策结果。

运用特有风险溢价的方法还有一个缺点。前文中我们看到，期望值的概念对于独立的小型项目非常合适。只有在大型项目（或项目之间有相关性）的情况下才需要考虑风险。增加折现率将导致不同规模的相似项目采用同样的决策，不论对项目的多种现金流选用什么样的乘数。

因此，当采用含特有风险的折现率时，使用该折现率的决策标准并不严格。此外，相对以前，目前石油行业已经越来越少地使用这种方法。仍然使用该方法的公司则选用较低的风险溢价（1 到几个百分点）。

不管怎样，对于任何项目，都需对风险和不确定性进行分析。有时敏感性分析就已足够，有时则需要概率计算。下面介绍的项目评估方法使得分析师可以超越上述的那些使用多重标准的方法。

6.4.4.3 决策理论和期望值／方差标准

在章节 6.4.4.1 我们给出了两个例子，这两个例子中对考虑风险规避后的决策进行了修正，同时说明了现金流入带来的效用并不同其价值成比例。在决策理论中，这种效用可通过效用函数得以量化。但将理论应用到实践中还会遇到一些困难。在石油行业中，建立效用函数曲线（必定是主观的）的想法已经被废弃了。

另一方面，R.Charreton 和 J.M.Bourdaire[1]（1985）曾经提出了一个同决策理论相一致的标准，该标准简单而具吸引力，因此易于在实践中采纳。对于独立项目，它将 NPV 替换为：

$$m - \frac{\sigma^2}{2P}$$

式中　m——NPV 的期望值；

σ^2——NPV 的方差；

P——一个表征公司接受风险的能力的系数，它代表在不危及公司生存的前提下可承受的最大损失。这个值可以由管理人员相对容易地估计出来。

6.5 结论

同其他大公司一样，对石油公司而言，采用折现现金流法对投资项目进行经济评价是基本准则。

重要的是，尽管这些评价方法很简单，但在应用时应当十分严谨。这种简单可能会导致新手掉进那些粗心者常忽视的陷阱。我们已经提到了许多这样的陷阱：在其他条件相同的情况下选择最高回报率的项目；不假思索地应用含高风险溢价的折现率；混淆现值和恒定的价格等。

在进行敏感性分析时，无论是坚持必备的敏感性分析还是进一步采用更复杂的技术，资本预算技术意图将庞大的数据集总结为一个或者少数几个数字。它们是保证公司间不同部门使用的假设相一致的工具。当然，经济评价只是决策时需要考虑的一个因素，因为决策的结果不可能被全部量化，但它应当可以为项目投资的所有不同角色所用：技术人员、财务人员以及管理专家等。

就这一点而言，经济评价可以提供一种不同背景的专家之间的交流方式：一种真正的共同语言。

[1] Charreton R，Bourdaire JM（1985）*La décision économique. Que sais-je ?*，PUF，Paris，France.

参 考 文 献

Arditti F D, Levy H（1997）The weighted average cost of capital as a cutoff rate: a critical examination of the classical textbook weighted average. Financial Management 6, 3（Fall）.

Babusiaux D, Pierru A（2001）Capital budgeting, investment project valuation and financing mix: methodological proposals. European Journal of Operational Research 135, 2（sept.）.

Brealey RA, Myers SC（1988）Principle of corporate finance. Mc Graw-Hill, New York.

Herz DB（1979）Risk analysis in capital investment. Harvard Business Review 42, 1（janv./fév.）1964; réédité 57, 5,（sept./oct.）.

Mac Cray AW（1975）Petroleum evaluations and economic decisions. Prentice Hall, Englewood Cliffs.

Newendorp PD（1975）Decision analysis for petroleum exploration. Petroleum Pub. Co., Tulsa.

Pierru A, Babusiaux D（2000）A general approach to different concepts of cost of capital.

Bonillam M, Casasus T, Sala R（eds）. Financial Modelling. Springer-Verlag.

第7章 信息、会计和竞争分析

在这一章中，我们将研究勘探和开发活动这个部分的资料，以及如何处理石油企业的财务会计信息。

这个部分的管理，如同任何其他部分的管理一样，依赖于一个信息系统，以便他们能够指导企业有一个良好的过程，优化其项目的选择，并提供所需要的一切资料：

（1）投资者如果打算投资，他们就会监视公司的资产，并且会对基准性能进行竞争性分析；

（2）债权人和供应商，肯定会估算公司的财务能力和信用等级；

（3）金融分析师，评估公司的业绩，以便向潜在的投资者提供信息；

（4）股票交易所，确定一个股市的新报价；

（5）监管机构，其任务是确保该公司遵守现行条例。

这些信息主要来源于资产负债表、损益表、股东权益变动表、现金流量表以及披露。这些会计报表主要是根据历史数据来做的，不可能全面反映公司完整的可被测量的现有价值。他们必须谨慎获取信息（例如几年前购买了一个固定资产，但是它在资产负债表上的价值是该资产成本的原值而不是现值），所以需要补充其他的信息，包括公司的股票报价汇率变动时的股票价格趋势，以及非量化的定性的信息。

在石油天然气勘探和开发阶段会出现特殊的会计问题，了解这些是很重要的，以便石油公司提供的所有信息能被广泛使用。

这些特殊问题是由这个部门的以下特点产生的：

（1）收入和支出两方面的关系来看，就数额是随时间大幅度变化的。一个石油公司可能用6亿美元（按历史成本计量）投资一个1×10^8bbl的油田，当开始生产时，如果石油价格下降到10美元/bbl时，它的价值很可能会崩溃，或者反过来说，价格上涨到30美元/bbl的时候则会高涨。另外，开发初期发生的费用，或延长到5～10年可能需要10～20年去摊销，甚至在某些情况下可能时间会延续得更长。所以就要求石油公司需要提供短期（季度或年度）和长期（整个油田的生命周期）两种会计信息。

（2）石油勘探和开发公司的内在价值取决于油田可采储量的大小。而且当公司发现新的可采储量时，并不影响资产负债表里资产的数额。

（3）石油的销售价格无论如何都不会取决于石油公司的定价。因此对于石油公司来说，很难估计油气田的价值，然而，还要求石油公司进行这项工作必须遵守各种法律义务。

（4）石油公司会与另外的石油公司合作，共同经营一个项目。并且约束他们到资源国进行投资的合同通常比较特殊，对数据结构和项目管理强加特殊的系数参数的限制。这个因素影响公司组织内部会计系统的方式。

这些困难使得公司在这个阶段做财务分析时需要做的评估和比较研究极其复杂。然而石油工业的历史表明美国石油公司在整个石油工业的发展中起了非常重要的作用，其领导地位反映在美国会计准则对于国际会计准则的领导权中。

这种情况的演变是由于自从 2005 年以来开始采用国际财务报告准则引起的。自从 2005 年开始，欧洲的上市公司必须编制符合国际会计准则的财务报表。许多其他国家也选择了采用国际会计准则作为其国家管理结构与国际接轨的标准。国际会计准则越来越广泛的应用，在欧洲的石油天然气公司就需要遵守这些新的标准。

此外，国际领先的石油公司都在纽约证券交易所上市，并且受美国证券交易委员会要求的约束。

在这种环境下，当审查非美国公司的财务报表时，美国会计准则和国际会计准则就必不可少。

我们首先将详细分析适合投资的会计准则、成本、油气储量，还有折旧和条款规定。

然后，我们继续了解石油公司上游阶段允许进行比较研究的具体信息。我们开始对石油公司提供的年报上的附录进行研究，然后我们可以从这些数据中构造出许多指标。最后，我们可以描述出使用这些数据的很多困难的地方。

对于会计报表的读者来说，并不是很熟悉会计工作，所以会附加一个财务会计附录的介绍（文字框 7.1～文字框 7.3）。

文字框 7.1　证券交易委员会

> 公司在纽约证券交易所上市需要给证券交易委员会提供一种特殊的信息（美国公司提供 10-K 表，非美国公司提供 20-F 表），这些信息是资产负债表、损益表、资金来源运用表等的综合。
>
> 补充资料附于附件（分析工业固定资产和无形资产等），并且，石油公司的信息符合财务会计准则第 69 号。

文字框 7.2　（财务会计准则委员会），（财务会计准则第 69 号）

> 石油和天然气会计的具体处理活动准则是由财务会计准则理事会提出来的。
>
> 1977 年，财务会计准则委员会第一次颁布了财务报表准则第 19 号，准则规定了石油工业提供关于油气开发活动具体信息的要求。长期生产包括取得、聚集、处理和就地储存。
>
> 第二年一个叫做"储量认可法"的理论广泛发行，这个理论是由证券交易委员会提出来的，在"会计系列文告"上发表。这个文件规定储量数据在公司财务报表中反映出来，即对未来产量和相关费用的预测，并且附加对以前油气开发活动的细节描述。
>
> 这导致财务报表不符合标准，从而导致财务会计准则理事会在 1982 年提出新的标准，在美国财务会计准则第 69 号中，规定储量和相关费用在年度财务报告中披露的方式。
>
> 证券交易委员会接受了财务报表准则第 69 号的推荐。本文件中探明储量的定义主要是来源于美国能源部的定义。

文字框 7.3　　国际会计准则理事会

国际会计准则理事会是 2001 年成立的，是一个独立制定和发布国际财务报表准则的私人部门。国际会计准则理事会的前身是国际会计准则委员会。

对于欧洲的石油天然气公司，国际会计准则委员会没有时间来制定一项全面的开采阶段的标准，所以 2005 年及时转换为使用国际财务报告准则。因此，国际会计准则委员会发行财务报告准则 6，来提供一个临时的解决方案，允许会计主体在一项全面的解决方案提出之前继续使用他们的会计政策来指导勘探和估价活动。事实上，欧洲石油天然气公司之前已经形成了他们的会计准则，例如财务报表准则第 19 号和财务报表准则第 69 号，这几号准则并不与国际财务报表准则相冲突。

7.1　会计准则

7.1.1　资本运营成本

根据目前的实务操作，在勘探和开发阶段使用"资本成本"（或"投资成本"），在生产阶段使用"经营成本"。这些资本运营成本与很多不同的操作有关，见表 7.1。

表 7.1　石油工业上游成本

勘探	开发	生产
取得矿区权	开发井 地面建设 安装平台	与泵、聚集、加工和储存系统相关的操作成本
初步调研 地质调研 地震测试	提高采收率： ·井丛 ·采油设备 ·其他	
勘探井	井口	
评价钻探井 探明圈闭	生产装置： ·分离/加工 ·运输 ·储存设施	运输成本

投资成本和经营成本帐户之间的区别是，没有什么方式可以和这些条款中的术语完全相符。

根据一般公认会计准则规定，资本成本反映在资产负债表中，经营成本反映在损益账户中。当经济学家和会计师就损益类账户的成本构成达成一致意见时，会计师对于资本成本可能会有不同的观点，这取决于他们使用的方法。

美国财务报表准则第 19 号对于勘探和开发成本的核算给出了两种办法：成果法和完全成本法。一般来说，大型的综合性的石油公司采用成果法，而像美国独立的一些中小型公司更喜欢采用完全成本法。这两种方法被看作是在勘探开发阶段进行投资的两种不同的会计处理方法（表 7.2）。

表 7.2　成果法和完全成本法对比

	成果法	完全成本法
矿区取得成本	资本化	资本化
地质调查 / 物化探成本	费用化	资本化
干井勘探成本	费用化	资本化
开发井勘探成本 继续生产	资本化	资本化
开发成本 （包括干井开发成本）	资本化	资本化
生产成本	费用化	费用化

注：除了纯粹的会计问题，这两种方法在年损益和资本回收的形式上是完全不同的。当使用完全成本法时，所有成本包括干井的勘探成本都被资本化，所以造成本期利润比成果法（干井在成果法时作为经营成本费用化）下的利润高，而资本回报率低。

7.1.1.1　成果法

使用这种方法，只有能直接见油的支出才被资本化。我们来分析每一种支出要素。

（1）矿区取得成本。

取得矿区使用权时发生的成本，例如矿区权益申请费、探矿费、咨询费用、法律费用等都被视为资本成本。如果投资成本没有产生相应的投资回报，那么成果法下就把它费用化。

（2）勘探和评价成本。

初步调研、地质调查以及物化探都直接和当期收入相配比，不做资本化处理。因为虽然这些技术提供了基本的信息，可是他们对于石油天然气的发现没有直接的作用。

对于钻井的成本的处理取决于钻井的结果：如果是不成功的干井就被作为经营成本，如果是成功的油井则被资本化。在整个钻井过程中，勘探和钻井成本暂时资本化，如果同时满足以下条件时才可以确定是否发现了可探明储量：

①如果该井有足够数量的"尚未证明"的保留的储量，作为生产井看待，如果发生支出，则假设在整个油田开发过程中支出需要被资本化；

②公司对项目做了非常充分的经济可采价值的评价。

任何勘探井的最终结果都是双重的：

③井增加了探明储量：因此需要分类进行相应的资本化和费用化；

④井没有任何探明储量：所有成本费用化。

（3）开发成本。

开发成本是把具有可采储量的井投入生产所发生的成本。包括三维地震分析，对油田进行动态监测，钻生产井和注水井，生产设施和加工厂，聚集和储存系统以及产品的运输费。这些成本与探明储量直接相关，做资本化处理。

7.1.1.2　完全成本法

完全成本法是将所有的勘探和开发费用全部资本化。这种方法下资产负债表中的资产会比成果法高。

7.1.2　储量

7.1.2.1　财务报表准则第69号对储量的概念

石油公司的资产主要是由碳氢化合物储量构成的，在资产负债表中没有显示（除了购买的储量，包含在购买价值里）。然而，自从1982年开始，财务报表准则第69号具体规定储量信息如何在公司年报里进行披露。给出的数据来源于可探明储量，也就是在现有技术下碳氢化合物的经济可开采量。

石油天然气液体和石油天然气气体储量的计量是有差别的。石油天然气液体以百万桶来计量，石油天然气气体以亿万立方英尺来计量。每个公司都根据油气的质量，基于能量等价转换的原则，采用自己的比率计量。转换率在每桶5300ft³到每桶6000ft³之间。

储量在数量上的变化需要在6个方面与前一年进行比较：

（1）变化是由于对于储量的知识改进了（例如，由于钻新的开发井），或者是经济环境的改变；

（2）提高（二级或三级）采收率（注水、注气、注液、注聚合物等）；

（3）扩大可采储量区域或者发现新的区域；

（4）开采探明储量；

（5）矿产资源的销售；

（6）一年中的产量（文字框7.4）。

文字框7.4　不同定义的历史背景

石油工程师协会、美国地质学家协会和美国石油协会不仅对可探明储量提出建议，而且对于潜在的储量也提出了建议。石油工业提出的这些建议与美国证监会提出的建议非常接近。

为了达到可被全球接受的国际化水平，也做了其他努力。1987年，石油工程师协会推出了新的定义，包括延长对概念的讨论，在目前的经济条件下具有经济可采储量。

在1983年的世界石油大会上，一个工作小组制订了储量的命名法，并于1987年的世界石油大会上得到批准，就这个命名法形成了一个"关于石油和石油储量的分类和命名系统"的报告。

这次石油大会与1987年石油工程协会提出的命名被政府机构（尼日利亚、叙利亚、委内瑞拉）和石油公司（BP公司和雪佛龙公司）广泛应用，石油公司用这个定义来指导他们自己的定义。这些定义都不允许用概率计算储量。1997年，石油工程师协会和世界石油大会联合起来发布了一套包括确定性和概率技术的定义。

要划分这个并不是很容易，实践中在范围上的选择还是挺灵活的。有一个更先进的方法可以区分已探明储量（利用已有设施和井就可以生产油气，不需要改变）和未探明储量。

值得注意的是，财务报表准则第 69 号提倡要充分辨认哪些储备来自子公司或者按合并比例辨认（第一类方法），还有子公司合并的权益法核算（第二类）。

注：美国证监会关于储量的定义是基于"合理确认"的理念，解释上可能会引起问题。每一个公司都有自己核算储量的方法。当油田技术发展的时候，一个稳健型的公司对储量进行谨慎性估计，其他激进型的公司将公布做好的估计，随后再根据需要更改数据。

7.1.2.2 储量和税收、合同的标准

石油公司的会计人员对已探明碳氢化合物的实际储量的认识有很大不同。

首先，他只确认已探明储量；对于可能有的储量是不确定的。可以看出，对于储量的判断非常严格，忽略了那些不确定的储量以后可能变成可被确定的储量。另外，他们设置税收账户来显示储量生产问题，为了显示出储量的多少，储量值将在财务报表中进行披露。这意味着公司租让制下，不会制定一个相同数额产品分成制度。

历史上，第一个被生产国采用的制度是租让制。这个制度只有效地拥有一定信贷比例的储量。承租人的收益是扣除税收和矿区使用费之外的所得，所以这种情况下储量相当于扣除税收的净储量。

特定情况下的租让制度，可以把暴利税看成是产品的一种税收，因此不从储量中扣除。这种情况下，数量表示总储量。在这个制度下，承租者除了要生产储量之外还要支付暴利税，每年会支付一项或多项税，这些税收将在损益表中直接和收入配比，这些税收进入总税账户之前储量不予说明。

会计制度随着新的财政制度的发展进一步复杂化。从 1966 年开始，产量分成合同开始发展。在这个制度下，石油公司只是一个承包商，他们只拥有一部分产量，只能把那部分产量进行计量，即成本油（所有成本的回收）和他们分得的利润油。剩下的利润油归国家所有，并不计入石油公司的储量。

有些产量分成合同下，资源国所有的那部分利润油被看做是一种税收，所以石油公司的储量可以包含所有的利润油。因此，"获得碳氢化合物"相当于宣布活的储备。为了量化他们，一直到油田生命周期结束都需要进行合同的财务分析。

最后，如果是风险服务合同，只补偿承包商的财政支出和酬劳，并不给予实物油。他们从来不会拥有储量，因此也不会在财务报表中披露。

混合型石油合同越来越普遍应用，它往往不容易确定是哪一类会计科目下的储量的下降。为了确定这个，石油公司根据证券交易委员会的规定，知道他们如何计量储量。

这些规定重申如果要确认和披露已探明储量，就需要按照国际认可的合同来处理。这些包括油气的开采权利，采取实物支付的权利，在明确的矿产利益和活动下所面临的风险（技术和经济风险）。另外，这个规定拟定了一个特殊要素清单，那就是哪些已探明储量不需要被确认和披露。这些问题包括购买一定数量的碳氢化合物的利益限制的权力，供应或保理协议，其中，没有参与开采利益的不涉及任何风险的服务或资金。

以上主要是关于风险和报酬：如果该公司把储量作为披露的项目，那么高收益必定伴随着高风险（技术和经济风险）。

7.1.3 折旧和减值准备

在这个部分，我们仅仅讨论石油上游阶段的折旧和减值准备两方面。在第七章的附件里，会提到更多的一般材料的折旧，有直线法和余额递减法的具体内容。

我们将根据美国证监会和财务报表准则对石油上游工业活动的规定，采取工作量法计提折旧。然后，我们在开发阶段（钻井系数和储备比率）之前仍然看折旧项，并最终考虑报废。

7.1.3.1 工作量法计提折旧

这个计提折旧的方法考虑到设备的磨损和损耗，是与设备的产量成正比的。如勘探和生产活动，不是考虑生产装置，而是考虑碳氢化合物储量的数量。这些投资的摊销比率与储量的折耗（或损耗）成比例。

折耗比率按照下面的公式计算：

$$折旧率 = \frac{油田第n年的碳氢化合物产量}{第n年产量 + 第n年12月31日的储量}$$

这里提到的储量是已探明储量，依据折旧费用，必须作如下区分：

（1）勘探许可成本：折旧是基于已开发的和未开发的已探明储量；

（2）资本化的勘探井和开发成本：折旧基于已开发的已探明储量。

折旧数等于折旧余额或净资本化的资产乘以折旧率。

表 7.3 是基于 1 亿美元的投资，并且已开发的已探明储量是 1×10^8 bbl 时他的折旧情况。假设这期间的储量不是预先估计的。

表 7.3　折旧的工作量法

产量，10^6bbl	n	n+1	n+2	n+3	n+4	n+5	n+6	n+7	n+8	n+9	总计
	10	20	20	15	10	7.5	7	5	3.5	2	100
12月31日的储量，10^6bbl	90	70	50	35	25	17.5	10.5	5.5	2	0	
折旧率，%	10.0	22.2	28.6	30.0	28.6	30.0	40.0	47.6	63.6	100	
资本化成本，百万美元	100										
12.31 净资本，百万美元	90.0	70.0	50.0	35.0	25.0	17.5	10.5	5.5	2.0	0.0	
折旧，百万美元	10.0	20.0	20.0	15.0	10.0	7.5	7.0	5.0	3.5	2.0	100
折旧，美元 /bbl	1.0	1.0	1.0	1.0	1.0	1.0	1.0	1.0	1.0	1.0	

注：第 n 年 12 月 31 日的净资本等于第 n−1 年 12 月 31 日的净资本加上这一年新的投资减去这一年的折旧。

从这个例子可以看出，整个时期总折旧都是不一样的，但是每桶的平均折旧始终是不变的。在实践中，所有处理活动都会更加复杂，因为估计的储量是不断持续变化的，而且所有的变化肯定会影响计量结果。这些结果的不同不仅与产量有关，还与预先估计的不断变化有关。当进行一项新投资时，很大程度取决于先进的技术。有些不确定的储量可能最终变为被证实的储量（实际产量会有 90% 的可能性超过已探明储量）。

这些变化都来自于外界经济环境变化对产品利润的影响，所以公司尽量比预期越早实现产量越好，另一方面，也鼓励生产。不能忽视储量不会比整个生产阶段的总产量更多。

表 7.4 是基于 1 亿美元的初始投资，并且初始已开发的已探明储量是 5000×10^4bbl 时他的折旧情况。假设这期间的储量不是预先估计的。据推测，估计储量在第 $n+1$ 年将增加 2500×10^4bbl，在第 $n+2$ 年将再次增加 2500×10^4bbl。

表 7.4　工作量法计提折旧

	n	$n+1$	$n+2$	$n+3$	$n+4$	$n+5$	$n+6$	$n+7$	$n+8$	$n+9$	总计
每年产量，10^6bbl	10	20	20	15	10	7.5	7	5	3.5	2	100
12 月 31 日的储量，10^6bbl	40	45	50	35	25	17.5	10.5	5.5	2	0	
折旧率，%	20.0	30.8	28.6	30.0	28.6	30.0	40.0	47.6	63.6	100	
投资成本，百万美元	100										
12 月 31 日净资本，百万美元	80.0	55.4	39.6	27.7	19.8	13.8	8.3	4.4	1.6	0.0	
折旧，百万美元	20.0	24.6	15.8	11.9	7.9	5.9	5.5	4.0	2.8	1.6	100
折旧，美元 /bbl	2.0	1.2	0.8	0.8	0.8	0.8	0.8	0.8	0.8	0.8	1.0

可以看出，对于储量估计的增量调整，导致在前几年计提的折旧比较高。

7.1.3.2　项目开发阶段的钻井系数和储量比率

当开发一个油田剩余的未被开发的储量，使用开发设备时就会产生一个问题。这种情况一个典型的例子是一个离岸生产平台准备开始生产，还要钻开发井，或者为主油田安装设备作为卫星油田投入生产。

对设备的价值计提折旧是可能实现的。因此，应该确保折旧的数量和所占用投资储量的数量的一致性。换算系数计算如下：

（1）钻井系数，即实际钻井数和预期钻井数之比：

$$\text{钻井系数} = \frac{\text{实际钻井数}}{\text{预期钻井数}}$$

（2）储量比率（开始的一年），即已开发的已探明储量和总的已探明储量之比：

$$\text{储量比率} = \frac{\text{已开发的探明数量（第}n\text{年年末）} + \text{第}n\text{年产量}}{\text{探明储量（第}n\text{年年末）} + \text{第}n\text{年产量}}$$

这两个概念计算出来的数据是不同的，从下面的例子可以看出：

一个离岸生产平台的建设成本是 1 亿美元；开发前钻了一个勘探井和两个评估井，总成本是 2000 万美元；预计开发井数量是 22 个；总的已探明储量是 3000×10^4bbl；在 12 月 31 日之前钻了 3 个开发井；第 n 年开始的产量是 50×10^4bbl；第 n 年 12 月 31 日已开发的已探明储量达到 500×10^4bbl，即与开始的 550×10^4bbl 相比减产了。

因此资本化成本达到 1.2 亿美元（成功的勘探井、评估井和生产平台），还有整个油田为了见油发生的成本以及生产设备的建设费用。然而后来只有一部分储量能被开发，也只有一部分投资能被回收：

（1）根据钻探的井的数量，钻井系数等于：

钻探的井数 / 预期钻井数 =3/22=13.6%，即 13.6%×120=1640 万美元。

（2）基于储量的储量比率为：

开发的储量 / 总储量 =5.5/30=18.3%，例如 18.3%×120=2200 万美元

资本化的成本通过这两个比率中的一个进行调整，然后基于开发的探明储量按单位成本法进行折旧摊销。

7.1.3.3　拆除及场地恢复准备

这些成本大致等于拆除和搬走设备，并将场地恢复原状等有关的成本减去回收材料的价值。这些工作通常是在油田停产后进行的，因此成本不可能摊销到未来产量上去。根据美国公认财务会计准则（财务报表准则第 143 号——资产退废负债的会计处理）和国际财务会计准则（国际会计准则第 37 号——准备、或有负债和或有资产），当公司有义务拆除并搬走某一设施或设备，恢复场地，同时可以合理估计与之相关的负债时，就必须在资产负债表上确认拆除成本。估计资产退废负债的公允价值时应该将预期现金流按照相应时间对应的风险调整后的利率来折现。

需要在资产负债表中增加一个和这些固定资产对应的准备科目，其数额等于刚才计算的准备的公允价值，并在这些固定资产的存续期内对其提取折旧。

拆除准备需要在每个资产负债表日更新，预计支出现值的任何变化都要通过调整准备和固定资产项目反映出来。

7.2　石油行业上游的竞争力分析

管理中最基本的工具之一就是业绩评价和将本公司业绩与其他公司进行对标分析。

同一公司的不同部门之间或与其他公司部分进行对比分析可以正确评价本公司的价值，认知到自身的不足并做出改进。

竞争力分析是为了明白其他公司正在做什么或者为了学习别人的经验，它在 20 世纪 90 年代形成至今已经运用了很多年，要完成一项竞争力分析必须具备以下条件：

（1）决定要比较什么；

（2）定义要运用的指标；

（3）决定内部指标和其他要对比的公司；

（4）收集数据；

（5）分析公司之间的差距，改善自身公司不足领域；

（6）经常更新数据；

最困难的部分是收集可靠的跨越多年的数据。

最好的路径是从原始资料收集数据，例如公司自身。除了内部文件，公司公布的资料也是合适的数据来源。这些包括所有公司都会公布的年报，部分公司附注的数据和公司营运资料，以及在华尔街报价的公司公布的 10–K（美国公司）或 20–K 表（非美国公司）。

值得特别关注的是根据财务会计准则第 69 号编制的油气生产活动的附注信息。在这些文件中，公司各个事项必须完全反应在内，权益法下只有特定领域的部分事项包括在内。

这些数据根据地域分解，值得注意的是地区分类不是固定的，公司之间并不相同，取决于公司营运的地区及其偏好。

运用这些信息可以衡量石油上游公司业绩。

7.2.1 资产负债表附注的关于油气生产活动信息

有以下 7 类信息（未审计的）：

（1）油气生产活动有关的资本成本；

（2）勘探、资产取得及开发过程中的成本；

（3）油气生产活动运行结果；

（4）储量信息；

（5）与油气探明储量有关的未来净现金流折现的标准计量；

（6）未来净现金流折现标准计量的改变；

（7）其他信息。

7.2.1.1 油气生产活动有关的资本成本

这一类别的信息包括除去折旧的资本化成本。总的资本化成本可以分解成以下两种：

（1）地下储量的取得，成功的勘探和开发，这些成本与探明储量有关；

（2）与非探明储量有关的资本化成本（矿产权的取得）。

总成本减去总的折旧，得到净资本化成本。

文字框 7.5　减值测试

根据美国公认会计准则（财务报表准则第 144 条对耐用资产的减值和处理作出解释）和国际会计准则（国际会计准则第 36 条：资产减值），公司需要审查自身固定资产可回收价值以确保这些资产在资产负债表上没有被高估。这些标准的真实目的是一个会计主体应用这些程序确定资产账面价值不超过可回收价值。如果一项资产的账面价值超过可回收价值，那么就说该资产减值了，准则要求会计主体要确认减值损失。

为了衡量减值损失，公司必须计算基于未来现金流和一定假设的经济价值：

（1）石油天然气价格；

（2）探明和可能储量；

（3）基于探明和可能储量的资本和营运成本；

（4）服务费用或通胀的坏账准备；

（5）公司选定的贴现率（大约在 4% ~ 10%）。

通常不会系统性地进行上述测试，只在有明确的风险导致无法收回投资的账面值时才会这么做，例如储量递减、成本超支或者税制改变时。而且计算时，公司在估计储量、预测油价、选择折现率等方面有较大自由度。

7.2.1.2　勘探、资产取得及开发过程中的成本

这一类别的信息代表过去无论是资本化还是费用化的支出，分解成 3 类：

（1）矿产取得成本；

（2）勘探成本；

（3）开发成本。

所有石油公司将以上 3 类按地域呈现，但明细程度各异。

将所有不同公司的以上支出加总，可以反映全球油气勘探生产部门的支出水平趋势。

7.2.1.3　油气生产活动运行结果

这一类别的信息反映服务成本与总部成本之前的油气生产直接成本，营运结果并不反应对集团合并成果的贡献，另一方面，它有独立于自身财务模式而与其他公司进行比较的优势。

以下各类的特征也很明显：

（1）收入，包括碳氢化合物的销售收入和运输收入（天然气管道）。碳氢化合物销售收入可以是总的，也可以是净的，例如产品分成合同。当给定的是总收入时，税及国家占有的部分就是成本。但这些数据披露时，净值仍然相同，需要做出区分的是销售给第三方的或是集团公司之间的转移；

（2）生产成本，不仅包括技术成本还包括投入的成本和税；

（3）特定一年按单位成本法计提的折旧；

（4）勘探成本；

（5）其他收入和成本；

（6）税，生产活动利润乘以国家规定的税率，但这些并非实际交付的；

（7）财务费用及管理费用之前的油气生产活动经营结果。

$$
\begin{aligned}
&收入 \\
&-生产成本 \\
&-折旧 \\
&-勘探成本 \\
&\pm 其他收入及成本 \\
&=油气生产活动税前利润 \\
&-所得税 \\
&=油气生产活动经营结果
\end{aligned}
$$

整个过程中最困难的一步是计算税收。这是纯理论的计算，不考虑公司的实际纳税情况，例如不考虑前些年的亏损可结转到当期，也不考虑可抵税的准备与账面准备之前的区别。所以得到的结果是一个名义值，便于不同公司之间的比较，不受各公司实际纳税情况及融资方法的影响。

7.2.1.4 储量信息

这里认可的储量是财务会计准则第 69 号制定的（见 7.1.2.1），与美国证监会标准一致。它包括证实储量也包括未证实储量，还有细分的年度变化。下面的表中包括这些数据，目的是为了计算未来现金流折现的标准计量及其变化。

7.2.1.5 与油气探明储量有关的未来净现金流折现的标准计量的变化

这一类别的信息涉及在一系列可计算假设基础上将 12 月 31 日的证实储量按 10% 的利率折现。

（1）这些估计是基于即将生产的证实储量并伴随着生产预测，假定所有储量都会被开采，在年末经济条件下进行计算。

（2）来源于证实储量的折现现金流是基于年末价值的，除了那些存在可以进行重新评估合同的。

（3）将估计的生产成本、未来开发成本和解雇成本从未来现金流中减去。

（4）利润前的税收是基于年末当地法定的税率。

这种计算方法有很多不足，例如：

①假定价格是合理的，处在季节性的天然气市场中的公司例如美国，价格在冬天会比较高，因此 12 月 31 日会产生更高的净现值。

②仅仅考虑了证实储量，这是一个相当悲观的情景，因为最终储量很可能超过证实储量。

③石油公司的未来资本及经营成本不仅仅保证最基本的情景，后者考虑的开发生产成本不仅包括证实储量，还包括概算及可能储量，这就产生了更高的生产成本。

④税收的计算仅仅是一个估计，真实的税收情况经常受定义之外的很多因素影响，这种方法使得各个公司之间的比较变得难以进行。

⑤单一折现率没有考虑到公司所拥有的储量的真实资本成本，另一方面，标准计量允许公司内部之间的比较。

7.2.1.6 未来净现金流折现标准计量的改变

这一类的信息有助于连续几年内净现值的计量，本年度的销售收入和成本必须从先前年份的净现值中减去，因为它们不是未来组成部分，还有很多其他因素影响未来净现金流折现标准计量的改变。不同来源可以分成两大类。

第一大类可以认为是"周边变化"，例如储量的变化，这一大类来源包括：

（1）12 月 31 日石油天然气不同的价格；

（2）未来生产开发成本的重估（新技术，对储层认识的提高）；

（3）折现到不同时间点（一年后）所带来的影响；

（4）由于价格或税率导致的税收差异（不考虑产量的变化）。

第二大类与储量的预计规模有关，规模变化往往是由于收购、销售、扩建、新的勘探发现或储量修正导致的。

这一类别需要细心运用，例如由于油气价格变化和成本变化导致同一类别之间存在差异。

7.2.2　指标

运用石油公司年报中油气生产活动辅助信息可以构建很多指标，因此可以比较它们之间的勘探生产成本。

7.2.2.1　储量替代率

储量替代率是通过特定时期探明储量的增加量除以同一时期的总产量；

$$\frac{p时期内新增探明储量}{p时期内总产量}$$

新增储量包括发现、扩建、修正、提高回收率，如果合适的话还可能包括进货净额。时间段通常是 5 年。

储量替代率是 100% 的公司用未来相同产量来替代已经生产的产量。也可以说公司重新补充了该存货。当从全球水平来衡量这个参数时，储量的购买和销售量是被排除在外的，因为这只是公司之间的内部转移，并不产生新的储量。这个公式同样适用不同地区的石油及天然气。

公司拥有的储量越多，表示维持 100% 的替代率会更难。

7.2.2.2　折耗率

这个指标是用某年的生产量与年初的储量之比得到。这些储量可以通过年末储量加上当年的生产量计算得出：

$$\frac{第n年的产量}{第n年的产量+第n年12月31日的储量}$$

这个参数代表公司正在开发资源的速率，在设备方面，这个指标包括在运用单位成本法计算的折旧消耗系数。

7.2.2.3　勘探和开发投资的强度

有两种指标表示公司特定时期生产活动的投资水平，这些活动以净税款后的碳氢化合物产量为代表，如果只考虑勘探投资，我们得到的就是勘探强度。

$$\frac{p时期勘探投资}{p时期净税款后的产量}$$

同样，开发投资强度可以只将开发投资放在分子上来计算：

$$\frac{p时期勘探投资}{p时期净税款后的产量}$$

7.2.2.4　发现成本

发现成本是为了衡量公司获得一桶石油或天然气等价物的成本。

这个定义看起来很简单，但存在很多问题：

(1) 应该包括哪些成本?

（2）这些成本的计算是通过成果法还是完全成本法？

（3）计算哪些储量：发现、取得、修正还是提高回收率的？

（4）如果修正和提高回收率被包括进来，这些储量可以做贡献到哪一年，勘探的那一年或是修正的那一年？

（5）应该包括哪些时间段？

（6）桶与英尺之间的换算系数是多少？

（7）按全球水平，地区还是沉积盆地来进行计算？

信息来源，例如第六类"油气生产活动补充信息"对计算发现成本并没有多少帮助。每个公司会使用不同的发现成本的定义，这取决于公司会计方法或者公司所期望的。

事实上有 3 种定义方法：

（1）勘探成本与新增储量之比（除去修正）；

（2）勘探成本与新增储量之比（包括修正）；

（3）勘探开发成本与新增储量之比（包括修正及强化开采）。

最后一个定义看起来具有欺骗性，因为它包括了开发。某些公司偶尔还会将购买的储量包括在内。

计算这个比率的意图是反映勘探活动中发现储量的效率，将购买的储量（收购成本放在分子中，收购的储量放在分母中）和采收率的提高（提高采收率的成本放在分子中，增产量放在分母）包括进来似乎不合逻辑。

7.2.2.5 发现成本与开发成本

这个指标是将特定时期勘探发现成本除以同一时期与发现、扩建、修正及强化开采相关的探明储量。这个指标同样可以表示为：

$$\frac{勘探强度与开发强度}{储量替代率（不包括获得物）}$$

7.2.2.6 储量替代成本

储量替代成本通过将计算的发现与开发成本加上购买许可证（探明和非探明）的成本得到。

发现成本、发现和开发成本、储量替代成本

计算成本指标最主要的困难是确保分子与分母的一致性，在 3 ~ 5 年的时期内我们不能将所有的支出都包括在分子中或将所有的储量都包括在分母中。现在的某些支出会导致在以后的某一时点发现储量，相反，分母中的一些储量则是之前支出的结果。

最后，这些指标只对于全部或部分合并的主体有意义，按照权益法下计算的合并，储量将被包括在分母中，但相应的成本并不包括在分子中。

7.2.2.7 以桶为基础的比例

这一部分涉及到以生产的桶数（产量计算方法与 SEC 标准一致，已扣除矿费）为基础的损益项目。同样以储量为基础的比率，只有适用于完全或部分合并的公司中才有意义。

利润与损失会计科目	以桶为基础的比例
营业额 －生产成本（包括与生产有关的税收，例如暴利税） －折旧（财务会计准则第69条规定的并包括基地恢复中的特殊项目） －勘探成本（与成果法一致） ± 其他收入与成本	每桶平均收入 每桶平均成本 每桶折旧 每桶非资本化的勘探成本
＝税前经营利润或损失 －所得税	每桶税前利润
净经营利润或损失	每桶税后利润

因此以下的因素就可以计算出来。

7.2.2.8　合同类型不同对这些指标的影响

这些账户中关于储量的数据，某些利润与损失的账户及对应的每桶比率都很大程度上取决于应用的财政及合同类型：结果取决于储量是按租让制还是按产量分成合同生产的。

考虑以下4种情况，一种是租让制形式，另外3种是产量分成合同形式。

（1）租让制，暴利税20%，所得税85%：标准的租让制。这些储量以净税款后的形式表述。

（2）产量分成合同，成本油50%，利润油10%：标准的产量分成合同。这些储量以去除国有的利润油的形式表述。

（3）产量分成合同，成本油50%，利润油10%。国有的利润油包括在储量中。利润油被视为税收，因此在标准的产量分成合同中加上这个数据。

（4）产量分成合同，成本油50%，利润油20%，在利润油的基础上征收50%的所得税，储量中不包括国有利润油。

假设在产量分成合同中的每种形式多余的成本在公司与所有国之间按利润油的比例进行分摊（图7.1）。

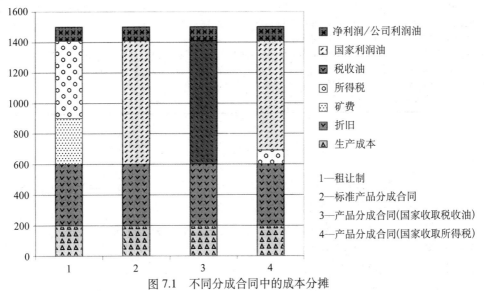

图7.1　不同分成合同中的成本分摊

在 4 个合同背景下，公司的净利润都是相同的，但经营利润和每桶比率完全不同。这意味着只有分析人员对计算中运用的合同及税收系统非常了解才能对这些参数做出有意义的比较。

在分析中用到的其他假设：

一年内的生产成本——1×10^8bbl

销售价格——15 美元 /bbl

生产成本（当年可以回收）——2 亿美元

年度资本化折旧（资本支出）——4 亿美元

表 7.5 对公司的经营结果进行了总结并计算了每桶比率。

表 7.5   不同合同类型的每桶比率

		一号租让制	二号标准产量分成合同	3 号产量分成合同（税收油）	4 号产量分成合同 + 税收
售出的原油数量	10^6bbl	100	46	100	52
净售出量	10^6bbl	80	46	100	52
销售收入	百万美元	1500	690	1500	780
暴利税	百万美元	300			
生产成本	百万美元	200	200	200	200
折旧	百万美元	400	400	400	400
经营利润	百万美元	600	90	900	180
税收	百万美元	510		-810	90
净利润	百万美元	90	90	90	90
生产成本	美元 /bbl	2.5	4.3	2.0	3.8
折旧	美元 /bbl	5.0	8.7	4.0	7.7
经营利润	美元 /bbl	7.5	2.0	9.0	3.5
净利润	美元 /bbl	1.1	2.0	0.9	1.7

注：1. 总的产量减去暴利税：例如 $100 \times 10^6 - 100 \times 10^6 \times 20\% = 8 \times 10^7$bbl

2. $(1500-300-200-400) \times 10^6$ 美元 $\times 85\% = 5.1$ 亿美元

3. 公司成本油 + 利润油，成本油 = 生产成本 + 折旧 = $(200+400)$ 百万美元折合为桶时需除以销售价格每桶 15 美元，得 40×10^6bbl，总利润油 = $(100-40) \times 10^6 = 60 \times 10^6$bbl，因此，公司的利润油 = 60×10^6bbl $\times 10\% = 6 \times 10^6$bbl.

4. 成本油 + 利润油，例如 6 亿美元 + 6×10^6bbl $\times 15$ 美元 /bbl = 6.9 亿美元

5. 国有的利润油被视为税收，包括在公司的产量与储量数据中。

6. 税收油，例如 $(100-40-6) \times 10^6$bbl $\times 15$ 美元 /bbl = $54 \times 10^6 \times 15$ 美元 = 810 百万美元

7. 成本油 + 公司利润油，成本油 = $(200+400) \times 10^6$bbl/15 美元 /bbl = 4×10^7bbl，利润油 = $(100-40) \times 10^6$bbl $\times 20\% = 1.2 \times 10^7$bbl.

8. $180 \times 10^6 \times 50\% = 90$ 百万美元

7.3   结论

所有这些指标在评估公司价值时都是有用的，但是它们更多地关注过去而不是未来，而且它们仅仅是在已探明的储量基础上计算出来的。

最适当的方法是计算预期未来现金流，扩展到包括所有的储量。

（1）在当前开发或生产的油田组合；

（2）未开发的油田组合；

（3）公司勘探活动的预期发现。

上述的指标分析还需要补充一份市场相关的因素研究，例如公司的市场化资本，如果存在活跃市场作为参考，储量的市场价值需要重新分析，从其他来源获取分析信息的还有：

（1）公司通过报社（例如 AFP 或者路透社）发布的信息，公司内部网站信息；

（2）通过咨询公司或财务分析家产生的特殊信息，可以与公司内部信息比较；

（3）咨询公司提供的计算机数据库，例如每个公司所拥有的储量数据。

附录：财务会计基本原则

财务会计收集和整理一个企业所需要的信息，并根据一定的原则对这些信息进行处理，原则如下：

(1) 历史成本原则：会计凭证适用于实际的历史成本（以现行价格计价），没有经过通货膨胀或折现的修正。

(2) 方法学上的一贯性原则：会计方法必须在连续的会计期间内保持一致性，任何变化都需要经过调整。

(3) 持续性原则：保持记账是义不容辞的，即使一个公司在会计期间内没有任何业务。

(4) 会计期间的独立性：在每一个会计期末都要进行结账，以便能够保留这一期间的结果。

(5) 合理注意原则：会计原则必须考虑到可预见的未来风险。

(6) 诚实信用原则：会计人员的行为必须遵守诚实信用的原则。

财务会计的目的是为了提供一份公司情况的期间性概括，而这种概括要与会计科目或其他合同性凭证相一致（附录到账户）。

公司资产和负债的状况在资产负债表中进行了总结，资产负债表在编表日这天提供关于公司整体价值的信息。企业的消费和生产通过记录会计期间内发生的成本和获得的收入进行处理，并将结果反映在相应会计期间里的损益表中（按价值进行变化）。资本的运作反映在现金流量表中。此外，其他信息可以在财务报表附注中进行披露。

在编制资产负债表和损益账户（及其披露）时，应用基本会计原则的目的是为了对公司财务状况进行真实、公允的评价。这些账户被独立审计人员检验核实。

7A.1 资产负债表

为了执行公司需要创造财富和做必要的投资的项目，允许它生产和销售。

7A.1.1 资产

投资包括增加产量水平。这些也许是有形的，例如被购买的或被修建的设备，无论是重置、扩展，还是多样化，也可以是无形资产，比如专有技术、专利权等。

主要有两种类型的资产：

(1) 公司的耐久财产是否物品、权利或者要求权：土地、建筑物、工业设备、车、专利权、矿采权等，这些被称为固定资产。这些固定资产以帐面价值出现于资产负债表中，也就是说，他们的购置成本减去折旧（参见损益表）。它们也可以包括证券（比如在其他公司享有的份额）和商誉。商誉是企业的公允价值超过承购之日账面价值的部分。

(2) 用于公司经营活动或短期运营的资本，这些被称为当前财产。他们适应各种各样的需要：①在手中拥有一定数量的原材料、能量和服务以进行初始的经营活动；②满足因经营过程中所发生的支出和取得相关收入之间的时间差而产生的资金需求（营运资金）；③对流动资金的需要。这些资产归入以下 3 个类别：

①物资储备（非资本化的）：包括原材料、半成品和成品。一般来说，物资储备要么是预备出售的货物，要么是将用于制造这些货物的产品。

②应收帐款：是指已经发行和贷出但在资产负债表日仍未得到支付的票据。这一金额可以被认为是一项信贷，贷给需要融资的顾客（商业债务人）。

③流动资产，包括现金余额及其等价物，例如现金帐户、银行存款以及可以迅速变现的短期投资。所有这些投资都在资产负债表中被归为资产，他们代表了需要进行融资的全部资产。

7A.1.2　负债

负债涉及所有的融资来源。实际上有 3 种融资形式：

（1）权益资本，即由所有者提供的财务资源。包括股票发行时由投资者享有的份额和留存收益，也就是还没有以股利（准备金）的形式分派出去的收益。这些资金必须通过股息或者享有份额的价值增值的形式来进行酬赏。权益资本由所有者权益和少数股东权益构成。

（2）长期负债，由从银行、金融市场以及其他公司获得的贷款构成，并且公司的所有债券及信用债券的期限超过一年。他们包括融资性债务（贷款和银行透支）、支付退休金、重组债务，场地修复债务和递延税款（图 7A.1）。

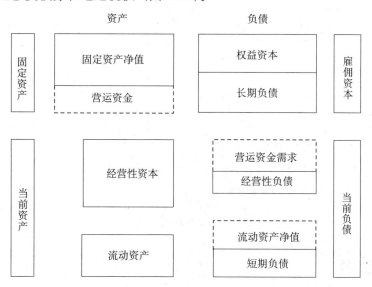

图 7A.1　资产负债表的经典格式

营运资金：永久资金超出固定资产净值的数额，因此它是可以用于为经营活动进行融资的中长期资金来源的那个部分。
营运资金需求：需要允许资本为其经营活动进行融资的资本数额。
流动资产净值：短期资产减去短期负债。
因此我们得到：营运资金 = 营运资金需求 + 流动资产净值

（3）短期融资，由公司所有期限不超过一年的负债构成，也被称为流动负债。他们部分是经营性负债。应付账款在产生方式上与应收账款相同，但应收账款来自客户，应付账款来自供应商，并因此构成了一项融资的来源。其他经营性负债涉及公司所有的非融资性负债，比如应向国内收入管理机构缴纳的应交税金、应付工资、未支付的社会保险等。还有一些短期负债，包括银行透支、一年内到期的长期负债、信贷额度的使用等。

负债因此代表了所有在资产负债表日可用的资金，而资产则代表了这些资金的使用方式。

7A.1.3　资产负债表的表述形式

7A.1.3.1　经典表述

图 7A.1 展示了资产负债表的经典格式，将长期部分和短期部分区别开来，并阐述了营运资金、营运资金需求以及流动资产净值的定义。

这种表述可以是多样的，例如在法国，交换了长期资产和短期资产的位置，将短期资产放在了资产负债表的底部。

7A.1.3.2　简化的表述

资产负债表也能以将经营性项目与融资性项目分开的方式表述（图 7A.2），于是我们有：

（1）净的负债：长期和短期融资性负债减去流动资产；

（2）经营性负债：长期债务和递延税款。

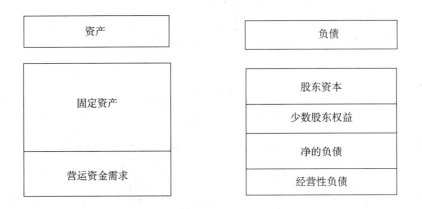

图 7A.2　简化的资产负债表

7A.2　损益表

损益账户是在一个会计期间内发生的会增加（产生利润）或减少（产生损失）所有者整体财富的会计事项的综合体。它包括期间内所有的收入和成本，它们的差额相应地称为会计期间的盈利或损失。

收入是能够增加所有者财富的事项。在石油企业，收入主要来源于石油和天然气的销售。而在另一方面,成本是减少财富的项目。损益表包括来自与直接消耗原材料、消费品和劳动力相关的公司经营的现金流出。

然而,损益表也必须考虑到与"消费"有关的已确认的成本,也就是机器和设备的磨损。这些设备是为能够持续一段时间而设计的。因此在支付其资本成本并对其作出会计处理(这一部在现金流量表里完成)时与这些资本性资产在实际使用时就存在着一个时间上的滞后。后者导致机器设备随着时间的推移而不断磨损,这就是折旧,一项非现金成本。

7A.2.1 损益表的表述

损益表一般都采用如图 7A.3 所示的格式。

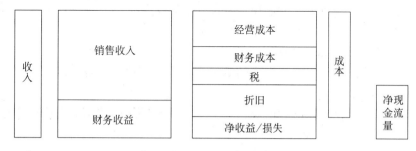

图 7A.3 损益表

现金净流量或者内部融资能力等于损益表中的现金净流入,也就是净利润加上折旧。净利润为公司支付给股东股利并增加股东的权益价值提供了来源。

7A.2.2 中间级项目的表述

损益表也可以表示各种中间级项目(图 7.4),并能够区分经营性和纯融资性项目(对于资产负债表来说)。这种表述经常仅在附录里给出(作业部门的成果分析)。

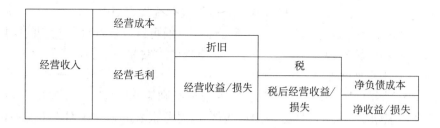

图 7A.4 损益表里的中间级项目

(1)经营性收益或损失代表了每一个经营单位对利润的贡献。它既可以是税前的,也可以是税后的,但却经常在财务性收费之前。

(2)税后经营性收益或成本:这是经营性收益或损失在考虑到税对经营收入的影响后经过修正得到的。这里的税没有扣除因负债抵税作用而免除的部分。税款的免除在"净负债成本"项目里进行会计处理。

(3)净负债成本由税后直接归属于组成净负债的成本和财务信贷构成(包括这些项目

的税的影响）。

（4）因此，净收益／损失是税后经营性收益或损失减去净负债成本得到的。

7A.2.3　折旧

自投入使用后，机器的磨损在资产负债表中固定资产净值里反映，也就是全部投资价值减去折旧。同时，任一年份内机器的磨损会通过借记折旧备抵科目的形式体现在损益账户上。折旧项目（而不是折旧备抵项目）经常是为了在损益账户中方便地指定这个项目。

折旧的计提规则是自公司外部强加给公司的。下面这3种独立的计提惯例能被区分。

7A.2.3.1　在公司财务报表中显示的折旧

这要根据公司经营地所在国的法律、规范、准则来计提。其主要目的是为了确定需要支付给股东的股利，但是也要计算公司将要支付的税费。

7A.2.3.2　在税款账户里显示的折旧

石油工业缴纳的税经常包括一系列的征税，在计算时使用它自己的摊销规则，可以不同于公司所得税的计算。

在法国以及以法国模式经营的国家，一项投资仅能够参照该项投资产生的成果来进行减值处理。

而在英国以及其他采用英国模式的国家，摊销规则在资本成本发生时就能启用。当石油资产为应税目的（没有限制）而归集时，也就是当所有的应税项目也可以一起进行税的计算时，这种不同的处理方式对项目经济具有相当的影响力。

在讲英语的国家里应用的这个体系中，进一步根据投资开支的本质进行区分：

（1）无形投资（服务或者没有残值的资产）：在经营性账户里被作为当前费用进行处理。无形投资不是资本化的，并且不出现在资产负债表里；

（2）有形投资（在实物上可收回的或者在投资期末有残值）：在资产负债表里是可以资本化的，并根据相关国家的适用规则在经营性账户里计提折旧。

应该注意的是有形投资和无形投资的区分可以根据税收规则而改变。例如，无形投资，可以包括一项投资的特定部分：井口或井壁套管。它们可以有选择地与投资的实际状况相连接：对于一项发展投资来说，平台（表层）是有形的，钻井（里层）是无形的。

7A.2.3.3　在合并账户里的折旧

最后，在编制合并报表时，特别对于财务报表准则第69号账户，公司应采用美国证监会和财务会计准则委员会的建议。美国证监会和财务报表准则建议对于上游石油行业的投资来说，对已开采的探明储量进行折旧时，应采用产量法（财务报表准则）。这一建议遵从了国际财务报告准则（工业标准架构16号：财产、厂房和设备）。由几个领域（设备处理、管线输出）共有的投资基于已开采的和未开采的探明储量进行摊销，甚至采用直线折旧法（通常折旧年限超过20年）。

7A.2.3.4　直线折旧法

假定设备的磨损在它的整个生命周期内是一致的。很显然这并不适用于石油和天然气领域，因为石油和天然气的产量是随着时间递减的。

7A.2.3.5 余额递减折旧法

这种方法假定设备的磨损在生产期初很高，并随着时间的推移而下降。它更适合于油气生产设施的减值处理，尽管没有考虑到这个领域的特殊特点。这种方法的折旧率是由直线折旧率乘以一个数而得到的，这个数由税法或公司会计准则而决定；当然直线折旧率取决于折旧资产的使用寿命。一个特殊的情况是用 2 乘以直线折旧率，也被称为双倍余额递减法。

表 7A.1 使用余额递减法和直线折旧法对一项原值为 100、使用寿命为 8 年的资产进行折旧做了比较，递减法的折旧率为 25%（双倍的直线折旧率，即 25%=2×1/8）。

表 7A.1 余额递减法和直线折旧法的比较

投资	投资	双倍余额递减法和直线折旧法				
		年末净值 (1)	递减法折旧 (2)	在剩余年份里用直线法 (3)	双倍余额递减法折旧 (4)	寿命期为 8 年的直线法
1	100	100				
2		75.0	25%×100=25.0	100.0 ∶ 8=12.5	25.0	12.5
3		56.3	25%×75.0=18.8	75.0 ∶ 7=10.7	18.8	12.5
4		42.2	25%×56.3=14.4	56.2 ∶ 6=9.4	14.1	12.5
5		31.6	25%×42.2=10.5	42.2 ∶ 5=8.4	10.5	12.5
6		27.3	25%×31.6=7.9	31.6 ∶ 4=7.9	7.9	12.5
7		15.8		7.9	7.9	12.5
8		7.9		7.9	7.9	12.5
		0.0		7.9	7.9	12.5

注：1. 年末净值（1）－本年折旧（4）；

2. 年末净值的 25%；

3. 年末净值 ÷ 剩余年限；

4. 只要第（3）栏的数大于第（2）栏，就一直用余额递减法，直到结束。

7A.3 现金流量表

现金流量表，也叫资金的来源和使用表，或者财务状况变化表，总结了一个会计期内发生的所有资本周转。它动态地记录了期间内发生了什么，并对资产负债表反映的时点状况做了补充。

下表所给出的，是期间内考虑的：

（1）新的合同性贷款，任何资本的增加以及经营产生的现金（现金流入），这些是现金的来源；

（2）资本性支出、贷款的偿还、股利的支付以及营运资金需求的变化，这些是现金的使用。

图 7A.5 显示了税收账户、损益表和现金流量表之间的关系。

图 7A.5　账户之间的关系

需要注意的是，为应税目的而产生的折旧（税盾）与为计算损益而产生的折旧（会计折旧）之间的区别。

7A.4　合并报表

一个公司由很多方式来发展它的业务，尤其是在西方。它可以仅仅扩展自己或没有独立法人地位的分公司，可以建立一个全资或者控股子公司，或者掌控一个已经存在的公司。

当很多个公司相互之间紧密联系的时候，它们就组成了一个集团。

在集团里，母公司持有其他公司的股份。如果母公司持有一个公司半数以上的股份，那么这个公司就叫做子公司；如果持有的股份在 10% ~ 50% 之间，这种情况被称为少数持有。

开发或生产型企业经常处于这种情况，因为它们经常在母公司权限范围之外经营。

母公司以正常的方式根据其所在国使用的准则编制资产负债表和损益表，而且它与子公司的联系仅在涉及到资金流（预付和偿还给母公司的资金、股利等）时才影响它的账户。

如果要对一个集团的财务而且涉及到行业方面做合理分析时，有必要获得该集团的合并报表。

合并的原则是母公司的财务报表应该对它通过其子公司有效控制的所有项目给出一个描述。

方法的选择取决于控制的水平，实质上由所拥有的表决权比例给出（图 7A.6）。

按照国际会计标准 27 号合并和独立财务报表的定义，控制被定义为从其业务中获得经济利益而有权决定一个主体的财务和经营政策。

当母公司持有半数以上表决权（排外的控制权）时，就被认为拥有控制权，或者当持有表决权为半数或不足半数，但享有如下利益时，也被认为拥有控制权：

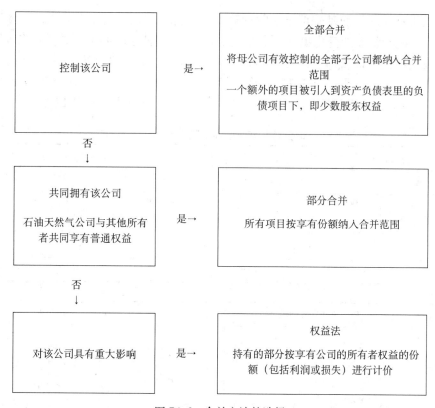

图 7A.6 合并方法的选择

（1）通过与其他投资者之间的协议，拥有半数以上表决权；

（2）根据公司章程或协议，有权决定一个主体的财务和经营决策；

（3）有权任命或解除管理层里的大多数成员的职务；

（4）在董事会或类似机构的会议中拥有多数表决权。

共同控制，按照国际会计标准 31 号合资企业中的利益的定义，是指根据合同约定，对被投资单位所共有的控制。这种情况只有在被投资企业的战略性财务和经营决策在分享控制权的各方（合营企业）一致同意时才存在。这一要求保证了没有一个合营者能单独地控制该被投资单位。

重大影响，按照国际会计标准 28 号投资于联营公司中的定义，是指对一个企业的财务和经营决策有参与的权利，但并不能控制这些决策的制定。这是在假定投资者直接或通过子公司间接持有被投资单位 20% 或 20% 以上表决权（包括潜在表决权）下成立的。

境外子公司财务报表采用在特殊经济环境下最重要的货币进行编制，这一货币被描述为记账本位币。在大多数情况下，记账本位币是本国货币，但是对于下游石油行业的大量子公司来说，美元是最重要的货币。境外经营的财务报表要折算为以母公司记账本位币反映的报表，其中资产负债表采用资产负债表日的即期汇率折算，损益表采用平均年利率折算。折算差额在权益资本项下列示。

投资在合并报表中往往在其生命期内采用直线折旧法，而采用产量法折旧的油气资产除外，产量法的功能是反映了石油领域的生产剖面。

事实上，不同的折旧基础用于税收计算以及在合并报表里决定合并资产负债表中递延税款的确定（递延税款的变化出现在损益表里）。在任何特定时间下递延税款都等于计税基础和资产或负债的账面价值之间的差额乘以最近使用的税率。当然这一差额是时间上的而不是总额的，因此当一项资产的使用寿命终了时，递延税款也就减少到了零。

表 7A.2 显示了全部合并的一个例子。母公司 P 拥有子公司 S 90% 的股份。

表 7A.2　母公司 P 和子公司 S 的资产负债表和损益表

母公司 P 的资产负债表					母公司 P 的损益表			
资产		负债			成本		收入	
固定资产净值	12000	资本	10000		经营成本	8000	销售收入	10000
在 S 公司享有的份额	900	准备金	2000		财务成本	500		
其他资产	4900	年度利润	800		税	700		
		负债	5000		净利润	800		
合计	17800		17800			10000		10000

子公司 S 的资产负债表（P 公司拥有其 90% 的股份）					子公司 S 的损益表			
资产		负债			成本		收入	
固定资产净值	900	资本	1000		经营成本	3600	销售收入	4000
		准备金	—		财务成本	100		
其他资产	900	年度利润	100		税	200		
		负债	700		净利润	100		
合计	1800		1800		合计	4000		4000

首先总结资产负债表和损益表的相关项目，然后：

（1）去掉母公司 P 在子公司 S 中持有的部分；

（2）S 公司净利润中少数股东占的部分反映在损益表里，即少数股东的净利润=10%×100=10；

（3）少数股东在资本和净利润中所占的份额反映在资产负债表里的负债下面，少数股东权益=（10%×100）+（10%×1000）=110。

因此，合并资产负债表和损益表如表 7A.3 所示。

表 7A.3　P 公司和 S 公司的合并报表

合并资产负债表					合并损益表			
资产		负债			成本		收入	
固定资产净值	12900	资本	10000		经营成本	11600	销售收入	14000
		准备金	2000		财务成本	600		
其他资产	5800	年度利润	890		税	900		
		少数股东权益	110		净利润（P 公司）	890		
		负债	5700		净利润（少数股东）	10		
合计	18700		18700		合计	14000		14000

　　下面的例子显示了企业合并的权益法是怎样使用的。P 公司用 20 万英镑取得了 C 公司 25% 的股份。

部分 C 公司的资产负债表	
资本	100 万欧元
准备金	20 万欧元
净利润	4 万欧元

　　列入 P 公司资产的原始购买价格被持有的 C 公司权益资本（资本＋储备＋净利润）的相应份额所代替，两者之间的差值则分列于"合并结余"和"归属母公司利润"两项。

部分 P 公司的资产负债表	
资产：	
在 C 公司享有的所有者权益	31 万欧元
负债：	
合并结余（在合并的储备中）	10 万欧元
归属于 P 公司的净利润	1 万欧元
部分 P 公司的合并损益表	
归属于母公司的净利润	1 万欧元

第8章　健康、安全、环保

8.1　行业风险

石油行业被公众称为高风险、高污染的行业。若一旦发生事故，其影响是十分危险，如钻井作业时发生的井喷，管道或油轮运输时发生的油轮泄漏造成的黑潮等，都是灾难性的。同时，即使是常规操作也可能发生危险，这主要是设备长时间使用老化造成的。发生在北海的事故如亚历山大·基尔兰德平台的倾覆和派普·阿尔法钻井平台爆炸也是由于这方面原因。

勘探开发活动经常在高温高压下使用可燃物质，这些物质也常是有毒物。碳氢化合物和其他可以引起火灾、爆炸和污染的有害物质是主要的危险源。在使用热辐射强度高的物质或难以操纵的大型机器时，这些物质自身也具有危险性。加上外部环境，也会扩大这种危险性，尤其是海上环境这种外部因素。

除了人为操作失误，设计和结构缺陷也是设备安装失败的原因之一。为了避免这些问题，在开发计划的设计和施工的各个阶段都要进行风险评估。

勘探开采作业导致了对环境、水土、空气的污染。与人类生活一样，勘探开发也会产生温室气体，因此需要采取必要措施以减少这些不良影响。

8.2　安全管理

8.2.1　派普·阿尔法事故

1988 年，英国北海派普·阿尔法平台爆炸事件使得人们开始对海上安全问题进行思考。苏格兰阿伯丁东北部 110m 处的平台在 2 小时内，90 多米高的钻塔被大火吞没，167 名工人丧生。这立即导致附近 5 个地区停产几个月，每天少产 30×10^4bbl，占北海总产量的 12%。据估计，1988 年出口损失 5.5 亿英磅，1989 年损失 8 亿英磅，导致英国政府 1988—1989 年度税收损失 2.5 亿英磅，1989—1990 年度损失 5.2 亿英磅。

英国政府派出能源部大臣卡伦爵士组成政府调查组，历经 2 年时间进行了调查，对英国监管体系进行详细修改，提出使用单一的行政单位监管安全问题，即 HSE 海上安全委员会。这份报告也对法律造成了影响，报告向政府提出了许多完善的建议，大部分被采纳，英国海上平台从此率先开始推行 HSE 管理体系。

安全方案是近几年在放射性废物安全方面提出的，能够描述海上设施的设计、构造和安装的安全问题。安全方案应包括对合同双方人事部门安全意识培养和安全培训、外部安全审核等。该方案需时时更新，并向健康、安全、环保委员会报告，以审核该方案是否能使主要危险降到可接受水平。尽管如此，运营商仍对操作安全负全部责任。

不同国家间的制度不同，但北海的运营商们所使用的新的安全管理办法在世界上所有油田均适用，因此在石油行业可广泛应用。

8.2.2 降低风险

中央生产设备安装时必须要考虑到要降低事故发生的频率，并使影响降到最小，具体办法如下：

(1) 尽量减少发生失控和泄漏时造成的损失；

(2) 降低泄漏发生时引起着火/爆炸等事故发生几率；

(3) 控制火灾、爆炸、有毒气体泄漏等事故的后果；

(4) 最后，为应急疏散做好准备。

为了实现这一目标，从初步的设计阶段到整体安排都要贯穿着保障安全这一主线，保证做到安全隔离，确保石油天然气处置时与火源分隔开。每个项目管理者都要起草安全管理条例，包括质量控制、危险评估、安全审核。

净化厂要求配有消防系统，也要安装过程控制集成系统和应急关闭系统。探测器连续对压力、温度、液位等进行探测。作为防火装置，天然气探测器可在危险时自动关闭，并把应急设备送到事故发生处。在发生火灾时，火灾探测器会自动在火灾现场打开洒水装置。所有安全系统都要通过传感器和自动机械（安全完整性等级）上进行可靠性测算。

与石油加工过程没有直接关系的系统也要注意安全性。如某些地方要保持通风，使易燃气体浓度低于爆炸点。

最后，主要功能不是安全的设备上也要开始实施安全防备。危险区块附近的生活区都具有防爆、防火功能，以及对天然气、烟、有毒物质的防渗层。安全通道和疏散通道必须在发生火灾或爆炸后的最短时间内开通。在项目的每个阶段都要进行安全测试，以保证加工厂所坚固耐用。他们规定的威胁到设备的危险事件有：井喷、火灾、爆炸、碳氢化合物泄漏、撞船、飞机失事等。用这些事件发生概率进行评估危险性，可以降低事故危害的措施包括：防火墙，灭火系统，通风和承爆破装置，训练和模拟演习，重大事故的庇护所。每个潜在事故发生都会造成人员伤亡、污染和经济损失等严重后果。

安装全过程都要进行安全监测和控制。运营商要制定安全系统和应急程序。在控制室，所有设备都时时监测；同时可进行维修，以防止事故和污染发生。在含有硫化氢等有毒气体环境下工作的员工，都配备有防毒面具，以备发生泄漏时使用。天然气超出正常操作就极易燃烧。因此，必须确保所有人员时刻准备紧急疏散，尤其是海上操作者，要定期进行安全演习。

8.2.3 安全管理系统

回顾了设备设计之后，下面要对操作安全进行讨论。

8.2.3.1 法律层面

当事故灾难发生时，人们习惯上要先调查技术漏洞和人为失误，然后才会考虑组织缺陷。

19 世纪，对于经营业务不要求有预防措施，此时工作地发生的民事责任通常归咎于组织不善。近年来，刑事调查中的责任方主要是组织机构，要对组织进行传票和起诉，这是近几年工业事故处理的特点。

1999年2月3日实行的欧盟塞维索指令Ⅱ与主要事故防范有关，该指令规定所有运营企业都要建立预防法案，因此管理者必须制定安全政策。这个法律条款就要求企业必须建立有效的安全管理系统。

8.2.3.2　人为因素

人为失误是造成事故的主要原因，很显然不仅惩罚还要有效进行防范。失误的原因包括：风险低估，工作、设备中的管理不善和奖励不足。而且随着系统变得越来越复杂，工人们很难认识到他们的决策的重要性，因此人为失误比率不断上升。研究表明，19世纪60年代以来，操作问题上升了不到15%，可由个人有效处理。因此，组织工作培训和信息沟通是危险防范和降低损失的重要方法，这也是为什么安全管理不仅仅是解决技术问题和制定法规的要求。

8.2.3.3　成本、风险的权衡

事故发生的成本由该公司承担，但由于这些损失不仅包含直接成本，还包含效率低、企业形象等间接损失，因此很难精确划分。

事故预先防范也需要花费成本。而风险不可能完全消除，因此这些花销也就是无限的。然而成本必须要有限度，我们可以通过制定"可接受"风险来限定成本额度。

在个人看来，任何死亡事件都是难以接受的。但从全社会角度看是可以的，如法国每年因交通意外死亡人数大约10000人。为消除这些事故，法规/公众压力都要求交通工具安装限速装置，保障公路安全，并向司机广泛宣传个人行为会造成严重后果。现在社会更加担心的是工作地的安全问题。

对于"可接受"风险程度的界定没有得到一致意见，但又不能完全依靠个人判断，这就是安全管理的特点。

8.3　环境因素

为保持良好企业形象，石油公司致力于控制公司经营活动对环境造成的影响，并制定详细的环境目标。主要涉及：降低天然气爆炸率，碳氢化合物泄漏率和含油物排放率，降低对环境的影响，保护生物多样性，清理历史遗留下来的污染物。油公司意识到事故和污染的后果相当严重，要负担高额费用和赔偿，还会影响企业形象。因此他们强烈要求经营过程要清洁、安全。

油公司有义务降低石油泄漏造成的经济影响、生态破坏，以防对企业造成巨大负面效应。过去的20年，尤其是埃克森公司瓦尔迪兹号油轮漏油事件，听证会后要求进行赔偿，立即落实技术测试和相关的法律规范来控制潜在事故。自从1996年签订京都议定书，温室气体和炉气受到密切关注。随着对全球变暖关注的加剧和对自然资源的珍惜，减少了伴生天然气的燃烧，转而回注到地层，以进行第二次开采，在有可能的情况下，进行市场销售。

世界银行首先发起的"全球气体燃烧减少方案"目的在于减少燃烧排放的CO_2。每年燃烧掉的天然气有$1500 \times 10^8 m^3$，这比法国和德国的年消费量还多，这个数是京都议定书

中 2008—2012 年计划中要求发达国家减排量的 15%。世界各国的减排目标分别是：非洲 30%，中东 25%，前苏联 20%，美洲 10%，亚洲 10%，欧洲 3%。减排也不是件容易的事情，因为限制气体排放过程很难控制，也很难做到回灌。国家石油公司都应是履约者，一些公司表示在新项目中会尽可能的降低气体排放量（考虑到安全性，安装和闭合要保留）。全球减少天然气燃烧倡议，对于跨国公司意味着在未来 5 ~ 10 年减少温室气体排放量。尤其对于前苏联和中东这些天然气排放地区的跨国公司更应关注这些问题。国际状况难以评估，但需要有一个强大的组织以改善这些区域勘探开发影响。

勘探开发活动产生的主要污染物是含硫气体。现在可以使用纯化方法，使这些气体可以达到排放标准。

液体排放物成为特殊问题。水是石油活动的副产品，而水中又含有碳氢化合物。因此在排放前进行净化处理是很必要的。污水中含量 40mg/kg 现在也可以接受，但石油企业还想做到更好，到达 15mg/kg。但衰竭层很难达到，这主要是由于生产过程中需要大量的水。

油田开发后期的工业区恢复问题，尤其是海上设施的弃置都是我们需要考虑的焦点。在墨西哥湾，每年大约一百个海上平台要拆除。国际法规一般由资源国执行，现在也变得更加富有弹性，以方便保护环境。

8.4　环境管理阶段：前期—中期—后期

这个综合法应用于项目的各个阶段。

8.4.1　"前期"：准备阶段

在进行勘探开发活动之前，要根据当地法律法规、环境政策、公司制度对环境影响进行详细评估。

首先，声明区域和地方限制：监管（保护区、审批程序），环境（湿地、森林、地下水、珊瑚礁）或者社会经济（渔业、水产养殖、旅游、水资源开发等）。

其次，进行基础调查和影响评估。对于敏感区块，还要进行中期调查，包括基础调查和影响研究。基础调查是对陆地或海洋环境进行调查，要对该区块特征说明，包括：物理、气候变化、地质、水文、水文地质因素、环境的化学质量（记录潜在污染）、生物资源（植物群和动物群）以及社会经济和当地的文化背景。

影响报告书中应对降低项目副作用的技术层面的信息进行介绍，包括：

（1）排水系统和污水处理系统设计书；

（2）降低对景观的破坏；

（3）消除噪音和辐射；

（4）减少水资源浪费；

（5）废弃物管理；

（6）温室气体影响。

官方影响报告的行政管理程序要求规定交付日期（4 ~ 6 个月正式批准），因此，调查研究要尽早展开。通常环境影响报告在工程研究之前开展以获得施工许可。环境影响报告书就是一个项目的真实责任，是公司保护环境的一个长期任务。

8.4.2 "中期"：实施阶段

项目实施类型不同，选择方法也不同，但大体包括以下几类。

8.4.2.1 管理计划

各子公司执行的管理计划，除必须满足规章制度中的责任，还应符合：

(1) 设备、流程的修改或延期的风险影响评估；

(2) 最新处理办法（废品和化学产品的管理，紧急事件处理办法）；

(3) 应急方案（反污染计划）；

(4) 自我监控、检测方案，包括重要环境指标；

(5) 方案审核，环境评估。

值得注意的是，基础研究和影响评估应包括环境危害的初步研究。

8.4.2.2 反污染计划

参与勘探开发活动的子公司都要有临时预案，包括：

(1) 对当地潜在危机、资源种类、规章制度进行敏感性分析；

(2) 对策略、适当行动、警报级别系统、任务分配列表、调动外部援助的定义；

(3) 寻找新的防污染方法，更新设备；

(4) 建立防污染小组，公布日常操作方法和有效井检验办法。

防污染方案有 3 个等级，可根据事故发生的严重程度选择方案。预测和反应是应急预案的两个基本内容，这也是他们重要的原因。

8.4.2.3 自我监测和报告

环境影响报告书规定检测活动时间安排、使用指标、监测频率（每月一次）。这些指标用来监测排放量（气体排放、液体排放、废物等）和环境质量参数（空气、地上水、地下水、土地、动植物）。这些资料部分或全部交给管理部门，他们主要目的是为了减少废物污染，特别是 CO_2 和温室气体排放。

8.4.2.4 环境评审

主要在勘探开发区进行评审，既要对管理问题又要对技术问题进行审核。审核程序在最新准则中详细列出。审核项目的各个方面都会确定，包括 3 个层面：

(1) 当前状况评估；

(2) 扩展评估义务，规定"参考环境"，管理系统；

(3) 改善环境，保障义务。

8.4.3 "后期"：修复阶段

处置和弃置必须按照相关规定进行。关于如何撰写结束生产后场地恢复的影响评估报告也有相关规定。

关于陆上勘探开发活动，绝大多数国家都有详细的规定，例如采矿法、石油天然气法等。法国就有《特种矿产规章》来监管环境保护装置分类法中罗列的设施。处置海上平台时要遵守多项国际条约，包括联合国海洋法公约、伦敦倾废公约、国际海事组织以及联合国环境规划署发布的各种公约。

8.4.3.1　填埋

不但生产井要进行最后填埋，对于没有开发价值的勘探井也要填埋。填埋过程要遵守特别规定，按井的类型具体操作（地质层和保护层分开）。未得到许可的，在填埋井之前要向管理部门提交弃置计划。

8.4.3.2　海上平台处置

只要这些国家没有特别的规定，国际海事组织公布的海上平台处置办法均适用（除北海）。规定如下：

（1）产量不足 4000t，高度低于 75m 的平台需要全部拆除；

（2）超过上述规定的平台可保留，至少拆除 55m；

（3）1998 年 1 月 1 日以后安装的设备，应具可拆迁性；

（4）北海和大西洋地区的弃置应遵循东北太平洋环境公约 98/3 的决议，该决议于 1999 年 2 月 9 日生效：

①任何闲置的海上平台需要全部拆除；

②国际海事组织公约明令禁止现场埋藏或部分拆迁；

③一些符合要求的结构类型也许可以免拆除，特别是满足一定标准的（日期，重量），如：1999 年 2 月 9 日以前建造的混凝土建筑物和钢质平台，以及地基超过 1000t 的平台。在最后一条规定中说明，弃置报告批准后，地基可以保留。但无论如何，上层建筑必须清理干净。

到目前为止，北海已经有 20 个废弃平台得到处理，在未来一年中还要处理 400 多个海上平台。

8.4.3.3　现场复原

一些开发地区在进行复原和重建工作，具体如下：

（1）玻利维亚马迪迪国家公园勘探井区的再造林计划；

（2）沿东南亚管道路进行恢复工作、重建植被、采取抗侵蚀措施（缅甸）；

（3）阿根廷油田净化地下水使用真空排气系统和生化因子（生物漱洗法）；

（4）北海旧平台的处置。

在这三个区块，发生污染问题就意味着会被收购。因此很难过度强调基本调查，因为基本调查会造成污染问题发生时，责任分开。

总之，在运行环境管理系统时，首先要确定危险定义和危险等级，能够保证系统持续、完善进行的主要元件就是审核程序。

只要依这些要求，运营商就定会得到 ISO 1400 或欧洲环境管理和审核体系的许可证。像安全系统一样，环境管理系统除了需要得到批准，还要有一套适用于勘探开发活动的综合办法。

8.5　健康、安全、环保一体化

安全和环境问题在公司中的重要性越来越高。跨国公司开始采用"健康、安全、环保"

模型。

尽管安全、环保有时彼此冲突，但能够同时解决两个问题的办法比只能解决单个问题的办法更有效。该方法确保这两个问题之间有关联性，使得管理者可以设定战略目标，制定规章制度，设定绩效考核办法以及制定补救措施。

根据活动内容，HSE 制度必须：

（1）解决问题的技术方法要以技术规范或技术标准方式标书；

（2）办法要紧急执行。

对健康、安全、环保管理采取实际操作是以量化风险评估为基础的。1994 年公开出版发行的指南借鉴了 ISO 9000 认证，是适合工业的最好办法。许多企业采用这些建议，建立起一套成熟的风险管理系统，也得到 ISO 14001 认可。

例如挪威系统：依据全面质量管理理论，目的是培养管理者分析企业活动的意识，不仅是分析经济层面问题，还包括安全、人身安全、环境影响、公共关系等。美国公司采用的系统，则强调员工激励、文化多元化、成本控制的重要性，并应用其管理所有关键因素。

全球化和技术进步使得石油公司也趋向国际化，成立了许多跨国公司。现在，石油行业必须遵守 3 个原则：经济发展、社会责任、环境保护。

在过去 20 年，企业所强调的安全环保的方式也发生了变化。过去认为安全只是部门安全，现在要考虑公司这个整体的安全性。投资决策不仅考虑经济可行性，也要关注环境、社会问题。尤其是在艰难又敏感的环境下这些因素更重要，如深海、热带雨林、北极冻原等。安全环保管理中最明显的变化就是公司决议公开化。总体战略目标不仅在内部讨论，也可以在外部合作者和承包商之间进行讨论。

多数时候，石油公司想在评估时计算 CO_2 排放量以计算排污影响。考虑到技术经济环境，排放量要有限度。

8.6　石油和道德标准

石油行业与其他大的行业类似，不可能不考虑国家的社会政治背景而经营发展。这一现象是正常的，因为所有大的行业对社会经济环境的发展或政治水平有很大的影响，石油行业突出的是它影响的规模，任何其他一个行业不能产生如此之多的原材料，而且这些原材料因为通货膨胀具有潜在危险，在特定条件下甚至是爆炸性的。原材料可以影响环境，也就是说影响我们的生物环境及复杂的生活环境。这些影响可以发生在陆地、海洋以及空气。

石油行业因此与我们的价值观相左：我们的自然环境，我们的健康，我们的安全。这就是为什么我们公众对石油公司的活动非常敏感。

但石油公司影响社会的不仅仅是安全与环境领域，在生产国及消费国它的经济重要性意味着它在经济社会发展中的关键作用。既然众所周知，我们不再重复油气在生产国的国民生产总值、进口国贸易平衡表中的重要性，对消费国特别是拥有轿车的人影响也很大。

石油在经济中的至关重要性会导致一系列的后果，从而使得石油行业与社会之间的关系变得复杂，也可能面临困难。公众的认可当然是任何经济部门和谐发展的前提之一。只有当公众承认某个行业对发展的贡献，认为这些贡献很有价值，行业管理有序，经营活动符合"道德"的要求。

不同人会给"道德"自认为最合适的定义，如政客与以监督政客为业的人，商人与他们的批评者对这个词的看法大相径庭。非政府组织是石油行业中重要的利益相关者，他们总是强调自己独立于能制订并维护法律的国家或超国家组织。

我们不尝试定义"道德"这个术语，拉洛斯将它定义为"伦理的科学"，源自希腊语。亚里士多德写了3本关于该主题的书，至今仍热是重要的参考文献，要知道道德规范并不是全球性的，会随着时间而改变。就实际而言，最重要的变量可能是集体之中个人权利的重要性。

一本关于石油的书并不适合进行哲学思辨，我们将探讨石油公司实际遇到的道德问题。我们会试图解决其中最重要的，交织了法律、道德、商业、技术和政治的问题。在后面简单评述中，我们会考察舆论和政治领袖们对石油行业的期望，希望能对解决石油行业面临的道德困境和矛盾带来曙光。

实际上石油行业已经遭到挫败，无论是在发达国家还是贫困的不发达产油国，它的形象都是消极的。因为在消费国消费者认为石油行业应对过高的燃料价格负责，而在产油国的人们经常视石油公司为"国家中的国家"，在他们国家剥夺他们的自然资源导致污染、经济社会的不平衡及政治上的不稳定。

在列述石油公司面临的主要道德问题过程中，可以参考近几年正在编写过程中的文件：道德篇章和行为规范大纲。这些文件为解决健康安全环保问题提供了补充资料。

健康、安全、环保在本书中已经涉及（见8.1～8.4），之所以在这里再次讨论是因为它们会产生社会和政治后果，它们不再是单纯的安全防护问题或者环境恶化后的恢复问题，而成为真正的道德问题。

这种问题有3类：

（1）与石油行业和直接投资者有关的道德问题：石油公司、雇员、消费者、供给者、股东和合伙人；

（2）在勘探生产活动中石油公司与主权国家之间的道德关系问题；

（3）基本的道德问题：全球环保问题、生物多样性、自然资源的保护、可持续发展及人权。

8.6.1　石油行业的道德问题

这类问题是最少依赖公众观念的，因为相对基本道德问题、石油公司与主权国之间的关系，这类问题被视为专业的并缺乏重要性。

然而这类也包括极少数特别重要的问题，它们与文化经济市场的有效运行息息相关，我们来看一些例子。

首先雇员的隐私与公司的权益如何？在一定程度上，一个公司会控制雇员的上班时间及上网权利，这是不可避免的？如果与公司活动有冲突，它有限制政治活动的权利吗？怎样保证没有雇员牵涉到股票交易所，或他们不被个人利益诱惑？一个公司可以保证员工都是基于道德，而没有任何形式的性别、国籍、种族、性别、宗教、政治歧视得到职业生涯的进步或提升吗？这些都是真正的道德问题，因为涉及到合伙人及供给者的权利，在权宜与道德之间会产生利益的冲突，在与行业战略、发展合作的基础上，保护特殊的供给者而以其他供给者的利益为代价，这样的行为是合理合法的吗？石油行业与服务业有系统的关系。

还可以列举出更多例子，我们经常看到不同的观点，每个观点之间都会相互冲突并自认为是"道德"的，因为取决于人们认为哪一方面是重要的而导致公众不同的观点。例如，为股东考虑的道德法规，一方面要确保信息的透明性，另一方面要尽可能使商业及工业的活动有效率，后果自然限制了信息的透明性。权衡两种道德与制定细节规则并没有太多关系，需要达到的是综合、详细了解问题，做出必要的道德选择。

达到两种意见的更好平衡是一个强烈的承诺，像 Sarbanne-Oxley 法案就试图避免像安然公司那样的行为。

8.6.2 资源国的道德问题

这个话题是普通公众已经准备好回答的问题，但又涉及到石油公司的很多风险问题，有时很难处理。

这个问题的核心在于合同的本质，而合同的条款取决于那些来自实力雄厚的发达国家的企业将在相对落后的国家的投资，因为有风险，所以一旦成功，将获得很大收益。

这些合同的条款反映了油气勘探和生产的特性，本质上存在深度资本化的领域之中也起到了很重要的角色，并且一旦生效，将对资源国产生很大的影响。这些合同限定了产品收益怎么在投资者与资源国之间分离，这些巨额的捐款和收益利用是一个重要的政治问题，并且很快成为资源国经济和政治生活的核心和引起资源国道德问题的根本原因。这些问题通常导致这个国家公众或外部观察者的部分不满，这个不满并不是无根所寻，石油勘探活动形成了大量的资金流量，很可能导致甚至恶化党派之争或者燃料盗窃行为。做出扰动和激烈扰动两种类型的区别通常是不太可能的。

最近几年中，有许多石油生产国企图得到或者正在夺取政权，包括安哥拉、缅甸、刚果、哥伦比亚、苏丹、阿尔及利亚，然而燃油盗贼在尼日利亚以各种形式存在着，并且阿尔及利亚现在也如此。

在一些权力受到强烈挑战的国家，因为交税给政府，并且对他们预算做出了很大的贡献，一些石油公司自然成为起义者的敌人。当然，这些预算满足了政府为维持法律和秩序的长期债券的需要，增加了言论中的用于观点的词汇量。

通过石油收入的手段从实践中得出一系列的问题是很有可能的，我们仅仅提到一些最常见的，如资源国和石油公司，对于前者最常见的问题是：

（1）是否利用税收来发展或用作其他目的（威望、军事等）；

（2）国家和生产省份或地区之间的税收分配问题；

（3）全国和局部地区的发展；

（4）为个人或党派效益的一部分税收的拨款或者不拨款的风险问题。

面对这些问题，那些外国投资者不得不管理自己的投资，没有因资源国的政治选择而发生真正的改变。这些改变在任何情况下都是不道德的，因为国家政策问题的干扰将会缺乏法律性。没有法律和道德支持这种干扰，该公司有资格去决定什么对该国的发展是理想的而什么又是不理想的吗？

然而，一些生产和消费国的个人和党派认为石油公司有职责去干扰这些争议和决定，在那种情况下，卷入当地的政策。

面对这种困境，对部分石油公司持有正确的态度将会避免来自当地政治事态的干扰。然而随后他们逃避因不公平所负连带责任的风险，甚至以政府或国家里其他权威机构的名义进行犯罪，这些问题不是新问题：在今天关于彼拉多罪行的轻重问题道德争议一直存在。

仅完全忽视全世界油气资源分布的某个人会赞成那个空想主义的观点，即石油公司仅应该投资在"可接受的"政权制度的国家里，可接受的可用的标准能够被制定吗？我们可能会怀疑。没有相当可靠的标准，我们能代表特定的权威机构吗？如果能代表，那是哪一个呢？是决定抵制新的投资还是决定去放弃已经投资的那些国家的活动呢？那是很清楚的，这些权威机构将需要有相当的合理性和能力，如果他们的活动将会有效：

（1）为赔偿机制提供的经济能力应该停止；

（2）调查的能力和处理非顺从事件的处罚。

换句话说，权威机构必须成为一个强有力的超民族的团体。

在看那些石油公司和资源国之间关系引起的道德问题时，我们推断石油是没必要的，就本身而言，导致经济和社会的发展，那也没必要成为一个民主化因素。然而，在那些政治体系被公民所接受成为合法化的地方，负面效应将不会很严重，将会很受感激，且这些体系将承认石油税收以一种公平平等的方式去被分配，也将会是很受感激的。

这种政权体制没有必要服从议会民主化模式，尽管那很可能是最好的模式，即能够服从石油和社会经济的发展或者石油和道德。

一些近来的主动必须被提及：

乍得为了出口多巴盆地油田生产出的原油，需要在多巴和克里比之间修建超过 1000km 长的石油管道。然而构建这样一个管线是耗费成本的且面临着一大堆环境问题。要使它成为可能，有必要将世界银行带入这项工程。

1999 年，世界银行乍得同意引进一种将石油收入最大化地用于社会的创新方案。这个体系下，所有直接的石油税收（矿区使用费和额外津贴）被投入一个乍得政府命名的在伦敦的一个隐蔽账户里。在扣除世界银行的贷款外，税收剩余部分被切分为如下几部分：

① 10% 留给后代，为乍得石油储备被消耗完之后的时期；

② 72% 将用于资本投资在与贫穷作斗争的 5 个"重点部分"：教育、健康和社会服务、农村的发展、基础设施和环境及水供应方面；

③ 4.5% 用在乍得南部生产石油的地区，作为附加储量的资金；

④ 13.5% 用于乍得财政部去投资当地公民的花费。

但是，原油价格的上升将会面对新的情况。2006 年 1 月，导致政府指责与世界银行签订的协议。很明显，长时间支撑这样一个体系是不容易的。然而，这种协议提出了能源收入被更好地利用的解决方法。

（2）采掘行业透明度行动计划对能源和商品税做了具体介绍，能够更好的使用这些税收规定。这些行动受到 30 个国家和 25 个大型石油天然气公司的支持。更加有趣的是在这些公司中有许多是非洲或中亚地区公司，如尼日利亚、加蓬、乍得、阿塞拜疆和哈萨克斯坦，特立尼达和多巴哥。美国或欧洲的跨国公司都参与这个行动中，已开展的动态过程应该可以更好地解释商业税问题。

8.6.3 道德问题：环境保护和人权问题

且不说道德问题，油公司的行为意味着他们已卷入一般性问题之中。

值得注意的是，石油和天然气的生产是为满足社会需求。其中大约50%的能源是来自碳氢化合中碳的氧化（天然气40%以上，石油60%以上），这就形成CO_2，这是燃烧反应的自然现象，无法用技术改变。但是，人类可以通过技术手段降低能源的消耗，或者"隔绝"排防的CO_2。低层大气的温度与CO_2浓度有关这个事实引发讨论。自从工业革命以来，空气中CO_2含量逐年上升，燃烧矿物燃料提取能源对全球变暖是否有影响是问题的关键。气候变化对一些国家有利（西伯利亚、加拿大、北欧国家），对另一些国家却是灾难（半干旱地区和地势低洼的沿海国家）。对此的争论远远超出石油行业范畴，但石油企业不可避免的扮演着重要角色，参与制定补救方案，执行解决办法。

温室效应，并不是唯一受石油工业影响的全球性或地方的环境问题。空气粉尘引起的气候变化，城市污染引起的健康问题在很大程度上是因为碳氢化合物的使用，因此出现了对道德问题的思考。领导人必须在短期和长期影响、公共卫生与经济发展中间作出权衡取舍。虽然石油企业自身不直接参与权衡，但至少在编制技术报告或政策制定时还是要考虑这些因素的，以降低不良影响。

石油公司与运输行业关系紧密。需要通过海路或陆路运输大量的石油和天然气。运输过程时常发生问题，如：地方（石油泄漏等）和全球（城市间分销网络的甲烷气体泄漏）。此时就要在安全成本与污染的直接或间接成本这两方面进行权衡。这再次引起道德问题：人们应该重视什么价值；人们应该优先考虑什么，是某个特定物种还是濒危物种；保护生物多样性有何意义？人生应该重视什么价值？有很多问题，不管是从道德层面或者从哲学角度思考，都是没有定性和简单的答案的。

当事故发生时，这些问题又重新出现，如：1999年末在布列塔尼地区发生的沉船事件，对这起事件进行了详细分析。这起事故的调查结果提醒所有人，只有不断改善国际规则才能降低风险。这绝不意味着削弱欧洲国家所实行的州郡制度。该规定有双重的任务：其一，全力支持以确保国际规范效果最佳；其二，确保在本国领土内和公司在其管辖范围内执行效果一样。

另外，石油公司的目标就是开采大量的、却储量有限的化石燃料。为确保可持续经营，油公司必须考虑基础技术和政策因素，减少消费，从而扩大石油和天然气使用期限。此外，若他们想长期作为能源供给者，要开发各种形式的可持续能源，可以是可再生能源（如太阳能、风能、沼气等），也可以是持久能源，如核能。

根据对开采国家的研究，我们看到，虽然石油行业对于这些国家代表着财富，但也与政治变动和社会动乱有关，甚至会酿成悲惨后果。因此石油公司常常被告上法庭，在国内战争爆发时或者在公共舆论压力下，也会被判刑。在这种形势下石油公司充当替罪羊，并面临一系列后果。此时，对于之前讨论的环境问题，什么是石油企业的道德标准等都没有一个简单、明确的答案。

一些地方取得的进展，必须通过大型石油公司所在国和公司之间的不断探索。例如，美国国务院 2000 年 12 月 20 日公布了一份协议，该协议由美国、英国以及两国境内石油和采矿公司共同协商。该协定难以解决自身的政治动乱和暴力事件，但至少意识到问题的存在，并试图制定明确的规章制度。此类协议的第一步很重要，要考虑开采国的政府。本书在国际法部分可能再写一章，以说明发达国家在干涉跨国公司时的权利。

由于长期合作伙伴关系，石油企业要在考虑资源国具体状况之后采取行动。无论是在石油天然气开采方面，还是在经济发展影响方面，跨国公司都在努力实现可持续发展。跨国公司还要在是否干预资源国中央和地方政府之间进行抉择。

这也许只是个开始，但象征着全球化问题得到重视。世界大家庭需要一个共同的准则，未来，石油公司不仅要遵守规则，还要确保这些规则能够实现，既有效、又道德。如果石油行业可以成功制定行业规范，它必须完全接受经济、技术和人力资源等赋予他的权利与义务。

参 考 文 献

1. Books

Adelman MA（1972）The World Petroleum Market. John Hopkins University Press,Baltimore, Maryland.

Anthill N,Arnott R（2000）Valuing oil & gas companies. Woodhead Publishing Limited.

Campbell C. J.（1997），The Coming Oil Crisis（Essex, England:Multi-Science Publishing）.

Capros P, et al.（1999）Energy Scenarios 2020 for European Union. Congress of the World Energy Council reports.

Conseil d'Analyse Économique（2001），Joël Maurice, Prix du pétrole（Paris:La Documentation Française）.

Conseil Mondial de l'Énergie（2003），Une seule planète pour tous（Paris:Conseil Français de l'Énergie）.

Cossé R（1993）Basics of Reservoir Engineering. Editions Technip, Paris.

Enerdata（2005），Étude pour une étude prospective concernant la France, DGEMP, February 1.

European Commission（2007），World Energy Technology Outlook-2050-WETO H2（Luxembourg:Office for Official Publications of the European Communities）.

European Commission（2003），World Energy, Technology and Climate Poliçy, Outlook（Luxembourg:Office for Official Publications of the European Communities）.

Gallun R, Wright C, Nichols L, Stevenson J（2001）Fundamentals of Oil & Gas Accounting. PennWell.

Gray F（1995）Petroleum Production in non technical language, PennWell.

Horsnell P（1997）Oil in Asia. Markets, Trading, Refining and Deregularation. Oxford University Press.

International Energy Agency（2006a），Energy Technology Perspectives 2006, Scenarios & Strategies to 2050（Paris:IEA Publications）.

International Energy Agency（2006b），World Energy Outlook 2006（Paris:IEA Publications）.

International Energy Agency（2004）. Analysis of the Impact of High Oil Prices on the Global Economy（Paris:IEA Publications）.

Jancovici J.-M., Granjean A.（2006），Le plein s'il-vous-plait!（Paris:Le Seuil）.

Johnston D（1994）International Petroleum Fiscal Systems & PSC. PennWell.

Johnston D, Bush J（1998）International Oil Compagny Financial Management in Non Technical Language. PennWell.

Jones PE（1998）Oil:a Practical Guide to the Economics of World Petroleum. Woodhead-Faulkner.

Karl TL（1997）The Paradox of Plenty:Oil Booms and Petro-States. University Presses of

California, Columbia and Princeton.

Koller G（1999）Risk Assessment & Decision Making in Business & Industry:a Practical Guide. CRC Press.

Lerche I, MacKay J（1999）Economic Risk in Hydrocarbon Exploration. Academic Press.

Masseron J（1991）Petroleum Economics. Editions Technip, Paris.

Nguyen JP（1996）Drilling. Editions Technip, Paris.

Noreng O（2001）Crude Power:Politics and the Oil Market. IB Tauris Publishers.

Prevot H.（2007），Trop de pétrole!-énergie fossile et réchauffement climatique（Paris:Le Seuil）

.

Royal Dutsch Shell（2005），The Shell Global Scenarios to 2025. The Future Business Environment. Trends, Trade-Offs, and Choices（London:Royal Dutch Shell）.

Sanière A, Serbutoviez S, Silva C（2006），L'industrie parapétrolière-Contexte international et résultats de l'enquête française 2006.（IFP-DEE）.

Seba R（2003）Economics of Worldwide Petroleum Production, OGCI Publications.

Shell International（2001），Energy Needs, Choices and Possibilities, Scenarios to 2050（London:Shell Center）.

Steinmetz R, Ed.（1993）The business or Petroleum Exploration Handbook. AAPG Treatise of Petroleum Geology.

United States Geological Survey（2000），World Petroleum Assessment 2000（Washington D.C.:United States Geological Survey）.

Yergin D（1993）The Prize:the Epic Quest for Oil, Money and Power. Simon & Schuster.

2. Articles

Alba P., Bourdaire J. M.（2000），《Le prix du pétrole》, Revue de l'Énergie, 516, May. Artus P.（2005），《Un baril à 300 dollars》, La Tribune, 2, December.

Babusiaux D., Lescaroux F.（2006），《Prix du pétrole et croissance économique》, Réalités industrielles, August.

Bauquis P.-R.（2004），《Quelles énergies pour les transports au 21e siècle?》, Les Cahiers de l'Économie, 55, Institut français du Pétrole, October.

Bauquis P.-R.（2006），Oil and Gas in 2050, Energy Forum, Cambridge, UK, March 15, 2006.

Giraud P.N.（1995），"The Equilibrium Price Range of Oil-Economics, Politics and Uncertainty in the Formation of Oil Prices", *Energy Policy*, 23, 1.

Hotelling H.（1931），"The Economics of Exhaustible Resources", *Journal of Political Economy*, 39, 2.

Lescaroux F., Rech O.（2006），"L'origine des disparités de demande de carburant dans l'espace et le temps:l'effet de la saturation de l'équipement en automobiles sur l'élasticité revenu", *Les cahiers de l'économie* n° 60, June, Institut Français du Pétrole.

Mathieu Y.（2006），"Quelles réserves de pétrole et de gaz?" *Conférence AFTP-SPE-Université*

Total, Paris, June 14.

Mitchell J. (2006), "A New Era for Oil Prices", Chatham House, London www.chatham-house.org.uk, August.

Perrodon A. (2003), "Des grandes vagues de l' exploration à l' estimation des réserves ultimes", *Pétrole et technique*, May-June.

Radanne P. (2003), "Chocs et contre-chocs pétroliers (1960-2060)", *Annales des Mines-responsabilité Environnement*, October.

Solow R.M. (1974), "The Economics of Resources or the Resources of Economics", *American Economics Review*, 64.

DGEMP-Observatoire de l' Énergie (2004), "Scénario énergétique tendanciel à 2030", *BIP* 10129 and 10130, July 5 and 6, 2004.

Energy Information Administration (2006), *Annual Energy Outlook 2007 with Projections to 2030* (Early Release) (Washington D.C.:United States Department of Energy), December, http://www.eia.doe.gov.

3. Annual Report

BP Statistical Review of World Energy.

4. Review

Oil and Gas Journal.
Petroleum Intelligence Weekly.

5. WEB sites

International Energy Agency:www.iea.org.
World Energy Council:www.worldenergy.org.
American Petroleum Institute:www.api.org.
U.S. Departement of Energy:www.fe.doe.gov.
Organization of the Petroleum Exporting Countries (OPEC) :www.opec.org.
Oil History by Samuel T. Pees:www.oilhistory.com.

词 汇 表

Arbitrage Financial operation which seeks to exploit geographical or temporal price differences. Arbitrage operations tend to reduce price differences and stabilise markets.

Bonus Fixed sum payable by the holder of exploration and production rights to the state. There are three types of bonus:signature bonus, payable when the contract is signed, discovery bonus, payable when the discovery of a commercially viable field of hydrocarbons is announced and production bonus payable when certain production thresholds are exceeded.

Brent A crude oil produced in the North Sea. Brent prices (both physical and paper prices) and the associated quotations serve as a reference in Europe and many other regions for determining the prices of other crudes.

Broker Intermediary in the purchase or sale of crude oil and other petroleum products.

Calcimetry Measure of carbonate content.

Cash flow Receipts (cash in) less disbursements (cash out) .

Casing Piping cemented into the internal wall of a well in order to maintain it.

CIF (Cost, insurance, freight) Cost of crude oil or product which includes insurance and sea freight to the destination port.

Club of Rome Think tank in the 1970s renowned for publicising the risks of depletion of natural resources due to over-rapid economic growth.

Commercial discovery A discovery of hydrocarbons the commercial potential of which has been demonstrated by an operator based on technical, economic, contractual and fiscal parameters. A discovery cannot be developed and exploited until it has been declared commercial.

Completion The operation of deploying production equipment in an oil well.

Concession An arrangement by which the state grants the exploration and production rights within a given zone to the concessionaire who, in the case of commercial production, becomes the beneficial owner of the entire production in exchange for payment of the appropriate taxes (essentially a royalty on production and a tax on profits) . The term also means, in some countries, the legal title to mineral hydrocarbons authorising exploitation, or in some countries, the contract associated with this mineral title.

Consolidated profit Accumulated net profit/loss, both national and international, of the parent company and all its branches and subsidiaries in which it holds a significant share of the voting rights.

Constant money Notional monetary unit based on the purchasing power of the money in a reference year.

Conventional hydrocarbons Hydrocarbons which can be produced by "conventional" methods and have standard characteristics in terms of viscosity, density, etc. Conventional oils are supposed to be between 10 and 45° API in gravity.

Coring Operation involving taking a cylindrical sample of rock, carried out by means of a special tool-a core barrel-in a probe.

Cost oil In a Production Sharing Contract the fraction of the production allocated to recover the contractor's costs（capital and operating costs）.

Current money Monetary unit applying in the year under consideration.

Day rate contract Type of contract made between an oil company and a petroleum industry service company by which the former controls the operations and the contractor receives a fixed daily remuneration.

Delineation After preliminary drilling has demonstrated the presence of hydrocarbons in a structure under exploration, the subsequent drilling programme which allows the potentially productive formations to be defined and delimited.

Derivatives On futures markets a distinction is made between contracts（firm commitments to buy or sell a quantity of crude or a product）and derivatives:options, swaps, ... Many derivatives are OTC（over the counter）transactions—carried out between two parties by mutual agreement, without the intercession of an organised market.

Derrick Tower like lattice structure in the form of a truncated, elongated pyramid. In drilling equipment a derrick is used for hoisting and lowering.

Development costs Costs associated with the drilling of the production wells（and if applicable the injection wells）, the construction of the surface facilities（collection network, separation and processing plant, storage tanks, pumping and metering equipment）and transport infrastructure（pipelines, loading terminals）.

Diesel oil（diesel）Fuel used by diesel engines.

Discount factor Factor applied to cash flows occurring at different dates to render them comparable. The discount factor for year n relative to year 0 is $1/(1+i)^n$（where i is the discount rate）.

Discount rate Cost of capital（effective cost or opportunity cost）, the internal rate at which the financial department requires remuneration from departments responsible for investment projects. A company usually defines the effective cost of capital as the weighted average cost of finance from different sources（assuming the capital to debt ratio is given）. When capital is rationed, the discount rate may be higher than the average effective cost of capital to reflect a scarcity premium.

Discounted value See Net present value.

Discounting A decision maker does not place the same value on a given receipt or expenditure in a number of years as on the same sum now. Discounting consists of applying a given annual rate（this rate is specific to the company）to future receipts and expenditures to estimate their present value. Discounting tends to reduce the importance of future cash flows.

Dubai Reference crude for trade East of the Suez Canal.

Economic rent The difference between the value of production (gross revenue) and the technical costs (capital and operating costs), before tax.

Equivalent cost When the equivalent cost (annual or unit) can be assumed stable over time, we have:

•**Equivalent annual cost:** the annuity equivalent to the discounted capital and operating expenditure.

•**Equivalent unit cost:** the ratio of the total discounted expenditure to the total discounted production.

Exploration costs Costs incurred before the discovery of a field, including costs related to the seismic/geophysical programme, the geological and geophysical interpretation, the exploration drilling including the test wells.

Extra heavy crude Very heavy crude (specific gravity greater than 1, so API less than 10°), found particularly in Venezuela in the Orinoco basin. The Orinoco crude is a non conventional one since, before use, it needs a special treatment to make it suitable for processing in a traditional refinery.

Field A field can be defined as a receptacle comprising a permeable rock reservoir sealed by a cap made of impermeable rock and a favourable subsoil configuration referred to as a trap. There are different types of trap, including structural traps, stratigraphic traps and mixed traps.

Fiscal regime or Taxation system The totality of fiscal and contractual conditions which determine how the oil profits are shared between the state and the holder of exploration and production rights.

FOB (free on board) The FOB price is the price of a crude oil or of a product when loaded onto a ship at the port of embarkation. In principle at any given time there is only one FOB price for a port (Ras Tanura for Arabian Light, Sullom Voe for Brent, Bonny for the Nigerian crude of that name) whereas there are as many CIF—see CIF—prices as there are destination ports.

Foot rate contract Type of contract signed between a petroleum industry service company and an oil company where the latter controls the operations and the former is remunerated according to some measurable unit of activity (for example per metre drilled in the case of a drilling company).

Full cost method Accounting method defined by SFAS 19 and applying to exploration and production expenditure. All expenditures (exploration and development) are capitalised.

Futures markets Financial markets on which normalised contracts for crude or petroleum products are exchanged. They meet the needs of operators to protect themselves or exploit price fluctuations using hedging, arbitrage and speculation. Physical deliveries account for only a small part of the transactions effected on futures markets. Orders are transmitted by a broker and the security of operations is guaranteed by means of deposits to a clearing house. The main markets are the NYMEX (New York) the ICE (London) and the SIMEX

(Singapore) .

Gas cap Gas already separated from the oil in an oilfield, most often situated close to the top of the structure.

Gas lift Production process involving gas injection which serves to emulsify and lighten the oil column.

Gas oil A petroleum cut which can be used for diesel oil or heating oil manufacturing.

Gearing Ratio of debt to equity.

Geneva Agreements Agreements (signed in 1972) between OPEC and the oil companies which provided for an increase in oil prices to allow for the devaluation of the dollar.

GOSP (government official selling price) Between the first oil shock (1973) and the beginning of the eighties, the prices of the various crude oils—GOSP—were fixed by the OPEC governments. These prices replaced posted prices.

Government take The total revenues accruing to the government including the earnings of the national oil company. It can be expressed as a percentage of the economic rent, and measures the severity (from the investor's point of view) of the fiscal regime.

Heating oil Petroleum product used for space heating in residential and commercial buildings.

Heavy fuel oil Fuel used by heavy industry, power stations and marine shipping.

Hydrocarbon tenement Legal document, often in the form of a decree, which assigns exploration rights (exploration licence) or production rights (production licence or concession) to a party.

IFP (Institut Francais du Pétrole) French Petroleum Institute, a scientific institute devoted to research, training and documentation, founded in 1944, from which has emerged an extensive structure of companies and consultancy services.

Internal rate of return (IRR) Discount rate at which the net present value of a project is nil. When unique, this is the maximum rate for which the project revenues allow the invested capital to be remunerated without the project going into deficit. In this case a project for which the IRR is greater than the discount rate has a positive net present value. On the other hand in choosing between several competing projects, it is not necessarily that with the highest IRR which is the best (highest net present value is a better criterion) .

Jet fuel Fuel used by aircraft powered by turbines.

Kerosene Petroleum product from distillation which can be used for lighting or as jet fuel.

Logging while drilling (LWD) Technique consisting of recording, at the bottom of the well during drilling, by means of sensors deployed in the drilling equipment, physical parameters which allow the nature of the formations, their pressure regimes and the fluids of which they are composed to be characterised.

Logging The recording of certain electrical, acoustic and radioactive characteristics of geological formations.

Migration A physical process in which hydrocarbons move from a source rock to a reservoir.

Monte carlo Simulation method used, in particular, to determine the probability distribution function of a variable (e.g. net present value) which is a function of other variables with given probability distribution functions.

Mud logging A technique which involves the acquisition and interpretation at the surface of samples, data and information, making use of the mud circuit.

National oil company Oil company fully owned by the state or in which the state has a majority holding, to which the government delegates the role of supervising oil operations and managing that part of the production accruing to the state where applicable.

Net present value (NPV) The sum of the present values of the cash flows associated with a project. An investment project with a positive NPV will repay the. investment giving a return equal to the discount rate and produce a surplus whose present value is equal to the NPV.

Netback The netback value of a crude is equal to the value of the products obtained from its processing less refining and transport costs. The netback value of a crude can be compared with its FOB price. If the netback value exceeds the FOB price the refiner will make a profit, otherwise he will make a loss.

Nominal value Value expressed in current money.

Non conventional hydrocarbons These are hydrocarbons which, unlike conventional hydrocarbons, are difficult and costly to produce, and whose physical characteristics and geographical situation are exceptional. Non conventional oils include extra heavy oil (from Orinoco) and tar sands (from Athabasca-Canada) which both need a special processing before treatment in traditional refineries. Non conventional oil includes also ultra deep offshore fields.

Offshore Refers to any exploration or production activity at sea, in contrast with onshore activities. The term "ultradeep offshore" refers to petroleum activities carried out at great depth.

Oil quotas In 1982 the OPEC countries established quotas, or production ceilings, as a means of regulating prices. Since that date, each OPEC member state has had to remain within a production ceiling, adjusted periodically in the light of market conditions.

OPEC Organisation of petroleum exporting countries, created on 14 September 1960 by Saudi Arabia, Iraq, Iran, Kuwait and Venezuela.

Opening up Many producing countries nationalised their oilfields in the 1970s. Now certain countries are reopening their doors, allowing foreign companies to operate in their territory.

Operating cash flow Cash flow excluding flows related to loans used to finance the project.

Operating expenditures (OPEX) Total expenditure which relates to the operation of a production facility.

Options Financial instrument giving the holder the option to buy (call) or sell (put) a contract at a given price until a given date. If the option is not exercised before it expires, the holder's loss is limited to the price paid, whereas there is no limit to his possible gain. The price of the option represents the market value of the option.

Paraffin Petroleum product used for lighting （also known as kerosene）.

Petrol （**gasoline**–**US**）Fuel used by spark–ignition engines.

Petroleum price shock Term used to describe a large increase in oil prices, particularly the "first price shock" of 1973 and the "second price shock" of 1979-1981.

Petroleum system Designates the interplay of the geochemical, geological and physical parameters, the processes and the genetically related hydrocarbons which lead to seepage and accumulations of hydrocarbons originating from a given source rock.

Production plateau See production profile.

Production profile The way the production level of an oil or gasfield varies over time. Early in the production phase there is a steep build up in production, after which there is usually a period of stable production （plateau） followed by a progressive decline.

Production Sharing Contract Arrangement by which exploration and production rights in a given zone are granted by the state to a contractor who, in the event of commercial production, can recover his costs from a part of the production （cost oil） and obtain a return on part of the remaining production （profit oil）, the balance accruing to the state.

Profit oil In a Production Sharing Contract, that part of production remaining after the cost oil. This part is shared between the contractor and the state on the terms agreed in the contract.

R/P Ratio of remaining reserves to annual production （expressed in years）.

Real value Value corrected for inflation, expressed in constant money.

Recovery rate Ratio of reserves to resources. Recovery rate is between 5 and 80% for crude oil depending upon field and oil characteristics. Average value （for crude oil） is around 35%. For natural gas recovery rate is around 80%.

Red line Line drawn on the map of the Middle East in 1928 in discussions between the partners in the Iraq Petroleum Company. This line marked a region within which the partner companies in the IPC were obliged to act in concert.

Reserves There are many definitions of hydrocarbon reserves. The reader is referred to the index, which cross references these various definitions. In general when the term "reserves" is used as such, it is synonymous with the term "proven reserves".

Resources Total quantity of hydrocarbons physically present in the ground.

Riser Pipe connecting the seafloor with the surface during submarine drilling.

Royalties Under a concession system, the owner of land mineral rights （generally the state） grants an operator the right to produce oil in exchange for the payment of royalties equal to a percentage of the crude price. This royalty, often fixed at 12.5% of the crude price, can vary depending on the price of the crude and the characteristics of the field.

SEC Securities and Exchange Commission.

Seismic reflection Seismic prospecting technique in which seismic waves caused by explosions are reflected by the subsoil strata.

Sensitivity analysis Analysis of the impact on the profitability of a project of possible variations in the different project parameters（e.g. investment costs, selling price, etc.）.

SFAS 69 Amendment defining how exploration and production costs should be dealt with. Companies may choose between the successful efforts and the full costs methods.

SFAS Statement of Financial Accounting Standards.

Spot market A market in which deals are struck on the day itself, with prices being fixed at the time. The products traded are physical cargoes of crude and refined products. There is no official record of transactions effected between operators, but estimates are published by specialised journals such as Platt's. There are spot price estimates for both crudes and for the principal products for the main consuming and refining regions: Rotterdam or North West Europe, the Mediterranean, the Gulf, Singapore, the Caribbean, the U.S. The spot price of the main crudes（Brent, WTI, Dubaï）act as indicators of crude prices and as reference price in certain indexation clauses. There is also a spot market for vessel charter.

Spot See Spot market.

State participation Contractual provision by which the state has the option to participate in the contract in partnership with the contractor, to the extent of its participation.

Success rate Ratio of non-dry wells drilled to the total number drilled.

Successful efforts method The accounting method defined in SFAS 19 applying to the expenditure associated with exploration and production. The costs of the geology geophysics and unsuccessful exploration are expensed.

Swaps A type of "paper" contract in which the difference is bought between its values quoted on the spot and forward markets. This instrument allows oil companies to make sales to their customers for delivery several months hence（up to one year）at a guaranteed fixed price.

Tar sands Very heavy crude oil of specific gravity around 1（or 10° API）, close to tar, in sand reservoirs. There are very large deposits of tar sands in Athabasca, Canada. The production of oil from these sands is currently being developed.

Tax In a concessionary system, the operator pays the owner of the field not only royalties but also a tax on profits.

Technical cost Total costs:exploration+development+production costs

Teheran Agreements Agreements（signed in 1971）between OPEC and the oil companies which provided for programmed increases in oil prices for the Gulf producers.

Traders Persons who buy and sell commodities, currencies or financial instruments. Unlike a broker, whose function is merely to act as an intermediary between a buyer and a seller, traders buy and sell cargoes on their own account and therefore are exposed to significant risk. A petroleum trader may be attached to a producing country, belong to an oil company or a financial group or be an independent. See also Broker.

Trading Buying and selling.

Tripoli Agreements Agreements（signed in 1971）between OPEC and the oil companies which provided for programmed increases in the price of oil available in the Mediterranean.

Turnkey contract, firm price contract Type of contract made between an oil company and a petroleum industry service company. Unlike a cost reimbursement contract or a contract based on a work specification, the contractor is responsible for the operations and is paid for services rendered（a drilling project, for example）at a contractually agreed overall price.

Unitisation Contractual clause providing for the unified operations for a field extending over several contractual zones exploited by different operators.

Uplift Device equivalent to an investment credit authorising the holder of production rights to write off（in the case of a concession）or recover（in the case of shared production）a sum in excess of the actual investments.

Wire line logging A technique which involves using sensors lowered on the end of an electric cable to record physical parameters such that the nature of the formations, their pressure regimes, the fluids of which they are composed can be characterised.

WTI （West Texas intermediate）Reference crude in the U.S., on both the spot and NYMEX markets.

索　引

国外油气勘探开发新进展丛书（一）

书号：3592
定价：56.00 元

书号：3663
定价：120.00 元

书号：3700
定价：110.00 元

书号：3718
定价：145.00 元

书号：3722
定价：90.00 元

国外油气勘探开发新进展丛书（二）

书号：4217
定价：96.00 元

书号：4226
定价：60.00 元

书号：4352
定价：32.00 元

书号：4334
定价：115.00 元

书号：4297
定价：28.00 元

国外油气勘探开发新进展丛书（三）

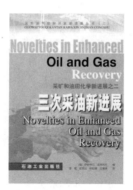

书号：4539
定价：120.00 元

书号：4725
定价：88.00 元

书号：4707
定价：60.00 元

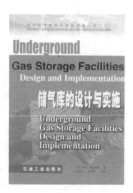
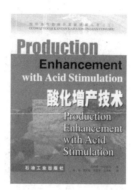

书号：4681
定价：48.00 元

书号：4689
定价：50.00 元

书号：4764
定价：78.00 元

国外油气勘探开发新进展丛书（四）

书号：5554
定价：78.00 元

书号：5429
定价：35.00 元

书号：5599
定价：98.00 元

书号：5702
定价：120.00 元

书号：5676
定价：48.00 元

书号：5750
定价：68.00 元

国外油气勘探开发新进展丛书（五）

书号：6449
定价：52.00 元

书号：5929
定价：70.00 元

书号：6471
定价：128.00 元

书号：6402
定价：96.00 元

书号：6309
定价：185.00 元

书号：6718
定价：150.00 元

国外油气勘探开发新进展丛书（六）

书号：7055
定价：290.00 元

书号：7000
定价：50.00 元

书号：7035
定价：32.00 元

书号：7075
定价：128.00 元

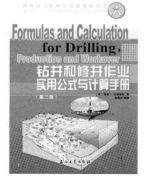

书号：6966
定价：42.00 元

书号：6967
定价：32.00 元

国外油气勘探开发新进展丛书（七）

书号：7533
定价：65.00元

书号：7802
定价：110.00元

书号：7555
定价：60.00元

书号：7290
定价：98.00元

书号：7088
定价：120.00元

书号：7690
定价：93.00元

国外油气勘探开发新进展丛书（八）

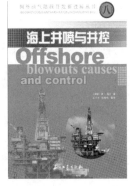

书号：7446
定价：38.00元

书号：8065
定价：98.00元

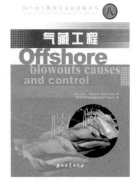

书号：8356
定价：98.00元

国外油气勘探开发新进展丛书（九）

书号：8351
定价：68.00元

书号：8782
定价：180.00元

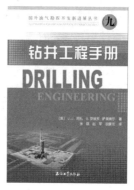

书号：8336
定价：80.00元

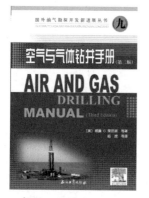

书号：8899
定价：150.00元

书号：9013
定价：160.00元

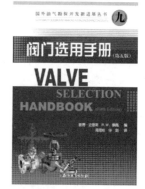

书号：7634
定价：65.00元

国外油气勘探开发新进展丛书（十）

书号：9009
定价：110.00

书号：9989
定价：110.00

书号：9574
定价：80.00

书号：9024
定价：96.00

天然气工程手册

书号：9322
定价：96.00

天然气开采工程

书号：9576
定价：96.00

海底管道工程